奇点到来

AIGC引爆增长新范式

范磊 黄志坚 杨永强 王山雨 ◎ 著

清华大学出版社
北京

内 容 简 介

增长是企业利用计算机、大数据、人工智能等新技术实现经营增长的新思路和新方法。本书作为该领域的入门级读物，介绍了 AIGC 在增长领域的技术和实战应用。本书分为 4 篇：认识篇（第 1～3 章）介绍 AIGC 的发展历程，并介绍相关行业、技术发展现状，增长这一业务领域的定义、关键要素和对于企业发展的意义；应用篇（第 4～7 章）介绍 AIGC 如何影响增长的产品、用户、营销创意和客户服务；技术篇（第 8～10 章）通过具体的实例介绍 AIGC 在增长领域已经产生的变化和即将发生的颠覆；展望篇（第 11、12 章）讨论 AIGC 在技术发展与落地应用中的挑战与未来发展方向，并总结本书内容。

认识篇、应用篇、展望篇主要针对有兴趣了解 AIGC 背后技术原理、增长模式的变化以及截至 2023 年 3 月业界、学术界的最新技术进展的读者；技术篇包含 AI 的基础知识、基础模型，并从实战应用角度介绍作为应用开发者如何高效上手与利用最新的开源技术与 API，快速构建服务于自己业务的人工智能应用，适合有一定技术基础的读者。为了降低阅读门槛，本书尽量以通俗易懂的语言阐述观点。

本书可作为高等院校计算机、信息管理、软件技术、大数据和人工智能相关专业的本科生或研究生教材，也可供对人工智能感兴趣的研究人员和工程技术人员阅读参考，还可作为 AIGC 爱好者的学习入门参考书籍。

图书在版编目 (CIP) 数据

奇点到来：AIGC 引爆增长新范式 / 范磊等著 . —北京：清华大学出版社，2024.6
ISBN 978-7-302-66133-7

Ⅰ.①奇…　Ⅱ.①范…　Ⅲ.①人工智能　Ⅳ.① TP18

中国国家版本馆 CIP 数据核字 (2024) 第 085661 号

责任编辑：杜　杨　申美莹
封面设计：杨玉兰
版式设计：方加青
责任校对：徐俊伟
责任印制：沈　露

出版发行：清华大学出版社
　　　　网　　址：https://www.tup.com.cn，https://www.wqxuetang.com
　　　　地　　址：北京清华大学学研大厦 A 座　　　　　邮　　编：100084
　　　　社 总 机：010-83470000　　　　　　　　　　邮　　购：010-62786544
　　　　投稿与读者服务：010-62776969，c-service@tup.tsinghua.edu.cn
　　　　质 量 反 馈：010-62772015，zhiliang@tup.tsinghua.edu.cn
印 装 者：三河市君旺印务有限公司
经　　销：全国新华书店
开　　本：170mm×240mm　　印　　张：18.5　　字　　数：442 千字
版　　次：2024 年 6 月第 1 版　　印　　次：2024 年 6 月第 1 次印刷
定　　价：99.00 元

产品编号：102391-01

奇点到来：AIGC 引爆增长新范式

在当今的数字化时代，我们正见证一场前所未有的革命——人工智能生成内容（Artificial Intelligence Generated Content，AIGC）的崛起与应用正在颠覆既定的增长模式，并为企业和社会带来了全新的发展范式。《奇点到来：AIGC 引爆增长新范式》一书以深邃而前瞻的视角，系统地探讨了这一技术如何从源头，即达特茅斯会议开始，历经数十年演变，最终成为推动用户增长、产品创新和服务升级的关键引擎。

自 1956 年以来，AI 领域经历了符号主义、连接主义和行为主义三大流派的交融与发展，AIGC 正是在这场科技盛宴中逐渐崭露头角。作为这场变革的重要组成部分，AIGC 不仅革新了数字内容的生产方式，更是深度融入到用户增长的各个环节之中，它跨越了传统获客、精细化用户运营以及追求可持续盈利的演进历程，以智能化手段不断拓展企业的边界。该书详细阐述了 AIGC 如何破解内容创作困局，建立起了一个能够激发持续兴趣并驱动业务发展的数字内容创新体系，实现在产品层面的深度融合、用户理解维度的重塑以及营销创意领域的革命性改变。例如，在产品设计阶段，AIGC 助力提升工业设计品质，而在用户研究方面，它超越了传统的访谈和问卷调查方式，结合现代用户行为数据流水分析及预测模型构建，预示着未来将形成泛化的用户理解新模式；同时，AIGC 对营销创意领域的影响尤为显著，如阿里鹿班项目所展示的那样，它重新定义了广告投放和 SEO 内容生成策略，实现了智能自动化下的高效创意输出和精准营销优化。该书勾勒出一幅 AIGC 技术与企业实践紧密结合的生动图景，充分展示了其在推动数字经济转型和用户增长战略中的关键作用。

《奇点到来：AIGC 引爆增长新范式》以其全面、系统的分析与丰富的案例展示，为我们揭示了一个由人工智能技术驱动的新经济增长周期。作为数字经济的学者，我希望这部作品能够启发并引领广大从业者洞见 AIGC 所带来的无限可能性，从而把握住历史潮流，积极应对挑战，共同塑造一个更为智能、高效且富有创造力的未来世界。

赵永新　教授

亚洲数字经济科学院中国区主任

2024 年 2 月

序二

在硅谷的心脏地带，我有幸见证了人工智能（AI）的迅速发展和它对我们生活方式、工作方式以及思考方式的深远影响。《奇点到来：AIGC引爆增长新范式》这本书，不仅是一本关于技术的著作，它还是一本探索未来、解析趋势并且深入讨论AIGC（人工智能生成内容）如何成为新经济增长引擎的杰作。在此，我试图针对其内容，分享我对这本书以及其作者的见解，同时也提出我的一些观点。

首先，本书的作者——范磊、黄志坚、杨永强和王山雨，他们不仅是各自领域的重量级人物，更是人工智能应用和理论研究的先行者。他们的合作跨越了理论与实践的界限，将深厚的学术背景和丰富的实战经验结合起来，为读者提供了一个独特而全面的视角。通过他们的笔触，我们不仅能了解AIGC的最新发展，还能深入探讨这些技术如何在不同行业内被应用，以及这些应用如何促进了社会与经济的发展。

本书的另一个亮点在于其对AIGC技术的深入剖析，以及解读这些技术如何引领我们进入一个全新的创新时代。作者们通过对计算广告、内容生成、营销增长等领域的分析，展示了AIGC技术的广泛应用前景和潜力。他们不仅分享了成功案例，也坦诚地讨论了这些技术所面临的挑战和潜在的解决方案，为读者提供了一个360度的视角来理解这些技术。

而对于我个人而言，作为一名长期在硅谷从事AI研究和开发的专家，我深知技术创新的力量以及它带给我们的责任。《奇点到来：AIGC引爆增长新范式》一书不仅提供了对未来技术趋势的预测，更重要的是，它启示我们如何以负责任的方式使用这些技术，以确保它们能够为社会带来正面的影响。

此外，本书对于如何在AI的新时代中寻找和抓住机遇的讨论，对于所有科技从业者、企业家、政策制定者乃至普通读者都具有极高的价值。它不仅仅是一本讲述技术的书，更是一本关于创新、颠覆和适应变化的指南。它鼓励我们思考未来，激发我们对于如何利用AI技术创造一个更好世界的想象。

《奇点到来：AIGC引爆增长新范式》确实是一本值得深度阅读的著作。

它不仅提供了关于 AIGC 最前沿的见解，更为读者打开了一扇窗，让我们得以窥见未来的无限可能。无论你是技术领域的专业人士，还是对未来充满好奇的普通读者，这本书都将为你提供宝贵的知识和灵感。

在技术日新月异的今天，我们每个人都是变革的一部分。通过阅读本书，让我们一起探索这个由 AI 技术塑造的新时代，共同拥抱那些即将到来的、充满挑战与机遇的未来。

Bo Long

Meta 商业化人工智能研究团队负责人

前京东搜索推荐事业部副总裁

序三

洞悉智能时代，启发 AIGC 创新

我们正处在一个被人工智能浪潮深深影响的时代，科技、教育、医疗，甚至娱乐等各行各业都在经历着从未有过的颠覆和创新。作为这个时代的观察者和参与者，《奇点到来：AIGC 引爆增长新范式》这本书的作者们，深入探寻人工智能，尤其是人工智能生成内容（AIGC）如何塑造和影响用户增长和演进的过程。

本书对 AIGC 的起源、发展和应用进行了详尽而深入的探讨，并全面解析了人工智能的三大流派与 AIGC 之间的纽带。对于那些热衷于理解人工智能和 AIGC 的读者来说，这本书无疑是启迪思想的好读物。作者以其深邃的洞察力和独特的视角，深入剖析了用户增长的全过程，从获取用户，到保持用户的忠诚度，再到实现盈利，生动地描绘出这一流程。本书不仅是对 AIGC 技术的深度解析，更是对人工智能如何引领和推动社会变革的深度思考。通过书中的理论和实践，我们看到了人工智能和 AIGC 在商业创新领域的可能性，看到了如何利用 AIGC 技术来推动用户增长和业务发展。作为这个时代的见证者和参与者，阅读这本书能帮助读者更加深入地理解并参与到这场由人工智能引领的革命中来。

在应用篇中，作者以独特的视角和深入的分析，展示了 AIGC 在产品设计、用户理解、营销创意和客户服务等领域的实际应用。书中揭示了 AIGC 的强大潜力和广阔的应用前景，并通过真实的案例，使我们对 AIGC 有了更深的理解。这不仅让我们看到了 AIGC 的实际价值，也让我们看到了其在未来可能改变世界的巨大潜力。

在技术篇中，作者深入浅出地解释了 AI 和 AIGC 技术的基础知识，并对文字生成文字、图像生成模型等技术进行了深入的剖析。这使得那些渴望亲手尝试 AIGC 技术的读者能够对技术有更深的理解和更强的信心。这一部分向我们展示了，无论你是一个初学者还是一个专家，都可以通过学习和探索，掌握这些最前沿的技术。

在展望篇中，作者对 AIGC 技术的未来发展趋势进行了深入预测，并全面分析了 AI 技术所面临的挑战和担忧。这使我们对未来充满了期待，也对

未来有了更清晰的认识。我们看到了一个充满可能性的未来，一个既有挑战也充满机遇的未来，换言之也就看到了 AIGC 技术将如何继续颠覆我们的生活，改变我们的世界。

　　总的来说，《奇点到来：AIGC 引爆增长新范式》是一本综合、深入且易于理解的著作。它涵盖了丰富的内容，无论你是对人工智能充满好奇的普通读者，还是在这个领域从业的专业人士，都能从中获取宝贵的知识和启示。这本书不仅展示了 AIGC 的起源、发展和应用，更深入地解析了人工智能与 AIGC 的内在联系，以及它们如何塑造我们的未来。

　　随着人工智能的发展，我们正在步入一个新的智能时代，一个人工智能与人类智能交织、相互影响的新时代。在这个时代，我们面临着前所未有的挑战和困境，但同时也拥有前所未有的机遇和可能。阿尔伯特·爱因斯坦曾经说过："世界的永恒之谜在于它的可理解性。"本书就像一把钥匙，解锁了这个谜团，使我们能够理解并把握这个智能时代。因此，我诚挚地推荐《奇点到来：AIGC 引爆增长新范式》这本书给每一个渴望了解和探索人工智能和 AIGC 的读者。无论你是一个初学者，还是一个行业专家，你都将从这本书中获得深刻的启示和宝贵的知识。

刘志毅　数字经济学家

上海市人工智能社会治理协同创新中心研究员

中国人工智能学会 AI 伦理工作委员会委员

"我们总是高估未来两年
的变化，低估未来 10 年
的变革。"

——比尔·盖茨

从 2022 年 11 月美国 OpenAI 公司发布 ChatGPT 这一划时代产品以来，全世界人民无不为它令人惊艳的表现叹为观止，ChatGPT 也成为人类历史上最快达成 1 亿用户的产品（如图 1 所示）。同时，关于通用人工智能、人类第四次工业革命的讨论从未如此强烈，人类似乎又一次站在了技术大爆炸之前的奇点前，而这一次似乎所有人都相信会是通用人工智能点燃这轮技术大爆炸。

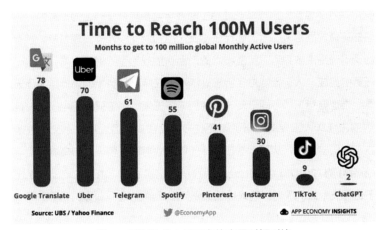

图 1　最快达成 1 亿用户的产品时间对比

人工智能（Artificial Intelligence，AI）的起源可追溯到 20 世纪 50 年代，当时一些科学家和研究人员开始尝试用计算机来模拟人类的思维过程。1956 年，达特茅斯会议被认为是人工智能领域的开端，会议聚集了一批顶尖的计算机科学家和数学家，他们共同探讨了如何将人类的智能引入计算机程序。在这个阶段，研究者们主要关注基于符号操作的人工智能。他们构建了一些基于规则的系统，如 GPS（通用问题求解器）和 Eliza（模拟心理治疗师的对话程序），这些系统在某些特定任务上表现出了一定的智能，但它们受限于计算能力和知识表示的瓶颈。

20 世纪 70 年代，人工智能研究的重点逐渐转向了知识工程。在这个阶段，研究者试图通过将大量专业知识编码到计算机程序中，来提高系统的智能，这导致了专家系统（Expert Systems）的诞生，如 MYCIN（用于诊断感染性疾病的专家系统）和 XCON（用于配置计算机系统的专家系统）。 虽然专家系统在某些特定领域取得了令人瞩目的成绩，但它们在处理大规模、复杂的问题时仍面临困难，同时知识工程的规模和维护成本也使得这些系统的普及受到限制。

自 20 世纪 80 年代开始，随着计算能力的提高和统计学习理论的发展，人工智能研究逐渐转向了机器学习。机器学习的核心思想是让计算机从数据中自动学习规律，而无须进行显式的编程。这个阶段的研究成果包括决策树、支持向量机和神经网络等一系列机器学习算法。这些算法的出现，为后续的深度学习和其他先进技术奠定了基础。

如果说之前的人工智能都是预演，那么深度学习的发展则带来了真正的革命。深度学习是指使用深度神经网络（Deep Neural Network，DNN）进行学习的一种方法。神经网络的基本概念可以追溯到 20 世纪 40 年代，但由于计算能力和数据的限制，在很长一段时间里，神经网络并没有取得显著的突破。然而，在 21 世纪初，随着大数据和计算能力的爆炸式增长，深度学习开始崭露头角。特别是在 2012 年的 ImageNet 竞赛中，AlexNet（一种卷积神经网络）的出现使得计算机视觉任务的准确率大幅提高，这标志着深度学习时代的到来。自那以后，深度学习在各个领域取得了惊人的成果，如计算机视觉、自然语言处理、语音识别和游戏等。例如，谷歌的 AlphaGo 战胜了世界围棋冠军，证明了深度学习在复杂任务上的优越性。

深度学习的高速发展带来了人工智能技术在产品和商业领域的快速普及，推荐系统、人脸识别、机器翻译这些高度依赖人工智能技术的产品功能成为了人们的日常，而这一切都还局限于特定复杂任务的完成，人工智能似乎困于训练数据在特定任务上的统计结果而无法产生像人类一样的创意、推理与意识。不同于传统的判别式人工智能系统只能作用于单一任务，以大语言模型为代表的生成式人工智能带来了改变——大语言模型通过在大量文本数据上进行预训练，学会了丰富的语言知识，从而能够在多种任务上取得优异表现，如文本分类、命名实体识别和问答。OpenAI 的 ChatGPT、Dall·E 2 等产品在创意发挥、内容生成上展现出的惊人效果给了人们关于这一技术如何深刻影响人类社会无穷的想象空间，如图 2 所示。

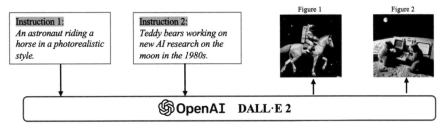

图 2　OpenAI 内容生成

　　站在人类第四次工业革命的奇点前，我们旨在根据自己多年在互联网广告、电商、增长营销领域与人工智能技术领域的从业经验，来剖析人工智能生成内容（Artificial Intelligence Generated Content，AIGC）将如何重塑广告、增长营销领域。本书作者不代表任何谷歌、亚马逊、优步、腾讯、百度官方，而是以个人身份写作此书，但书中凝聚了多年工作经历所带来的经验、教训与对行业、技术发展应用趋势的洞察。

　　本书除作者外，贾力、贾子涵、林宜蓁、李佳鸿、谢子维、熊运三、陈例圆、贺山也参与了部分编写，非常感谢他们对本书的投入和贡献，在编写过程中，我们参阅了大量的相关资料，也得到相关 AI 平台、开发专家以及诸多人工智能领域的学者和专家的大力支持与指导，在此一并表示由衷的感谢！

　　由于作者水平有限，以及人工智能发展速度较快，书中难免出现疏漏之处，恳请广大读者批评指正！

作者
2023 年 3 月于北京

目录

认识篇

The IBM Pollyanna Principle: The axiom that "machines should work; people should think". e.g. most of the world's major problems result from machines that fail to work, and people who fail to think. "让工作交给机器去做，人应该花更多时间做有意义的思考。"

第1章 什么是 AIGC

1950 年，艾伦·图灵（Alan Turing）在其论文《计算机器与智能》中提出了著名的"图灵测试"。图灵测试是一种判定机器是否具有"智能"的试验方法，即机器是否能够模仿人类的思维方式来"生成"内容继而与人交互。某种程度上来说，人工智能从那时起就被赋予了用于内容创造的期许。

经过半个多世纪的发展，随着数据快速积累、算力性能提升和算法效力增强，今天的人工智能不仅能够与人类进行互动，还可以进行写作、编曲、绘画、视频制作等创意工作。2018 年，人工智能生成的画作在佳士得拍卖行以 43.25 万美元成交，成为世界上首个出售的人工智能艺术品，引发各界关注。2022 随着 ChatGPT、Midjourney、Stable Diffusion 等生成式人工智能产品或框架跨时代的惊艳表现，人工智能生成内容（Artificial Intelligence Generated Content，AIGC）的概念悄然兴起。

AIGC 作为人工智能的一大应用领域，它的成功离不开过去几十年间人工智能整体的发展与进步。那么在讨论 AIGC 之前，我们需要从人工智能发展历程这一更为宏观的视角去审视它的前世今生。

1.1 源起达特茅斯会议

以计算机、互联网、移动通信技术为代表的第三次工业革命发端于 20 世纪 70 年代，期间催生了无数的创新产品和商业奇迹，广泛而深刻地改变了人们的生活乃至思维方式。其带来的生产力飞跃为全球经济注入了强大的活力，然而，随着时间的推移，这场技术变革的红利逐渐耗尽。科技创新乏力，经济增长的底层动力渐渐熄火，随之而来的经济增长停滞、贫富分化加速、社会共识瓦解、地缘政治危机等，都已在进行时。人类社会似乎从未如此期盼新技术革命的到来。就在人类文明即将再次滑入存量内卷深渊的前夕，以 ChatGPT 为代表的 AIGC 新技术出现，我们几乎可以很肯定地说，它来了，带着第四次工业革命的礼物跑来了！

新技术革命的浪头已清晰可辨，眼见一场前所未有的变革即将席卷全球，我们不禁要问：它从何而来？又将把我们带向何方？下面，就让我们暂时地将眺望的目光投向过去，一同审视人工智能的发展历程。

回顾人工智能技术的发展历程，我们发现，人工智能经历的三次兴起浪潮均源于底层算法的革命性进展，如图 1-1 所示。而前两轮的衰落是由于数据处理性能及底层算法的局限，使 AI 技术从成熟度以及商业可行性上无法落地。2006 年，Hinton 提出颠覆性的深度学习算法，使得 AI 产业迈出关键性一步：利用多层神经网络，将人类从复杂的算法归纳中解放出来，只要给予机器足够多的数据，便能使其自动归纳出算法，叠加底层算力 GPU 的不断发展及互联网时代海量数据的积累，人工智能三驾马车：算法、算力和数据皆已准备就绪，使 AI 技术彻底走出实验室，逐步渗透进各个行业和场景。

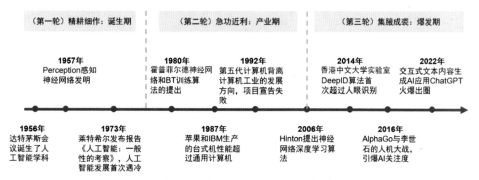

（第一轮）精耕细作：诞生期	（第二轮）急功近利：产业期	（第三轮）集腋成裘：爆发期

1957年
Perception感知
神经网络发明

1980年
霍普菲尔德神经网络和BT训练算法的提出

1992年
第五代计算机背离计算机工业的发展方向，项目宣告失败

2014年
香港中文大学实验室DeepID算法首次超过人眼识别

2022年
交互式文本内容生成AI应用ChatGPT火爆出圈

1956年
达特茅斯会议诞生了人工智能学科

1973年
莱特希尔发布报告《人工智能：一般性的考察》，人工智能发展首次遇冷

1987年
苹果和IBM生产的台式机性能超过通用计算机

2006年
Hinton提出神经网络深度学习算法

2016年
AlphaGo与李世石的人机大战，引爆AI关注度

图 1-1　人工智能三次兴起浪潮

源起：达特茅斯会议

现在一说起人工智能这一概念的起源，公认是 1956 年的达特茅斯会议。但在此之前，我们必须要提到一个人——图灵，他详细介绍了一种名为"模仿游戏"（The Imitation Game）的测试方法，也就是我们后来更为熟悉的图灵测试。根据《艾伦·图灵传》中的介绍，图灵设想了一种游戏：房间中有一男一女，房间外的人向房间内的男女提问，里面的两个人只能以写字的方式回答问题，然后请房间外的人猜测哪一位回答者是女人。注意，在这一测试中，男人可以欺骗猜测者，让外面的人以为自己是女人，女人则要努力让猜测者相信自己。而将这一男一女换成人与计算机，如果猜测者无法根据回答判断哪个是人，哪个是计算机，那么可以判断计算机具有人类智能，如图 1-2 所示。

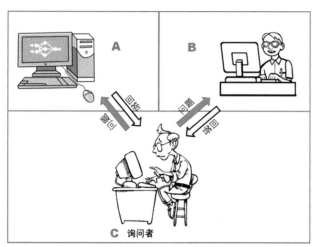

图 1-2　The Imitation Game 测试方法

1952 年，图灵在一场 BBC 广播中，提出一个新的更为具体的想法：让计算机来冒充人，如果判断正确的人不足 70%，也就是超过 30% 的人误认为与自己说话的是人而不是计算机，那么可以判断计算机具有人类智能。图灵测试自诞生来产生了巨大影响，图灵奖被称为"计算机界的诺贝尔奖"，图灵也被冠以"人工智能之父"的称号。

时间来到 1956 年的美国汉诺斯小镇宁静的达特茅斯学院，约翰·麦卡锡、马文·闵斯基、克劳德·香农等学者聚在一起，共同讨论着机器模拟智能的一系列问题，如图 1-3

所示。麦卡锡给这个活动起了一个名字：人工智能夏季研讨会（Summer Research Project on Artificial Intelligence）。会议足足开了两个月的时间，虽然大家没有达成普遍的共识，但是却为会议讨论的内容起了一个名字：人工智能。因此，1956 年也就成为了人工智能元年。

图 1-3　达特茅斯会议：AI 的先驱者

会议的主要发起人——约翰·麦卡锡（John McCarthy），计算科学家、认知科学家，也是他提出了"人工智能"的概念。麦卡锡对于人工智能的兴趣始于 1948 年参加的一个名为"脑行为机制"的讨论会，会上，冯·诺伊曼（John von Neumann）提出的自复制自动机（可以复制自身的机器）激起麦卡锡的好奇，自此他开始尝试在计算机上模拟智能。达特茅斯会议前后，麦卡锡的主要研究方向是计算机下棋。

另一位积极的参与者是当时在哈佛大学的明斯基（Marvin Minsky，1969 年图灵奖获得者），他的老师塔克（Albert Tucker）多年来担任普林斯顿大学数学系主任，主要研究非线性规划和博弈论。1951 年，明斯基建造了世界上第一个神经网络模拟器 Snare。在 Snare 的基础上，明斯基解决了"使机器能基于对过去行为的知识，预测当前行为的结果"这一问题，并完成了他的博士论文"Neural Nets and the Brain Model Problem"。

塞弗里奇（Oliver Selfridge），模式识别的奠基人，后来领导了 MAC 项目，这个项目后被分为计算机科学实验室与人工智能实验室，又合并为麻省理工学院最大的实验室 MIT CSAIL。

另外两位重量级参与者是纽厄尔（Allen Newell）和西蒙（Herbert Simon），这两位学者后来共享了 1975 年的图灵奖。纽厄尔在普林斯顿大学数学系硕士毕业后，加入了美国著名的兰德公司，并结识了西蒙，开始了他们一生的合作。纽厄尔和西蒙提出了物理符号系统假设，简单地说就是：智能是对符号的操作，最原始的符号对应于物理客体。这一假设与西蒙提出的有限合理性原理成为人工智能三大学派之一——符号主义的主要依据。后来，他们与珀里思（Alan Perlis，第一届图灵奖获得者）共创了卡内基-梅隆大学的计算机系。最后，信息论的创始人香农（Claude Shannon），他比其他几位年长 10 岁左右，当时已经是贝尔实验室的大佬。1950 年，香农发表论文"Programming a Computer for Playing Chess"，为计算机下棋奠定了理论基础。

达特茅斯会议后不久，1956 年 9 月，IRE（后来改名 IEEE）在麻省理工学院召开信息论年会，麦卡锡受邀做一个对一个月前达特茅斯会议的总结报告。这引起了纽厄尔尤其是司马贺的不满，他们认为麦卡锡只能聊，没干货，而达特茅斯会议唯一的干货是纽厄尔和司马贺的程序"逻辑理论家"。打了一圈架，最后纽厄尔和司马贺做了妥协：麦卡锡先做总结报告，但最后还是由纽厄尔和司马贺讲他们的"逻辑理论家"并发表一篇题为"Logic Theory Machine"的文章。明斯基认为是他的协调起了作用，但纽厄尔晚年则只对香农的邀请有印象，而司马贺的回忆录则说是大会的主席罗森布拉特和司马贺散了很长一圈步才了断。明斯基机敏异常，讲话时带幽默，但在对这段历史的重构中，却给人印象有点太"刁滑"（cynical），原因也不难猜出。研究历史有时必须得全方位，空间或时间上的接近不见得就真实。太接近时，当事人还都活着，还在一个圈子里混，不方便互相揭短，但在接近生命末期，或者功成名就，或者人之将死，或者对头已死无所顾忌，敞开了说，有时虽有夸张，但一不留神就会流露真话，纽厄尔属于后者。明斯基"刁滑"可能和他身体好有关系，偌大岁数也没不惑，觉得还有好长的路要走。

1.2　人工智能三大流派

达特茅斯会议之后，掀起了人工智能的第一波热潮。各路思想相继涌现，后世将其总结为三大流派，分别是符号主义学派、连接主义学派和行为主义学派。

1.2.1　符号主义

符号主义，又称逻辑主义、心理学派或计算机学派，是一种基于逻辑推理的智能模拟方法，认为人工智能源于数学逻辑，其原理主要为物理符号系统（即符号操作系统）假设和有限合理性原理。该学派认为人类认知和思维的基本单元是符号，智能是符号的表征和运算过程，计算机同样也是一个物理符号系统，因此，符号主义主张（由人）将智能形式化为符号、知识、规则和算法，并用计算机实现符号、知识、规则和算法的表征和计算，从而实现用计算机来模拟人的智能行为。

其首个代表性成果是启发式程序 LT（逻辑理论家），它证明了 38 条数学定理，表明了可以应用计算机研究人的思维过程，模拟人类智能活动。此后，符号主义走过了一条启发式算法—专家系统—知识工程的发展道路。

专家系统是一种程序，能够依据一组从专门知识中推演出的逻辑规则在某一特定领域回答或解决问题。1980 年卡内基 - 梅隆大学为数字设备公司设计了一个名为 XCON 的专家系统，在 1986 年之前，它每年为公司省下四千万美元。专家系统的能力来自于它们存储的专业知识，知识库系统和知识工程成为了 20 世纪 80年代 AI 研究的主要方向。专家系统仅限于一个专业细分的知识领域，从而避免了常识问题，其简单的设计又使它能够较为容易地编程实现或修改问题。专家系统的成功开发与应用，对人工智能走向实际应用具有特别重要的意义，也促成了符号主义最辉煌的时期。但凡事有利有弊，专家系统仅仅局限于某些特定情景，且知识采集难度大、费用高、使用难度大，在其他领域如机器翻译、语音识别等基本上未取得成果。日本、英国、美国在 80 年代初都曾制订过雄心勃勃的人工智能研发计划，如日本的第五代计算机项目，其目标是造出能够与人对话、翻译语言、解释图像，并且像人一样推理的机器，但直到 1991 年，这个目标依然未能实现。

20 世纪 80 年代末，符号主义学派开始式微，日益衰落，其重要原因是：符号主义追求的是如同数学定理般的算法规则，试图将人的思想、行为活动及其结果，抽象化为简洁深入而又包罗万象的规则定理，就像牛顿将世间万物的运动蕴含于三条定理之中。但是，人的大脑是宇宙中最复杂的东西，人的思想无比复杂而又广阔无垠，人类智能也远非逻辑和推理。所以，用符号主义学派理论解决智能问题的难度可想而知；另一个重要原因是：人类抽象出的符号，源头是身体对物理世界的感知，人类能够通过符号进行交流，是因为人类拥有类似的身体，计算机只处理符号，就不可能有类人感知，人类可意会而不能言传的"潜智能"，不必或不能形式化为符号，更是计算机不能触及的。要实现类人乃至超人智能，就不能仅仅依靠计算机。

1997 年 5 月，名为 Deep Blue（深蓝）的 IBM 超级计算机打败了国际象棋世界冠军卡斯帕罗夫，这一事件在当时也曾轰动世界。其实本质上，"深蓝"就是符号主义在博弈领域的成果，如图 1-4 所示。

图 1-4　IBM 超级计算机 Deep Blue

1.2.2　连接主义

连接主义，又称仿生学派或生理学派，是一种基于神经网络和网络间的连接机制与学习算法的智能模拟方法。连接主义强调智能活动是由大量简单单元通过复杂连接后，并行运行的结果，基本思想是，既然生物智能是由神经网络产生的，那么就通过人工方式构造神经网络，再训练人工神经网络产生智能。1943 年形式化神经元模型（M-P 模型）被提出，从此开启了连接主义学派起伏不平的发展之路。1957 年感知器被发明，之后连接主义学派一度沉寂。1982 年霍普菲尔德网络、1985 年受限玻尔兹曼机、1986 年多层感知器被陆续发明，1986 年反向传播法解决了多层感知器的训练问题，1987 年卷积神经网络开始被用于语音识别。此后，连接主义势头大振，从模型到算法，从理论分析到工程实现，为神经网络计算机走向市场打下基础。1989 年反向传播和神经网络被用于识别银行手写支票的数字，首次实现了人工神经网络的商业化应用。

与符号主义学派强调对人类逻辑推理的模拟不同，连接主义学派强调对人类大脑的直接模拟。如果说神经网络模型是对大脑结构和机制的模拟，那么连接主义的各种机器学习方法就是对大脑学习和训练机制的模拟。学习和训练是需要有内容的，数据就是机器学习、训练的内容。

连接主义学派可谓是生逢其时，在其深度学习理论取得了系列的突破后，人类进入互联网和大数据的时代。互联网产生了大量的数据，包括海量行为数据、图像数据、内容文本数据等，这些数据分别为智能推荐、图像处理、自然语言处理技术发展做出卓著的贡献。当然，仅有数据也不够，2004 年后大数据技术框架的形成和图形处理器（GPU）的发展使得深度学习所需要的算力得到满足。

在人工智能的算法、算力、数据三要素齐备后，连接主义学派就开始大放光彩了。2009 年多层神经网络在语音识别方面取得了重大突破，2011 年苹果工作将 Siri 整合到iPhone4 中，2012 年谷歌研发的无人驾驶汽车开始路测，2016 年 DeepMind 击败围棋冠军李世石，2018 年 DeepMind 的 Alphafold 破解了出现了 50 年之久的蛋白质分子折叠问题。

近年来，连接主义学派在人工智能领域取得了辉煌成绩，以至于现在业界大佬所谈论的人工智能基本上都是指连接主义学派的技术，相对而言，符号主义被称作传统的人工智能。

虽然连接主义在当下如此强势，但可能阻碍它未来发展的隐患已悄然浮现。连接主义以仿生学为基础，但现在的发展严重受到了脑科学的制约。虽然以连接主义为基础的 AI应用规模在不断壮大，但其理论基础依旧是 20 世纪 80 年代创立的深度神经网络算法，如图 1-5 所示，这主要是由于人类对于大脑的认知依旧停留在神经元这一层次。正因如此，目前也不明确什么样的网络能够产生预期的智能水准，大量的探索最终失败。

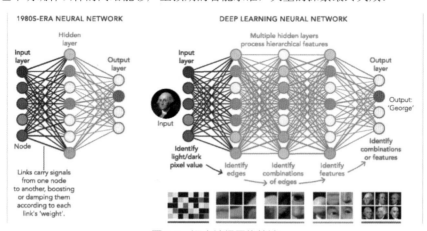

图 1-5　深度神经网络算法

1.2.3　行为主义

行为主义，又称进化主义或控制论学派，是一种基于"感知—行动"的行为智能模拟方法，思想来源是进化论和控制论，其原理为控制论以及感知—动作型控制系统。该学派认为：

智能取决于感知和行为，取决于对外界复杂环境的适应，而不是表示和推理，不同的行为表现出不同的功能和不同的控制结构。生物智能是自然进化的产物，生物通过与环境及其他生物之间的相互作用，从而发展出越来越强的智能，人工智能也可以沿这个途径发展。

行为主义对传统人工智能进行了批评和否定，提出了无须知识表示和无须推理的智能行为观点。相比于智能是什么，行为主义对如何实现智能行为更感兴趣。在行为主义者眼中，只要机器能够具有和智能生物相同的表现，那么它就是智能的。

这一学派的代表作首推六足行走机器人，它被看作是新一代的"控制论动物"，是一个基于感知 - 动作模式模拟昆虫行为的控制系统。另外，著名的研究成果还有波士顿动力机器人和波士顿大狗，如图 1-6 所示。你可以在网上搜到它们各种炫酷的视频，包括完成体操动作，踹都踹不倒，稳定性、移动性、灵活性都极具亮点。它们的智慧并非来源于自上而下的大脑控制中枢，而是来源于自下而上的肢体与环境的互动。

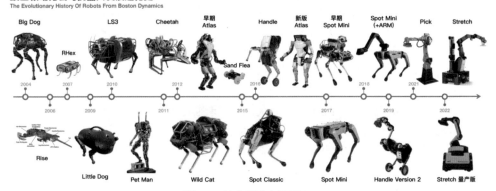

图 1-6　波士顿动力机器人

来源：河马机器人 hippo-robot.com

行为主义学派在诞生之初就具有很强的目的性，这也导致它的优劣都很明显。其主要优势便在于行为主义重视结果，或者说机器自身的表现，实用性很强。行为主义在攻克一个难点后就能迅速将其投入实际应用，例如机器学会躲避障碍，就可应用于星际无人探险车和扫地机器人等。不过也许正是因为过于重视表现形式，行为主义侧重于应用技术的发展，无法如同其他两个学派一般，在某个重要理论获得突破后，迎来爆发式增长，这或许也是行为主义无法与连接主义抗衡的主要原因之一。

我们可以简略地认为符号主义研究抽象思维，连接主义研究形象思维，而行为主义研究感知思维。符号主义注重数学可解释性；连接主义偏向于仿人脑模型；行为主义偏向于应用和身体模拟。

1.2.4　历经三次热潮：螺旋上升

人工智能自 1956 年被提出以来，经过半个多世纪的发展，目前已经取得了长足的进展。但是，人工智能的发展并非一帆风顺，而是经历了从繁荣到衰退，再到繁荣的螺旋式发展过程，其间先后出现了三次发展热潮。

第一次热潮：感知机与专家系统

人工智能的第一次发展高峰出现在 20 世纪 60 年代末到 70 年代初，这次高峰出现的主要原因是人们看到了人工智能系统能够与具体应用相结合，感受到了人工智能的巨大魅力，从而着手将人工智能由理论研究推向实用，其主要标志是专家系统的出现。

在 20 世纪 50 年代人工智能刚刚被提出的时候，人工智能的研究主要停留在理论研究阶段，其基本方法是逻辑法，研究方向主要包括自动推理、认知模型、知识表示和推理，人工智能的语言、架构和工具等。最初的人工智能应用于机器翻译、定理证明、通用问题求解、下棋程序、工业反馈控制、机器人等领域。

1957 年，康奈尔大学的实验心理学家弗兰克·罗森布拉特在一台 IBM 704 计算机上模拟实现了感知机神经网络模型，如图 1-7 所示。这个模型虽然看上去只是简单地把一组 M-P（McCulloch-Pitts）神经元平铺排列在一起，但是依靠机器学习却能完成一部分的机器视觉和模式识别方面的任务，从而推动了人工智能的发展。1959 年，牛津大学逻辑学家王浩（Wang Hao）在一台 IBM 704 计算机上只用 9 分钟就证明了《数学原理》中超过 350 条的一阶逻辑全部定理，他也因此成为了机器证明领域的开创性人物。

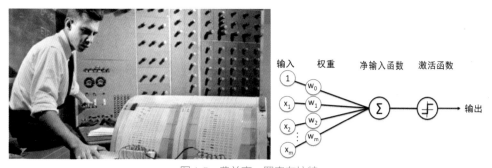

图 1-7　弗兰克·罗森布拉特

20 世纪 60 年代，人工智能相关的研究人员开始把研究重点转移到智能表示、智能推理、智能搜索方向，认为人工智能求解问题的过程是一个搜索的过程，效果与启发式函数有关。这一阶段的主要研究成果包括算法搜索方法、人工智能程序设计语言 LISPD、冲突归结原理、语义网络的知识表示方法等。

20 世纪 60 年代末到 70 年代初，以爱德华·A·费根鲍姆（Edward A.Feigenbaum）为首的一批年轻科学家提出了知识工程的概念，开展了以知识为基础的专家系统的研究与应用。该研究将人工智能推向第一次高潮。当时的学术界认为人工智能时代已经来临，1969 年发起的国际人工智能联合会议（International Joint Conferences on Artificial Intelligence，JCAI）汇集了当时学术界的人工智能研究最新成果。这一阶段出现的主要研究成果包括计算机配置专家系统（XCONI）、化学质谱分析系统（DENDRAL）、医疗咨询系统（CADUCEUS）、地质勘探专家系统（PROSPECTOR1）、疾病诊断和治疗系统（MYCIN）、语音理解系统（Hearsay-Ⅱ）等。这一系列专家系统产品的研究和开发，将人工智能由理论研究推向了实用系统。

然而，人们当时对人工智能给予了过高的期望，甚至预言"十年以后人工智能将超越人类思维"。但人工智能受困于领域的局限性、知识的生成困难、经验与数据量的不足等约束，导致专家系统所能解决的问题非常有限，更远谈不上超越人类思维，从而使人们从对人工智能的看法由过高的希望转为失望。

1972年7月，詹姆斯·莱特希尔（James Lighthill）受英国科学研究委员会委托，对人工智能的研究状况进行了总体调查，提供了一个公正的调查报告。调查报告发表于1973年。在这份报告中，莱特希尔批评了人工智能并未实现其宏伟目标。报告指出：人工智能研究及相关领域的大多数工作者都对过去25年所取得的成就感到失望。人们在1950年左右甚至在1960年左右进入该领域，但充满希望的事情远未在1972年实现。迄今为止，该领域没有获得任何其承诺将产生的重大影响的发现。莱特希尔的报告使得英国和美国学术机构对人工智能的信心骤降，在人工智能方面的资金投入也被大幅度削减，最终造成人工智能走入低谷，那段低谷被认为是人工智能的第一个冬天。

第二次热潮：五代机的泡沫

人工智能第二次发展高峰出现在20世纪80年代末到90年代初。这次高峰出现的主要原因是日本政府于1981年启动了第五代机项目，其目标是造出能够与人对话、翻译语言、解释图像、能够像人一样推理的机器。

日本政府为此拨款8.5亿美元支持该项目。日本的第五代机计划也影响了中国学术界。中国学术界在1984年起开始跟进，并于1985年初召开了第一次全国第五代计算机会议，会议就第五代计算机体系结构、知识情报处理、规则和推理以及第五代机的应用（包括机器翻译、机器人、图像处理等）等方面展开深入研讨。从1986年起，中国把智能计算机系统、智能机器人和智能信息处理等重大项目列入国家高技术研究发展计划（863计划），这标志着中国将人工智能作为了重点研究领域。

20世纪80年代，针对特定领域的专家系统在商业上获得成功应用，专家系统及其工具越来越成熟和商品化。同时，霍普菲尔德神经网络和反向传播神经网络的提出，使得人们对人工智能的信心倍增，如图1-8所示。1987年，美国召开第一次神经网络国际会议，学术界及企业界共1500余人参加了该会议。会议主要议题包括神经计算机设计、神经计算机功能、神经计算机的软件模拟、神经计算机芯片、人工智能与神经网络等。会上宣布成立国际神经网络协会并决定出版刊物《神经计算机》（*Neuro Computer*），该会议掀起了神经网络研究的热潮。神经网络的出现解决了非线性分类和学习问题，这使神经网络迅速发展，出现了语音识别、机器翻译等系列研究项目，各国在神经网络方面的投资也逐渐增加。

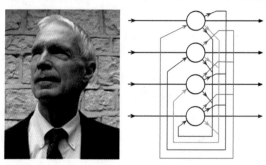

图1-8 霍普菲尔德神经网络

有学者评论，20世纪80年代到90年代，这一阶段人工智能的特点是建立在对分门别类的大量知识的多种处理方法之上，但存在着应用领域过于狭窄。更新迭代和维护成本非常高，缺乏海量数据训练机器等问题。

1992 年，日本政府宣布第五代机项目失败，结束了为期 10 年的研究。一个主要的原因是，在日本学者全力研究面向人工智能计算机的同时，美国等国家在通用计算机方面的发展步伐非常大，计算机的速度及其并行效率都有明显的提高，使得日本专用计算机所表现出来的推理速度反倒被高速的通用计算机所秒杀。西方对日本第五代机计划的评价是："对于日本来说，问题在于计算机行业变化如此之快，以至于第五代机，采取的技术道路（在 1982 年似乎是明智的选择）在 1992 年之前与计算机工业的方向相矛盾 …… 但是如今，很少有人需要人工智能专用计算机，而更喜欢功能强大的通用计算机"。

事实上，在中国也存在着同样的技术路线的争论。一方面人们在研究通用型高性能巨型机，例如国防科大的银河计算机，另一方面人工智能研究人员在研究支持人工智能的专用机，包括 Prolog 推理机、数据库机、产生式计算机、数据流驱动计算机等，但只有通用计算机以其强大的生命力及适用性真正地占据了市场，而其他一些人工智能专用计算机都是昙花一现。

第五代机的相关研究不仅重塑了人们对人工智能的看法，也将人工智能发展所面临的困难都展现了出来。凡事都有两面性，虽然知识导入使人工智能发展到了一个新高度，但其也将知识描述的困难和复杂性展现得淋漓尽致。当时人们面临一个很大的问题：如果人工智能的所有知识都由人类输入，那么需要输入的内容将是无穷无尽的。

与此同时，神经网络本身缺少相应的严格数学理论支持，反向传播神经网络存在梯度消失问题。另外，当时的专家系统对领域要求苛刻，不能跨界，而真实的应用常常并不完全受限于确切的领域，这使得专家系统的实用性变差，再就是专家系统的知识库构建困难，因为从事人工智能的人员不懂领域知识，而掌握领域知识的专家不知道如何将他们的知识转化为专家系统所需要的形式，这也是缺乏令人赞叹不已的人工智能应用成果的原因之一。

20 世纪 90 年代以后，计算机发展趋势逐渐演化为小型化、并行化、网络化以及智能化，人工智能技术逐渐与多媒体技术、数据库技术等主流技术相结合，并融合在主流技术之中，旨在使计算机更聪明、更有效、与人更接近，人工智能就如同一般性的计算机应用一样，不再显示出其独特的光环。第二次热潮过后，人工智能进入第二次低谷。

第三次热潮：深度学习拯救众生

人工智能第三次发展高峰出现在 21 世纪。这次高峰出现的主要原因是深度学习技术的出现，解决了神经网络学习过程中的梯度消失和梯度爆炸等问题，以及深度学习的网络深层结构能够使其自动提取并表征复杂的特征，解决了传统方法中通过人工提取特征的问题。

2006 年，杰弗里·E·辛顿（Geoffrey E.Hinton）提出深度学习概念以后，掀起了对深度学习研究的热潮，人工智能研究再次爆发，如图 1-9 所示。这一阶段的主要研究成果包括：2010 年，谷歌无人驾驶汽车创下了超过 16 万公里无事故的纪录。2011 年，IBM 沃森（Waston）参加《危险边缘》智力游戏击败了最高奖金得主和连胜纪录保持者，2016 年，谷歌阿尔法狗（Google AlphaGo）战胜围模九段棋手李世石；2017 年，谷歌阿尔法狗战胜世界围棋冠军柯洁，之后阿尔法狗 - 零（AlphaGo Zero）完全从零开始，不需要任何历史棋谱的指引和人类先验知识的指导，花三天时间自己左右互搏 490 万个棋局，最终无师自通战胜阿尔法狗。

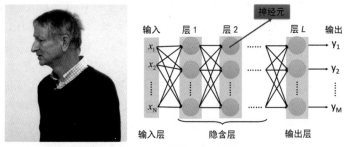

图 1-9　杰弗里·E·辛顿

　　众多吸引人们眼球的、在局部领域内（特别是属于确定性知识的领域）超过人类的人工智能成果的展示，让人们尤其是外行人员真切地感受到了人工智能的威力，也真切地意识到人工智能已经来到了身边。这使得人工智能在商业市场上备受关注，创业公司层出不穷，投资者竞相追逐。自此人工智能开启第三次热潮，时至今日仍未消退。

1.3　裹挟其中的 AIGC

　　AIGC 的发展可以分为四个阶段，如图 1-10 所示。

图 1-10　AIGC 发展阶段

1.3.1　早期萌芽阶段（1950—1990 年）

　　受技术所限，AIGC 局限于小范围实验。1957 年，莱杰伦·希勒（Leiaren Hiller）和伦纳德·艾萨克森（Leonard Isaacson）通过将计算机程序中的控制变量换成音符得到了历史上第一支由计算机创作的音乐作品——弦乐四重奏《依利亚克组曲》（Illiac Suite）。1966 年，世界第一款人机对话的机器人"伊莉莎（Eliza）"问世，其可在关键字扫描和重组的基础上进行人机交互。20 世纪 80 年代中期，IBM 基于隐型马尔科夫链模型（Hidden

Markov Model，HMM）创造了语音控制打字机"坦戈拉（Tangora）"，能够处理约 20000 个单词。然而在 20 世纪末期，由于高昂的研发和系统成本以及难以落地的商业变现模式，各国政府减少了对人工智能领域的投入，AIGC 发展暂时停滞。

1.3.2 沉淀积累阶段（1990—2010 年）

AIGC 实用性增强，开启商业化探索。2006 年，深度学习算法取得重大突破，且同期图形处理器（Graphics Processing Unit，GPU）、张量处理器（Tensor Processing Unit，TPU）等算力设备性能不断提升。互联网数据层面的发展引发数据规模快速膨胀，成为 AIGC 发展的算法训练基础，AIGC 发展取得显著进步。但算法仍然面临瓶颈，创作任务的完成质量限制了 AIGC 的应用，内容产出效果仍待提升。2007 年，纽约大学人工智能研究员罗斯·古德温装配的人工智能系统通过对公路旅行中见闻的记录和感知，撰写出世界第一部完全由人工智能创作的小说 *1 The Road*，但其仍存在整体可读性不强的劣势，存在拼写错误、辞藻空洞、缺乏逻辑等问题。微软 2012 年公开展示的全自动同声传译系统，基于深层神经网络（Deep Neural Network，DNN）可自动将英文演讲者的语音内容通过语音识别、语言翻译、语音合成等技术生成中文语音。

1.3.3 快速发展阶段（2010—2021 年）

2014 年以来，以生成式对抗网络（Generative Adversarial Network，GAN）为代表的深度学习算法被提出和迭代更新，AIGC 进入生成内容多样化的时代，且产出的内容效果逼真到难以分辨。2017 年，世界首部完全由 AI 创作的诗集《阳光失了玻璃窗》由微软的人工智能少女"小冰"创造。2018 年，英伟达发布了可以自动生成图片的 StyleGAN 模型，截至 2022 年年末，其已升级到第四代 StyleGAN-XL，可生成人眼难以分辨真假的高分辨率图片。2019 年，DeepMind 发布了可生成连续视频的 DVD-GAN 模型。2021 年，OpenAI 推出了 DALL-E，并于 2022 年将其升级为 DALL-E2，该产品主要生成文本与图像的交互内容，可根据用户输入的简短描述性文字，得到极高质量的卡通、写实、抽象等风格的图像绘画作品。

1.3.4 爆发与破圈阶段（2022 年至今）

2022 年以来，AIGC 产品密集发布如图 1-11 所示，ChatGPT 爆火出圈。谷歌于 2022 年五月推出了文本图像生成模型 Imagen，同年 8 月，开源 AI 绘画工具 StableDiffusion 发布；2022 年 9 月，Meta 推出可利用文字生成视频的产品 Make-A-Video 以推动其视频生态的发展。2022 年 11 月 30 日，OpenAI 推出 AI 聊天机器人 ChatGPT，AIGC 的内容产出能力迅速吸引大批用户，至 2022 年 12 月 5 日，根据 OpenAI 创始人表示，ChatGPT 用户数已突破 100 万。2023 年 2 月，微软宣布推出由 ChatGPT 支持的新版本 Bing 搜索引擎和 Edge 浏览器，AIGC 与传统工具进入深度融合历程。

根据学界主流观点，人工智能可分为弱人工智能、强人工智能、超人工智能三个阶段。弱人工智能也称为限制领域人工智能或应用型人工智能，本质上是在某个特定领域内基于统计规律的大数据处理者。通俗来讲，弱人工智能只专注于完成某个特定的任务，例如语音识别、图像识别和翻译，是擅长单个方面的人工智能，类似高级仿生学。该阶段的 AI 技术是为了解决特定具体类任务问题而存在，底层原理是从海量数据中归纳出模型，再泛化至新的数据中进行正向运算。

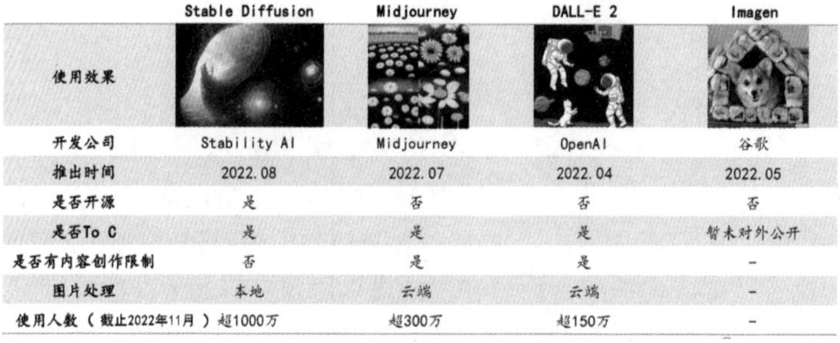

	Stable Diffusion	Midjourney	DALL-E 2	Imagen
使用效果				
开发公司	Stability AI	Midjourney	OpenAI	谷歌
推出时间	2022.08	2022.07	2022.04	2022.05
是否开源	是	否	否	否
是否To C	是	是	是	暂未对外公开
是否有内容创作限制	否	是	是	—
图片处理	本地	云端	云端	—
使用人数（截止2022年11月）	超1000万	超300万	超150万	—

图 1-11　迅速问世的部分 AIGC 产品

例如，谷歌的 AlphaGo 和 AlphaGo Zero 就是典型"弱人工智能"，尽管它们能够战胜人类顶尖棋手，如图 1-12 所示。

图 1-12　AlphaGo 与李世石

强人工智能是人类级别的人工智能，拥有独立思想和意识，在各方面均能与人类媲美。拥有 AGI 的机器不仅是一种工具，其本身可拥有"思维"，能够进行独立的思考、计划、解决问题、拥有抽象思维、理解复杂理念、快速学习等，可实现"全面仿人性"，在智力水平和行动能力方面与人类基本没有差别，目前只存在于电影及人类想象中，如图 1-13 所示。

图 1-13　电影《机械姬》

超人工智能：假设计算机程序通过不断发展，智力水平可以超越人类，则由此产生的人工智能系统就可以被称为超人工智能。在人工智能的三个层级中，超人工智能的定义最为模糊，目前还没有精准预测能够说明超越人类最高水平的智慧到底会表现为何种能力。对于超人工智能，目前只能从哲学或科幻的角度加以想象。

显而易见，以 ChatGPT、Midjourney 为代表的新一代人工智能，即将叩开通用人工智能和 AIGC 时代的大门。本书后续内容将重点介绍上述技术的细节及应用场景。

第2章 用户增长与演进

技术的发展与变革在推动经济增长和实现社会进步方面发挥着至关重要的作用，它能够帮助企业提升生产效率、实现产品创新、优化管理和运营，以及促进环保和可持续发展。随着科技的不断进步，企业将更加深入地融合新技术，以适应市场和社会的快速变化。从另一角度，企业作为人类社会最具一般意义的生产组织形式，是推动社会进步的主体之一。与此同时，AIGC作为最新的前沿技术，我们把其相关技术能力的进展，放到企业增长的语境中观察和讨论，对企业增长带来的颠覆式的提升具有极强的现实意义。

从生产效率的角度来看，技术变革能够为企业带来更先进的生产工具和方法，大幅提高生产效率。在这种情况下，企业可以更好地满足市场需求，降低成本，提高盈利能力，从而在激烈的市场竞争中占得先机。此外，技术变革还能推动企业进行产品和服务的创新，催生新技术的应用可以拓展产品种类，提升产品质量，同时满足消费者日益多样化和个性化的需求。这将有助于企业在市场中脱颖而出，吸引更多的客户，进而实现可持续发展。

从企业管理和运营的角度，技术变革可以帮助企业优化流程，提升管理效能。例如，数字化技术和人工智能的应用，使企业能够更为准确地分析市场动态，制定更具针对性的战略。此外，通过自动化和智能化的管理工具，企业能够更好地调配资源，降低运营成本，提高效益。同时，技术变革在环保和可持续发展方面也具有重要意义。新技术的应用，如清洁能源、节能技术等，使企业能够降低对环境的负面影响，实现绿色生产。这不仅有助于企业履行社会责任，还能为其赢得良好的企业形象和市场口碑。

本章先从什么是增长入手，试图系统而简明扼要地论述企业增长涉及的所有重要方面，为读者快速搭建增长的完整知识链路框架，并着重讨论增长的演进过程，如图2-1所示，附有仔细挑选过的案例，可以说是干货满满，也为后续章节讨论AIGC技术能力对企业的重要作用做好知识储备。

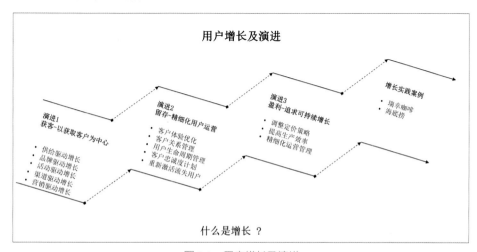

图 2-1　用户增长及演进

　　企业增长是指企业在一定时期内，业务规模和经济效益不断扩大的现象。这个不断扩大的过程可能会涉及到销售、市场份额、利润、资产规模、雇员数量等多个方面的指标，毫无疑问，增长不可避免成为是每个企业都必须追求的目标，其主要原因是：首先企业扩大规模可以增加市场份额，提高品牌知名度和竞争力；其次规模扩大还可以带来更多的收入和利润，从而为企业提供更多的资金投入和发展机会。此外企业增长还可以为员工提供更多的就业机会，为社会创造更多的财富和价值。

　　虽然如此，然而企业增长并不是一件容易的事情，它需要企业领导者具备正确的战略和执行能力，需要企业有足够的资源和资金支持，需要企业拥有足够的市场和客户需求，需要企业拥有优秀的员工和团队。此外，企业增长过程中还会面临许多挑战和风险，如市场变化、竞争加剧、资金不足、管理不善等。因此，为了实现企业增长，企业需要制定合适的战略规划，不断创新和改进产品和服务，积极拓展市场和渠道，加强团队管理和员工培训，同时也需要保持良好的财务和风险控制，以确保企业能够持续稳健地发展。

　　在企业增长当中，用户增长是一个极为关键的话题，在当今市场竞争日益激烈的情况下，企业必须不断地增加自己的用户数量，才能在市场中保持竞争力并实现长期的成功。企业用户增长是指企业利用各种市场营销策略、产品创新、客户服务等手段，吸引并留住更多的用户，从而增加销售和收益的过程。这个过程涉及企业的各个方面，包括产品设计、市场营销、客户服务、销售等。在企业用户增长的过程中，有几个关键的因素需要关注。首先，企业需要了解自己的目标用户，了解他们的需求和偏好，以便为他们提供更好的产品和服务；其次，企业需要不断地创新和改进自己的产品和服务，以满足用户的需求和期望；第三，企业需要采用各种市场营销策略，包括广告、促销、公关等，来吸引更多的用户；最后，企业需要提供卓越的客户服务，以保持用户的忠诚度并增加他们的口碑。

　　事实上，企业用户增长是一个长期的过程，需要企业持之以恒地关注和投入。只有这样，企业才能在市场中获得持续的成功，并实现长期的增长和发展。

2.1　什么是增长

　　增长是指增长主体通过自身的长期运营，不断扩大、积累而形成的持续性发展的能力。这里的增长主体可以是一个企业、一件商品又或者是一种服务，商品或服务的增长又包括在企业增长中。在现代商业社会，增长是一个永恒的话题，企业增长如逆水行舟不进则退，若不增长甚至会快速消亡。因为增长的终极目标是获取利润，获取利润的前提是用户规模的增长和客单价的提升，只有用户规模不断增长，企业的销售额才能持续性增长，因此利润的持续性增长才有了基础。

　　既然增长是企业长期经营能力的积累，涉及企业运营的方方面面，不论是研发与创新还是生产制造、销售与营销，又或是品牌管理，最根本的目的是为了企业的增长。所以，我们有必要从企业运营的角度，更加宏观地去讨论增长所包含的内容。朴素来讲，企业运营是一个涵盖企业日常活动的广泛领域，包括各种不同的组成部分。这些部分相互关联，共同推动企业的运营和发展。根据企业所在行业、规模和发展阶段，企业运营的重点可能有所不同。这些部分共同助力企业实现其战略目标，从而实现增长。

企业运营通常主要包括哪些方面呢？如图 2-2 所示。

战斗部队	**1. 业务策划和战略** 企业运营从明确业务目标和规划发展战略开始，确定企业的愿景、使命和价值观。	**2. 市场营销和推广** 企业需要通过市场营销和推广活动吸引潜在客户，提高品牌知名度和形象。	**3. 销售和客户关系管理** 销售团队负责销售产品或服务，客户关系管理则涉及提升客户满意度并维护长期合作关系。
武器装备	**4. 供应链和物流管理** 企业需要管理供应商关系、采购、库存控制、运输以及与供应链相关的其他方面。	**5. 生产和运营管理** 涉及生产过程中的计划、组织、指导和控制，确保生产效率和质量。	**6. 研发和创新** 企业需要不断研发新产品、服务或生产工艺，以保持竞争力并推动企业发展。
	7. 财务管理 企业运营需要对财务状况进行规划、分析和监控，以确保企业的盈利能力和财务稳定。	**8. 人力资源管理** 涉及招聘、培训、绩效管理、员工福利等方面，以确保员工的满意度并提高整体绩效。	**9. 法务和合规** 企业需要遵守相关法规和政策，并处理与法律事务和合同相关的问题。
后勤供给	**10. 信息技术和数据管理** 信息技术和数据管理在企业运营中起着重要作用，包括硬件和软件的维护、数据安全和分析等方面。	**11. 组织文化和沟通** 企业需要建立良好的组织文化和沟通机制，以提高员工的积极性和工作效率。	**企业运营基本要素**

图 2-2 企业运营

如果我们把企业参与到市场的竞争比作大大小小的战役，那么上述 11 个基本要素在企业运营中扮演着不同的角色。首先，业务策划和战略，市场营销和推广，销售和客户关系管理属于在市场上和竞争对手短兵相接的战斗部队，增长工作在其中发挥了主导性的作用，在以客户核心需求为导向的现代企业中，增长需要参与比如市场调研制定业务战略，明确产品服务的市场定位，准备市场导入，搭建各类营销渠道，做好线上线下推广，以及做好客户管理与服务增加留存和复购等；

其次，供应链和物流管理，生产和运营管理，研发与创新属于生产部队，提供各式装备供前线提升战力，这部分增长工作的作用建立数据体系之上，比如建立产品数据体系来衡量产品在市场上的供需关系，来影响供应链的管理，根据客户的正向和负向反馈寻找新需求和需要补足的产品短板等来影响产品的研发和创新，推动企业的创新和技术升级；

最后，财务管理、人力资源管理、法务和合规、信息技术和数据管理、组织文化和沟通则属于后方部队，管理部队。既然企业运营的核心命题是增长，则需要在企业管理方面建立和适配围绕增长的企业流程和制度。

到这里我们在企业运营的宏观视角中对增长工作进行了观察和讨论，也看到了增长的工作贯穿了企业运营的方方面面，对在企业运营中的增长工作有了基本认识，但这个认识形成的过程也不是一蹴而就的。大家对增长的最初认识就是获客，即通过有限的资源最大限度地快速获取大量的客户，在这个阶段企业主要关注如何吸引新客户，通过市场推广、广告和促销活动等手段提高知名度和吸引潜在客户。因为如果没有办法获取客户，即便精心打磨出好的产品，也会处于无人问津的尴尬境地。

随着增长工作的深入，我们会逐步发现一味追求用户数量增长，但是如果不很好地关心用户质量和用户留存，则客户会不断流失。在这个阶段企业开始重视客户满意度和忠诚度，通过优化产品和服务、提升客户体验以及客户关系管理等策略保持现有客户，并促使他们进行复购。

接下来我们需要重视盈利，在这个阶段企业关注提高每位客户的消费价值，通过调整定价策略、促销活动、搭售和交叉销售等手段提高客户的购买力和购买频率，通过降低成本、提高生产效率、优化运营管理等措施提高利润率。

企业在不同阶段可能会采用不同的增长策略，但这些阶段并不是完全独立的，企业需要根据市场环境和自身发展状况灵活调整策略。同时，企业应寻求在各个阶段实现平衡和协同，以便实现长期、稳定的增长。

与此同时，增长也因为目的不同在不断演进中。

2.2 演进1：获客——以获取客户为中心

想必大多数人对增长的最初认识以获客为主，增长成败的关键在于能否快速获取大量用户。既然获客如此重要，那么获客需要从哪些方面去考虑呢？那些因素能够更好地支持获客呢？如果把增长当成一辆火车，那么这些因素就是增长的轮子。通常我们能想到的是供给、品牌、渠道、活动、营销等等因素角度，因为针对于获客这一角度来说，用户通常是新用户，而这些因素往往是决定用户是不是原因从非目标用户变成新用户。另外，以获取客户为中心的用户增长模式中，这些因素在企业产品的不同生命周期，主导的要素也不完全相同。

2.2.1 供给驱动增长

我们首先从供给因素角度来看一下供给驱动增长的含义，供给驱动增长（Supply-Driven Growth）指企业所提供的产品和服务更加充分满足了用户需求，甚至通过创造用户需求，填补了市场空白，另一个角度是提供产品和服务矩阵的覆盖面广而且相互协同的深度足够深，这种情况下，企业提供的产品和服务矩阵在市场上极具竞争力，从而实现了用户增长。

供给驱动增长的核心是通过优化产品供给和升级购物体验，提高客户满意度和忠诚度，从而实现业务增长和利润提升。这种增长策略注重提高产品和服务的质量和完善程度，从而增加消费者购买和复购的意愿。那么在实践中，供给驱动增长需要注意哪些方面的问题呢？如图2-3所示。

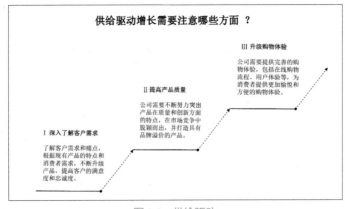

图 2-3　供给驱动

供给驱动增长需要公司深入了解客户需求和痛点，并不断提升产品质量和购物体验，在产品和服务的整个生命周期中，不断升级和优化。我们也知道，从深入了解客户需求，到提高产品质量，以及最后升级购物体验，是层层递进的关系，通过提高消费者满意度和忠诚度，最终目标是实现业务增长和利润提升。

从用户的需求层面来说，用户的很多需求其实是真实存在的，只是被忽视或者没有很好地被满足。一旦出现了好的产品和服务，就很容易实现用户的自然增长。最近 20 年随着科技的发展，这样的例子其实并不鲜见，而且非常多。

我们用手机打车来说明这个概念，以往用户打车需要去路边等待，严寒冬日和酷暑夏日都需要如此，有没有车，需要等多久，需要多少费用，行程需要花费多长时间都是未知。滴滴、优步手机打车出现后，立即在世界范围内快速发展，用户只需要在家中用手机叫好车，便可出行，等待时长、大致费用、行程时间等信息的获取全部解决。在这个例子中，用户打车的痛点一直存在，没有被很好地满足，滴滴、优步这些公司并没有购买自己的出租车，而是创造了新的打车需求以及通过提供实时、准确的信息互通服务使得自身得到了快速增长。

再举一个传统制造业的例子，即大家都用过的贴在身上的暖宝。暖宝的化学原理十分简单，加工制造几乎没有门槛，北方冬季天气寒冷，大家都穿上厚厚的棉衣，暖宝在市场中完全空白的产品，创造了用户新的需求，暖宝起初在日本被发明，一经面世就风靡全球。

再从企业产品和服务矩阵角度举例，最好的例子就是苹果，其产品间相互协同，比如 iPhone、Mac、iPad 之间在工作方面无缝切换，甚至细微到在网上会议期间，苹果耳机能在不同设备之间自动无缝切换。

从上面的例子可以看出，供给驱动增长的核心逻辑是供需关系的匹配及效率。当处于供不应求的阶段时，企业只要解决好向市场有效供给的问题，就能释放用户需求，实现快速增长。

为了进一步加深印象，为读者朋友附加三个案例，一个经典案例，一个有趣案例，一个最新案例，本章后面几节的讲述内容都会为大家奉上这三种案例，读者朋友们可以自行阅读，希望能有所启发。

经典案例：Toyota（丰田）

丰田汽车公司以其持续创新和生产效率而闻名于世。丰田采用了"丰田生产方式"（Toyota Production System，TPS），通过精益生产、持续改进和消除浪费来优化供应链和生产流程。这种生产方式使丰田能够生产出高质量、可靠且价格适中的汽车，满足不同市场和客户的需求。以至于在中国市场上有一句"开不坏的丰田"的口头禅，可见丰田的供给驱动增长主要通过技术打磨、生产效率和市场适应力来实现。

有趣案例：LEGO（乐高）

乐高是一家丹麦的玩具制造商，以其可拼接的塑料积木而闻名。乐高的供给驱动增长主要体现在其不断创新的产品设计和丰富的产品线。乐高针对不同年龄段和兴趣爱好的消费者推出了各种系列的积木套装，如经典系列、电影主题系列、科技系列等，乐高创造了大人与孩子一起玩的产品和消费体验，在市场上具有极高的竞争壁垒。此外，乐高还开发了数字化产品，如乐高视频游戏和虚拟现实体验，以满足现代消费者的需求。这些丰富的产品和创新的供给策略使乐高在竞争激烈的玩具市场中取得了持续增长。

── 最新案例：Tesla（特斯拉）──

特斯拉是一家美国的电动汽车和能源解决方案制造商，以其创新的电动汽车和充电基础设施而闻名。特斯拉的供给驱动增长体现在其对电动汽车技术的不断创新、生产规模扩张以及在全球范围内建立充电网络。特斯拉通过推出多个不同定位的车型，如 Model S、Model X、Model 3 和 Model Y，满足了不同消费者群体的需求。特斯拉在自动驾驶技术方面坚定地通过视觉方案不断突破，并在特斯拉产品上持续落地商用，开启了智能汽车的新纪元。

2.2.2 品牌驱动增长

我们再来谈一谈驱动增长的另一因素，品牌。众所周知，一个公司的品牌对于公司来说就是生命，而这也是为何品牌能驱动增长的内核所在，只有不断地维护、升级公司的品牌，不断涌现新的创意，品牌忠实用户才会不断增长。具体来说，品牌驱动增长（Brand-Driven Growth）获客的核心是建立和维护一个强大的品牌形象，使消费者愿意购买并推荐该品牌的产品或服务。如何才能提高消费者对产品或服务的购买和推荐意愿呢？这需要在市场上建立品牌认知度和品牌忠诚度，通过品牌故事、品牌口碑、内在价值等内涵与消费者建立联系，提供优质的产品和服务，不断推陈出新，以满足消费者的需求和期望。通过持续的品牌建设和品牌营销，可以吸引更多的潜在客户，提高品牌忠诚度，从而实现持续的增长和业务成功。可以想象当一个企业没有品牌知名度的时候，获客的效率不高，例如投放的 ROI（投入与产出）也会很低，因此品牌塑造是增长爆发的关键因素，有了好产品、好服务后需要好的营销和推广，才可使公司品牌深入人心。我们在市面上看到的几乎所有成功的企业或产品服务都有品牌爆发关键期，品牌爆发形成知名度，知名度决定下单量。

如何才能利用品牌因素驱动增长呢？核心是提升品牌的价值和美誉度，从而吸引更多的消费者并提高销售额。这种增长策略强调品牌的建设和维护，通过提高消费者对品牌的认知度和好感度来增加销售量和市场份额，因此我们需要明确，在实践中，品牌驱动增长的过程是怎样的呢？如图 2-4 所示。

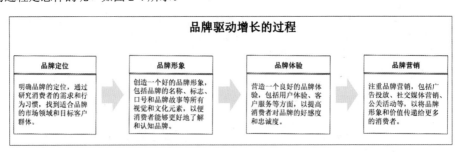

图 2-4　品牌驱动

首先需要明确品牌的定位，提供的品牌是为了能够给用户带去什么样的价值，能够满足用户什么样的需求；其次是品牌形象，因为有了品牌定位，所以需要不断地维护品牌的形象，我们希望品牌的形象是有创意的，是高大上的，是用户心心念念的，是无可替代的；在品牌形象的基础上，再给用户好的品牌体验，让用户能够充分感受品牌的价值，提高用户的好感度和忠诚度；最后才是通过各种能够推广的方式进行营销，才能不断促进用户的增长。

不可否认，品牌驱动增长需要公司注重品牌形象和文化的建设与传播，提供良好的品牌体验和服务，并实施有效的品牌营销策略，以提升消费者对品牌的认知度和好感度，从而扩大品牌影响力，提高销售额和市场份额。这里需要强调的是，品牌驱动增长不是空中楼阁，需要产品自身的质量和服务经得起市场的持久检验。

─────────/ 经典案例：Starbucks（星巴克） \─────────

星巴克是全球最大的咖啡连锁品牌，以提供高品质咖啡和卓越的顾客体验而闻名。星巴克的品牌战略主要关注营造独特的氛围，让消费者在品牌门店中享受到一种"第三空间"的体验，即介于家庭与工作场所之间的休闲环境。通过优秀的员工培训、一致的品牌形象和定期推出的新产品，星巴克成功打造了独特的品牌文化，吸引了大量忠实顾客并实现了全球范围内的增长。

─────────/ 有趣案例：Dollar Shave Club（一元剃须刀俱乐部） \─────────

Dollar Shave Club 是一家美国的剃须用品订阅服务公司，提供性价比高的剃须刀和相关产品。该公司通过一部病毒式营销视频迅速吸引了大量关注。在这部视频中，创始人兼 CEO Michael Dubin 以幽默、自嘲的方式展示了公司的产品和服务。这部视频成功塑造了品牌的个性化形象，让消费者觉得亲切、有趣。凭借这种独特的品牌传播方式，Dollar Shave Club 在短时间内获得了大量订阅用户，实现了显著的增长。

─────────/ 最新案例：Beyond Meat（超越肉类） \─────────

Beyond Meat 是一家生产植物性肉类替代品的美国公司。其产品以高度模拟动物肉类的口感、口味和营养成分而受到关注。作为一家相对年轻的公司，Beyond Meat 的品牌战略主要集中在宣传其产品对环境、动物福利和人类健康的积极影响。通过与知名连锁餐厅、零售商合作，以及与名人和影响者的宣传活动，Beyond Meat 在短时间内成功打造了一种健康、环保、可持续的品牌形象，吸引了越来越多的消费者尝试其产品，实现了快速增长。

2.2.3　活动驱动增长

另一种被我们熟知的情况，就是利用活动来驱动增长，最典型的就是"双十一""6·18"等活动，活动驱动增长（Event-Driven Growth）整套流程相对比较好理解，其核心是利用促销活动、特别优惠、限时销售等方式来吸引消费者，提高他们的购买意愿和购买力，从而增加销售额和客户数量。通过不断进行活动，吸引消费者参与互动，建立消费者和品牌之间的联系，从而提高品牌形象和美誉度，并催化销售增长。那么，在实践中，如何利用活动来驱动增长呢？可以从哪些方面进行发力呢？如图 2-5 所示。

图 2-5　活动驱动

　　第一步是需要吸引消费者，然后建立与消费者之间的联系，同时通过活动也能传播品牌形象。总之，活动驱动增长需要良好的促销和营销策略，建立消费者和品牌之间的联系，提供良好的购买体验以及持续的促销活动，从而获得更多的销售机会和客户数量，进而实现业务增长和利润提升。

　　上述只是通过概念层面来讲解活动驱动增长的过程，那么活动的具体形式有哪些呢？我们需要了解的是，活动通常通过预热，造势，线上、线下大力推广宣传，从而在一定时间范围内呈现爆发式增长的行为。之所以将活动单独列出来，是因为营销活动本身是在创造新流量。现在越来越多的商业行为借助营销活动，形成眼球经济、节日经济，各大互联网公司通过"造节"来策划大型活动，拉动业务在短期内爆发式增长。通过策划自创节日以及公众节假日活动，不断创造业绩新高，产生巨大品牌曝光和用户增长。活动结束后大量用户留存，业绩呈现出螺旋式增长趋势。企业通过营销活动，造节活动等驱动增长的形式有很多，如图 2-6 所示。

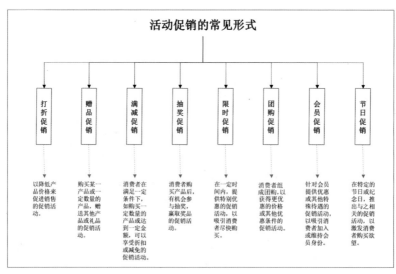

图 2-6　活动促销

　　笔者认为，活动驱动增长之所以成立，内核是短期内大力度地打折促销，产生极大的品牌曝光，配合大力度的渠道推广，实现规模化的用户增长。可以预见的是，大型活动结束之后，产生大量用户留存，带动平台业绩实现跳跃式增长。

　　这里需要特别强调的是，活动驱动增长的前提是产品和服务的体验要好，一定要有用户留存能力。如果产品体验差，用户纯粹为了活动而来，在活动过程中没有体验到产品本身的核心优势，会导致用户过度依赖活动，有活动就来，没活动就不来，始终需要靠活动拉动增长，这会使企业付出高昂的代价。

───────── 经典案例：Alibaba（阿里巴巴）\──────────

阿里巴巴是全球最大的电子商务公司之一，以其线上购物平台淘宝（Taobao）和天猫（Tmall）等而闻名。阿里巴巴通过一系列活动驱动增长，包括打折促销、在线推广、赠品促销、满减促销、抽奖促销、限时促销、团购促销、会员促销和节日促销等。尤其是"双十一"购物狂欢节，这个活动在每年的 11 月 11 日举行，吸引了大量消费者参与。通过丰富的优惠政策和创新的营销活动，阿里巴巴实现了显著的交易额和客户增长。

───────── 有趣案例：Groupon（团购网）\──────────

Groupon 是一家美国的电子商务市场平台，提供团购优惠券和折扣。Groupon 的活动驱动增长主要通过团购促销、限时促销、会员促销等方式实现。Groupon 与各种商家合作，提供各类服务和商品的优惠团购，吸引消费者。通过分享优惠信息，Groupon 帮助商家增加曝光度和客流量，同时也让消费者获得实惠。这种活动驱动增长策略使得 Groupon 在团购市场取得了显著的增长。

───────── 最新案例：Gymshark（鲨鱼健身）\──────────

Gymshark 是一家英国的健身服饰品牌，主要通过社交媒体和健身活动推广其产品。Gymshark 成功地通过与健身博主和社交媒体影响者合作，开展了一系列在线健身挑战和活动，吸引了大量粉丝关注。此外，Gymshark 还组织了实体活动，如 Gymshark Lifting Club，邀请消费者和健身爱好者参与现场锻炼。这些活动增强了消费者对品牌的认同感，推动了品牌在健身领域的增长。

2.2.4　渠道驱动增长

另外一个很重要获取客户的因素是渠道。渠道驱动增长（Channel-Driven Growth）不同于其他因素驱动增长，在当今增长的语境下，更多是说从不同的流量来源获客。不论是线上还是线下，都有各种各样的流量，线上方面有从最基础的门户网站到在线流量购买，线下方面有从门店到地推。我们也知道，渠道的属性往往影响了用户的质量，渠道的大小影响了流量的大小。渠道在每个企业都非常重要，每个企业都需要在各种各样的渠道中分析和选择，比如筛选更优质的渠道，更精准地获取用户，搭建流量来源结构等。随着最近数十年来，互联网和电子商务蓬勃发展，人们在网上的时间大幅增加，对应的线上流量渠道成为了企业增长工作人员关注的焦点，对应的传统的综合商超、专业市场依然扮演着重要的线下流量来源角色。

渠道驱动增长的核心是在各个渠道中有效地获取和转化流量，从而实现企业的客户增长、销售提升和品牌知名度的提高。那么渠道驱动增长的核心过程是怎样的呢？我们可以看图 2-7。

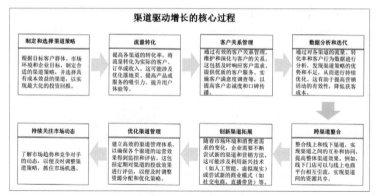

图 2-7 渠道驱动增长

渠道驱动增长的核心在于制定和选择渠道策略、高效获取与转化流量、深化客户关系、持续分析与优化、跨渠道整合、创新渠道拓展、优化渠道管理以及紧跟市场动态。在这个过程中，企业需要灵活应对市场变化，不断调整和优化策略，以实现可持的增长。同时，企业还需要关注新兴技术和商业模式的发展，以便利用这些创新来提高渠道效果和竞争优势。

我们先通过一个实例来看看把握重要渠道的重要性。同样的产品或服务，在不同的渠道通常有相差较大的转化率。某电商公司的渠道包括搜索引擎、社交媒体、广告投放和直接访问等。通过对不同渠道的流量和转化率进行分析，可以得到图 2-8 中的数据。

某公司不同渠道的流量和转化率分析			
(示例数据用来说明不同渠道效率)			
渠道	流量占比	转化率	漏斗转化率
搜索引擎	30.00%	5.00%	1.50%
社交媒体	20.00%	2.00%	0.40%
广告投放	35.00%	3.00%	1.05%
直接访问	15.00%	4.00%	0.60%

图 2-8 不同渠道流量和转化率分析

通过以上数据可以看出，不同渠道的流量质量差异较大，搜索引擎渠道的流量质量较高，因为用户主动输入关键词搜索，其购买意愿较强；广告投放渠道的流量质量也较高，因为广告投放可以针对性地吸引潜在客户，被吸引的客户都具有一定的购买意愿；社交媒体渠道的流量质量较低，因为用户往往是在浏览社交媒体时被动接触广告，购买意愿较弱；直接访问渠道的流量质量较为稳定，因为这部分用户已经对该公司有一定的了解，购买意愿相对较高。而在进一步漏斗转化效率层面，搜索引擎和广告投放的质量相对较高，社交媒体和直接访问的质量相对较低。这也说明了电商公司在选择营销渠道时需要根据实际情况进行权衡和选择。

充分分析和了解现有的渠道之外，更核心的工作是不断寻找新的渠道，找到流量价值洼地，找到精准用户，采用转化率高、成本低的手段。需要注意的是，渠道的质量会随着技术的发展而变化，随人们生活方式的转变，渠道也会不断地转变和迁移。2000 年代初期，随着宽带接入的普及，桌面电脑和笔记本电脑成为了主要的互联网访问方式。同时，人们开始使用移动电话访问互联网，虽然速度较慢，但是已经成为一种趋势。到 2007 年，苹果公司发布了第一款 iPhone，从此开始了智能手机的时代。随着智能手机的普及，人们用手机访问互联网的习惯逐渐形成。同时，移动互联网技术的发展推动了移动互联网的普及，人们可以在任何时间、任何地点访问互联网。2010 年代，移动互联网成为主流，智能手机成为人们最常用的互联网访问设备。同时，平板电脑的普及也推动了移动互联网的发展。2016 年，微信成为人们日常生活中不可或缺的工具，微信朋友圈、公众号等功能成为了人们获取信息、社交的重要渠道。微信的发展也推动了移动互联网的变革，让使用移动互联网成为了更加便捷和普及的生活方式。在时代滔滔洪流之中，互联网渠道随之发生变化，我们从渠道本身来见证渠道的变迁，如图 2-9 所示。

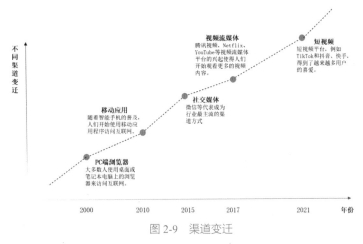

图 2-9　渠道变迁

同时，我们也相信，随着技术的发展和用户需求的变化，互联网流量入口不断变化和创新。未来，我们可以期待更多新入口方式的出现。

经典案例：Zara（扎拉）

Zara 是全球知名的时尚品牌，隶属于西班牙 Inditex 集团。Zara 的渠道驱动增长主要表现在其高效的供应链管理和广泛的零售网络。Zara 采用了快速时尚模式，缩短了从设计到上市的周期，确保了紧密跟进时尚潮流。通过在全球范围内建立零售门店和在线销售渠道，Zara 能够迅速将新款式推向市场。Zara 的成功在于其强大的渠道网络、高效的库存管理和快速响应市场需求的能力，这些特点使其在全球范围内实现了持续增长。

有趣案例：Dollar Shave Club（一元剃须刀俱乐部）

Dollar Shave Club 是一家美国的剃须用品订阅服务公司，提供性价比高的剃须刀和相关产品。该公司通过直接面向消费者的在线订阅模式，绕过了传统的零售渠道，从而降低了成本并提高了利润。通过一部幽默诙谐的病毒式营销视频，Dollar Shave Club 成功吸引了大量用户。渠道驱动增长体现在其直接与消费者建立联系的订阅模式和创新的营销策略。

最新案例：Peloton（健身环）

Peloton 是一家美国的健身科技公司，以其智能健身设备和在线健身课程而受到欢迎。Peloton 通过直接面向消费者的在线渠道销售智能健身设备，例如智能自行车和跑步机，并提供订阅式的健身课程服务。Peloton利用社交媒体、线上广告和合作伙伴关系来推广其产品和服务。在新型冠状病毒流行期间，随着越来越多的人选择在家锻炼，Peloton的销量迅速增长。渠道驱动增长体现在其直接面向消费者的在线销售和订阅模式、独特的健身体验和针对在家健身的市场定位。

2.2.5 营销驱动增长

让我们来看一下本章最后一个驱动增长的轮子——营销，也是驱动增长的重要因素之一。提到营销驱动增长（Marketing-Driven Growth），核心在于通过营销策略来推动公司的增长。这种增长策略强调扩大目标客户群体，增加销售机会和客户数量，从而带来业务增长和利润的提高。如何才能通过营销驱动增长呢？关键在于识别潜在客户，确定他们的需求和痛点，并通过有效的营销手段来引导他们进入销售漏斗的第一阶段，并挑选出最有价值的潜在客户，并通过引导和推销，将其转化为成交客户。在增长实践中，营销驱动增长通常需要做哪些事情呢？这是一个比较庞杂的体系，方方面面都应该考虑周全，如图 2-10 所示。

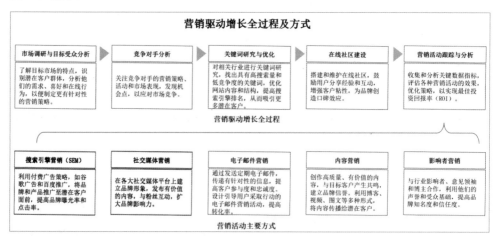

图 2-10　营销驱动增长过程

吸引潜在客户，提高品牌知名度，转化为实际销售和客户忠诚度，是营销驱动增长的核心目标。首先，进行市场调研与目标受众分析，提炼核心用户群体；另一方面，竞争对手分析的工作必不可少，同时也可以参考企业在行业中的地位，对其他竞争对手优势、劣势分析；其次，对关键词研究和优化的工作也应该紧锣密鼓地进行，因为这是营销的材料，对用户来说一些吸睛的字眼总是不容易忘记的；另一层面就是需要建设在线社区，增强与用户的互动，这样才能有更多的用户黏性，同时也是为营销工作做基础。最后通过各种营销方式的渗透，达到推动用户增长的目的，这过程也需要不间断对营销进行各种分析，甚至后续复盘。通过对各个渠道的综合运用和优化，企业才能够更有效地实现增长。

另外，我们提的用户增长绝对不是单纯数量上的增长，而是有效的用户增长、用户成长、用户变现、用户传播、防止用户流失，这是一个系统性工程。增长既不是起点也不是终点，而是一个持续的过程。企业的用户就像是一个蓄水池，一端进水，一端出水，要想让蓄水池的水变得更多，一方面是要让进水口更大，进水量更多，另外一方面要减少出水量，即"开源节流"。只有进水量大于出水量，即新增的用户大于流失的用户时，蓄水池才能实现正向增长。提到用户增长，单纯用户数量的增长并不一定能带来企业收入和利润的增长，只有质量高的用户增长才能给企业带来收入和利润上的增长。因此，企业增长的驱动力来源于有质量的用户，通过运营手段提升存量用户的购买频次和客单价，带动企业收入和利润的增长。

经典案例：Coca-Cola（可口可乐）

可口可乐是一家全球知名的饮料品牌，以其标志性的碳酸饮料而闻名。可口可乐的营销驱动增长体现在其强大的品牌形象和广泛的广告宣传活动。通过不断进行品牌营销，包括电视广告、户外广告、赞助活动和数字媒体宣传，可口可乐在全球范围内建立了巨大的知名度和忠诚度。此外，可口可乐还推出了各种促销活动，如限时优惠、会员奖励等，以提高消费者的购买意愿。通过这些策略，可口可乐在全球饮料市场取得了持续增长。

有趣案例：奥利奥的"你敢黑"活动

奥利奥在 2013 年推出了一个有趣的营销活动——"你敢黑"，邀请用户在社交媒体上晒出他们是如何"吃黑"的。用户们纷纷晒出了自己将奥利奥饼干拆开或舔着饼干内夹心的照片，创意百出。这场活动在社交媒体上引起了广泛关注，成功吸引了消费者的眼球，提升了奥利奥的品牌形象。

细节案例：Boy Brow 的病毒式传播

Glossier 是一家以化妆品为主打产品的 DTC（Direct To Customer, 直接面向消费者）品牌。该品牌的爆品是一款名为"Boy Brow"的眉笔，其采用了一种独特的配方，可以轻松地打造出自然而富有质感的眉毛。Glossier 将这款眉笔定位为"追求自然美"的女性必备品，通过社交媒体等渠道进行宣传，并与用户进行互动。另外，最重要的是，用户与用户之间形成了良好的沟通机制，针对这款产品的各个方面都展开了广泛的讨论和分享，传播机制就此展开。这款眉笔在 Glossier 的网站上销售火爆，甚至还一度出现了缺货的情况。Glossier 的成功表明，一个好的产品和与用户互动是打造爆品的关键。

2.2.6　小结

我们花了较大篇幅从不同驱动角度阐述增长，主要还是以获取客户为最终目标。摒弃细枝末节的区别，不同驱动角度的核心区别在于强调的增长来源和策略方向，如图 2-11 所示。

当然，这些驱动增长的角度并不是单独作战的，在增长实践中也可以结合使用，比如通过活动来推广品牌，并在营销活动中透露产品或服务的优势等。那么如何融合这些驱动角度来驱动增长呢？关键在于根据不同的业务目标和营销策略来选择并结合使用适合的驱动角度。

营销驱动增长、渠道驱动增长、活动驱动增长、品牌驱动增长和供给驱动增长这五种不同的业务发展策略，有一个共同的核心：提升客户体验。不同驱动角度通过不同方式向用户传播产品或服务，并取得客户认同。无论是通过优化产品供给来实现业务发展，还是通过提升品牌形象、宣传营销或者通过促进客户复购以获得利益，都要注重用户体验，并且在不断改进产品与服务的情况下实现用户满意度的提升。

图 2-11　不同驱动方式主要区别

2.3　演进 2：留存——精细化用户运营

在 2.2 节的讨论中，我们花了较多篇幅，把视角提升到企业运营的高度，从获客的角度全方位的讨论了增长。但在日常增长实践中，人们逐渐认识到获客并不是增长的全部，以获客为核心的增长方法论并不能持续，尤其偏重渠道、活动和营销驱动的增长，因为仅从获客数据指标评价增长，并不全面，而且容易出现副作用。

首先，忽略客户留存和满意度，专注于获客可能导致企业忽略现有客户的满意度和留存。例如，如果企业过于关注新客户的优惠活动，可能会让现有客户感到不满。长期而言，客户满意度和留存对企业的持续增长至关重要。

其次，由于高昂的客户获取成本，如果企业过分关注获客，可能会导致成本的提高。例如，大量投入广告可能会在短期内吸引客户，但长期来看可能不是可持续的增长策略。高昂的客户获取成本可能会消耗企业的利润，影响企业的盈利能力。

另外，过分关注获客可能会导致企业忽视客户生命周期价值（CLV）。对于许多企业，客户的长期价值可能远高于其初始购买价值。例如，如果一家公司只关注吸引新客户购买其入门级产品，而不关注如何提高客户的消费水平或推广其他产品，可能会错失更大的盈利机会。

基于此，我们来讨论增长实践中的第二个认识阶段——留存。留存也是互联网行业下半场的主题，因为野蛮生长的获客时代不再是主流，各行各业竞争已趋向于饱和。因此，留存将作为主战场。这里需要说明的是，第二阶段中，留存并不是孤立存在的，而是紧紧地坐落在第一阶段获客的基础上的。现在我们来讨论第二个阶段，与第一阶段有重复的部分将不再赘述。

相信大家一定对精细化用户运营这个名词并不陌生，精细化用户运营的核心目的就是留存。以留存为核心的增长包含 5 个重要的方面：客户体验优化、客户关系管理（CRM）、用户生命周期管理、客户忠诚度计划以及重新激活流失用户，这些方面既有顺承关系，也有混合关系，下面我们将对这些方面进行展开讲述。

2.3.1　客户体验优化

注重客户的产品和服务体验，是留存用户的有效方法之一。任何产品和服务，都不能做到完美无缺，所以需要不断优化客户对产品或服务的体验。那么应该如何在客户体验上进行优化呢？主要包括优化用户界面、提高响应速度、提升服务质量等，使客户能够更愉快地使用产品或服务，不断提升客户在使用产品或服务过程中的满意度，客户用户体验的细分如图 2-12 所示。在以留存为核心的增长中，客户体验优化可从以下几个方面提升：

（1）在用户界面（UI）与用户体验（UX）设计方面：确保清晰、直观的界面设计，帮助用户轻松理解和操作界面；保持布局一致，使用标准化的导航、图标和字体；考虑不同屏幕尺寸和设备类型的适配性；提供易于理解的交互元素，如按钮、链接和表单。

（2）在个性化体验方面：分析用户行为、偏好和需求，提供个性化的内容、推荐和服务；利用用户画像和分析工具，提供更精确的个性化体验；优化个性化推送消息，提高用户参与度和满意度。

（3）在响应速度与性能优化方面：优化网站、应用程序或其他产品的加载速度和响应时间；对页面、图片和代码进行压缩，减小文件大小，提高加载速度；利用缓存技术和内容分发网络（CDN），提高内容访问速度。

（4）在客户支持与服务质量方面：提供多种渠道的客户支持，如电话、在线聊天、电子邮件等。

以上四个方面的客户体验优化，实质上是从大体环节考虑。而在实际的客户体验中，任何一个细节都会带来改变，影响客户对产品和服务的感知。影响用户体验的因素也非常之多，就以司空见惯的一个网站应用来说，其中如何优化用户的体验是一个大工程，每一个细节都能当做一个长期项目进行，下面让读者朋友们感受一下。

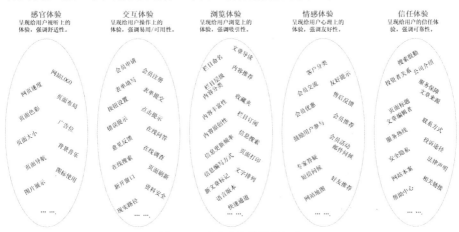

图 2-12　客户用户体验的细分

总之，注重客户体验的优化，是极大利好用户留存的，可以达到驱动增长的目的。因此许多公司都产生了"用户为本""客户第一""消费者是衣食父母"等文化口号。

经典案例：亚马逊（Amazon）

亚马逊一直致力于优化客户体验，从搜索到购买，再到送货和售后服务，都经过了精心设计。亚马逊的一键购买功能是一个经典的例子，用户在设置好默认的付款和送货信息后，可以通过点击一键购买按钮，直接下单购买商品，无须多次确认。这极大地简化了购物流程，提高了用户的购物体验。

有趣案例：MailChimp

MailChimp 是一款电子邮件营销工具，它以出色的用户体验闻名。MailChimp 的用户界面非常直观，即使是初次使用者也能轻松上手。此外，MailChimp 以其独特的品牌形象和幽默感吸引用户。例如，当用户完成某项操作时，MailChimp 的吉祥物会用幽默的方式表示祝贺，这让用户在使用过程中感到愉悦。

最新案例：Clubhouse

Clubhouse 是一款基于音频的社交应用，它通过提供简洁的用户界面、高质量的音频体验和实时互动的社交场景，迅速吸引了大量用户。Clubhouse 的设计让用户可以轻松加入各种聊天室，参与实时讨论。同时，Clubhouse 优化了音频质量，提供了清晰、稳定的听众体验。这些因素共同提升了用户在使用 Clubhouse 时的满意度，使其迅速成为一款受欢迎的社交应用。

2.3.2 客户关系管理

提到客户关系管理，就涉及需要建立与客户的长期关系，通过有效的沟通和互动，了解客户需求，提供个性化服务，提高客户满意度和忠诚度。如果单讲客户关系管理，那么在管理学上已经有了大量的相关文献书籍，大家可自行查阅。本文突出所讲的是，如何利用客户关系管理这一手段，去提升客户留存。那么在以留存为核心的增长中，客户关系管理（CRM）又可以从哪些方面进行提升呢？如图 2-13 所示。

客户信息管理	收集和整理客户的基本信息、购买历史、行为数据等，以便更好地了解客户需求和喜好。通过数据分析，对客户进行细分，以提供更个性化的服务和营销活动。
增加客户忠诚度	设计并实施客户忠诚度计划，如积分兑换、会员特权等，以奖励忠实客户。提供优质的售后服务，确保客户在购买后得到满意的支持和解决方案。
客户沟通与互动	通过电话、电子邮件、社交媒体等多种渠道，定期与客户进行沟通和互动。关注客户的反馈和建议，并及时回应，以提高客户满意度。在关键时刻（如节日、生日等）向客户发送祝福和优惠信息，增加客户的归属感。
个性化服务与推荐	根据客户的需求和喜好，提供个性化的产品推荐和服务。利用推荐引擎和人工智能技术，实现智能化、精准化的个性化服务。
客户满意度评估与改进	定期进行客户满意度调查，了解客户对产品和服务的满意度，找出需要改进的地方。根据客户反馈，持续优化产品和服务，提高客户满意度。

图 2-13　客户关系管理提升

通过以上几个方面的提升，企业可以更好地建立与客户的长期关系，从而实现以留存为核心的增长。总之，客户关系管理系统的核心其实就是一句话，尽最大努力维护好与客户的关系，从而让客户觉得产品有所值、服务有所值，能长期留存下来，从而驱动增长。

经典案例：京东（国内互联网巨头）

京东是国内知名的电商巨头，拥有强大的客户关系管理（CRM）系统。他们通过收集客户的购买历史、浏览行为等数据，为客户提供个性化的推荐。此外，京东还提供"一键购买"功能，让客户更方便地下单购买。通过强大的 CRM 系统，京东成功地维护了与客户的长期关系，提高了客户满意度和忠诚度。

有趣案例：南西糖果（Nancy's Candy）

南西糖果是一家位于美国的小型糖果制造商。为了提高客户满意度和忠诚度，他们利用 CRM 系统，为每位购买过的客户建立档案，记录客户的喜好和购买历史。在客户的生日当天，南西糖果会向客户发送一份免费的糖果礼盒，以表达对客户的感谢。这一举措提升了客户满意度，也使得南西糖果的客户更愿意向朋友和家人推荐这个品牌。

最新案例：全球连锁健身房品牌（例如智能健身房）

近年来，很多全球连锁健身房品牌开始使用 CRM 系统，为会员提供个性化服务。例如，智能健身房通过 CRM 系统收集会员的运动偏好、设备使用记录等数据，为会员制订个性化的运动计划。同时，健身房还会通过 CRM 系统定期推送运动相关的资讯、优惠活动等信息，以提高会员的参与度和满意度。此外，一些健身房还推出了会员忠诚度计划，为会员提供积分兑换、特权课程等福利。通过 CRM 系统的运用，这些健身房成功地提高了会员留存率和忠诚度。

2.3.3　用户生命周期管理

真实场景下，针对于大部分产品服务而言，用户是有生命周期的，不会终身都是产品或服务的目标用户群体。最简单的例子，童装产品仅针对于儿童群体，儿童一旦长大，自然就不再是目标用户了。用户生命周期管理中，是精细化用户运营中的关键一环，通过分析用户行为数据，了解用户在整个生命周期中的需求变化，以提供及时、精准的产品和服务，满足客户在不同阶段的需求。在以留存为核心的增长中，用户生命周期管理的提升可以考虑从以下几个方面入手：

（1）先说用户分群。用户分群的方式有很多，例如根据用户价值进行 RFM 模分群、根据用户活跃程度分群或者根据用户本身对产品的结束时间按照"新手期—熟手期—老手期"进行分群等。那么为什么要对用户进行分群呢，这是因为即使是目标用户群体，也要尊重用户之间的差异性，并不能完全趋同，因此要进行分群，可以更好地服务于用户；

（2）再说客户行为分析，很好理解，就是用户基于产品/服务的特性产生一系列行为，对这些行为进行分析，通过一定的指标、口径得到对用户的价值判断，这样有利于引导低价值用户转向高价值用户的策略执行，从而也能延长用户的生命周期；

（3）另外一个层面，触点管理，说得简单点就是数学上的找拐点。从数据科学的角度来说，就是要把业务难题转化成一个个数学模型，得到一个最优化的策略，引导用户的行为指标向更好的方向发生变化，这里面可用常用的技术手段有拐点分析、因果推断、数据建模等；

（4）营销策略的制定，是衍生用户生命周期的关键一环，制定适当的营销策略，可以驱动增长，这部分在 2.2.5 节营销驱动增长详细讲过，同理，通过制定营销策略，可以延长用户的生命周期；

（5）最后是评估用户价值，低价值用户量大而单个用户价值低，因此这部分是产生价值的目标人群，同时，随着用户价值提高，相应的生命周期会延长，同时驱动增长，如图 2-14 所示。

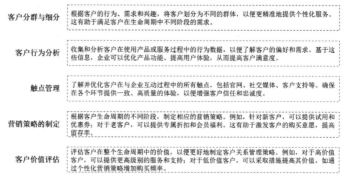

图 2-14 用户生命周期管理提升

通过以上几个方面的提升，企业可以更好地满足客户在整个生命周期中的需求，从而提高客户满意度和忠诚度。

───────────── / **经典案例：宜家** \ ─────────────

宜家是家居行业用户生命周期管理的经典案例。从营销策略、产品定价到售后服务，宜家始终将客户需求放在首位。宜家根据用户在不同生活阶段的需求提供各式家居产品。例如，针对年轻人和学生市场，宜家提供经济实惠的产品；针对已婚家庭，宜家提供家居方案和设计服务。此外，宜家还设有儿童游乐区、免费停车场和餐厅，以提高顾客购物体验。

───────────── / **有趣案例：Duolingo** \ ─────────────

Duolingo 是一款流行的语言学习应用，它在用户生命周期管理方面的表现十分有趣。Duolingo 会根据用户的学习进度和偏好定制课程，保持用户的学习兴趣。此外，Duolingo 还引入了游戏化设计，如经验值、徽章和排行榜，以激励用户坚持学习。为了提高用户的学习效果，Duolingo 还开发了一系列社交功能，如群组学习和好友挑战，帮助用户互相鼓励、共同进步。

───────────── / **最新案例：Spotify** \ ─────────────

Spotify 是一个音乐流媒体平台。在 Spotify 用户可以免费收听任何曲目或专辑。同时，用户还可以通过制作和共享播放列表，与好友共享喜爱的歌曲。从个性推荐到现成的播放列表，用户可以畅享动听音乐带来的享受。Spotify 还提供了数千个播客节目，包括在其他任何地方都找不到的原创节目。因此，Spotify 不单单是一个音乐播放器，它还成功地引进了用户参与、创作机制，极大地扩大了用户生命周期，增添社交属性功能，能够为用户留存提供更多突破口。

2.3.4　客户忠诚度计划

客户忠诚度，通俗点说就是客户黏性，客户接受了产品和服务的同时对产品和服务本身产生了一定的依赖性。客户忠诚度与用户生命周期是很相关的，因此可以说客户忠诚度是对用户生命周期的另一大补充，同时也是用户生命周期相辅相成。那么客户忠诚度计划如何展开呢？设计并实施各种奖励制度，如积分系统、优惠券、会员特权等，以鼓励客户继续使用企业的产品或服务，提高客户忠诚度。在以留存为核心的增长中，客户忠诚度计划可以从如图 2-15 的几个方面提升：

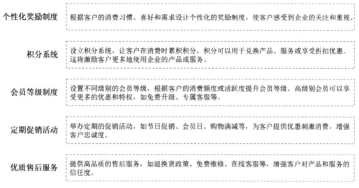

图 2-15　客户忠诚度计划提升

因此，我们知道，有效地制订客户忠诚度计划，能够极大地提升用户留存。客户忠诚度计划的实施，需要有差别地针对性服务于客户，让他们感受被重视、被尊重，同时我们也一定要知道，产品和服务的质量本身，也能一定程度上影响客户忠诚度，好的产品和服务再加上有效的客户忠诚度计划，一定能引起增长的另一波飞跃。

经典案例：星巴克会员计划

星巴克会员计划通过提供积分系统、会员等级制度和会员特权来增加客户忠诚度。顾客在购买星巴克产品时可以累积星星积分，积分可以用于兑换免费饮料、食品等。此外，星巴克还设有绿金级会员制度，根据消费次数提升会员等级。金卡会员可以享受到免费生日饮品、免费无线上网、免费升级咖啡等优惠。

有趣案例：美国航空公司（American Airlines）的 AAdvantage 计划

美国航空公司的 AAdvantage 计划是全球最早的航空公司客户忠诚度计划。通过 AAdvantage 计划，乘客可以在美国航空公司及其合作伙伴的航班上累积里程，累积的里程可以兑换免费机票、升舱、酒店住宿等。此外，AAdvantage 计划还设有精英会员等级制度，分为金、白金、白金职业和执行白金等级，精英会员可以享受优先登机、免费行李托运等特权。

_____ / 最新案例：Peloton 健身会员计划 \\ _____

　　Peloton 是一家提供健身器材和在线健身课程的公司。为提高客户忠诚度，Peloton 推出了会员计划。会员可以享受到更多独家内容、优先参加特殊活动和挑战、获得会员专属折扣等优惠。通过提供个性化的课程和社交功能，Peloton 鼓励用户持续参与，形成健康的生活方式习惯。

2.3.5　重新激活流失客户

　　客户一旦流失，对企业来说是非常大的损失，因此非常有必要对用户进行重新激活召回。客户为什么会流失，原因可能是多种多样的，有产品自身的原因，也有客户自身的原因，针对已流失的客户，可以通过优惠政策、个性化推广等方式重新吸引他们使用企业的产品或服务。在以留存为核心的增长中，重新激活流失客户的关键在于识别流失客户的需求、挽回他们的信任并重新吸引他们。那么应该包含哪些步骤呢？如图 2-16 所示。

重新激活流失客户的步骤

1. 数据分析	2. 定向营销	3. 重新建立信任	4. 优化用户体验	5. 跟进与反馈
通过对流失客户的行为数据进行分析，了解客户流失的原因，以便针对性地进行优化和调整。	针对流失客户的特点和需求，设计个性化的营销策略，如定向优惠券、特殊折扣等，以重新吸引他们关注企业的产品或服务。	与流失客户保持积极的沟通，了解他们的痛点和需求，通过改良产品或服务来重新建立信任。	针对流失客户提出的问题和建议，优化用户体验，提高产品或服务的质量，使客户更愿意重新使用。	对重新激活的客户进行跟进，了解他们的使用情况和满意度，并根据反馈持续改进产品或服务。

图 2-16　重新激活流失客户的步骤

　　用户为什么流失，这是我们召回用户的关键，只有清楚了用户流失的原因，才有针对性的策略，因此要展开详细的用户流失专项分析。这里面需要对用户的基础行为尤其是流失前一段时间的行为进行数据分析，配合用户自身属性特征，将用户流失的原因进行分类，当然，我们可能无法准确知道每一个用户流失的原因，但是根据"二八"定律，至少我们是有机会重新召回 80% 的用户的。有了精准的数据分析、对用户进行了较为恰当的人群分类，那么针对于不同人群的定向营销就能发挥作用了，用优惠、新品、新功能重新唤起流失用户的兴趣是非常有必要的手段。通常流失用户已经不活跃了，所以也需要清楚用户的动向，包括去一些大的平台引流、广告营销、投放赋能等。通过营销触达到的用户，并不能说已经真正回来了，还需要重新和用户建立起良好的信任，除了要准确地指导用户的痛点和需求，还需要不断改良自身产品及特性，让用户对产品/服务满意、觉得有所值。重新得了用户信任以后，接下来就应该进行用户体验的优化，这部分内容可以参考2.3.1 节客户体验优化内容，里面有详细讲解，这里不再赘述，总之就是提升用户获得的满足感。最后就是需要持续跟进重新激活的用户，了解他们对产品的使用情况，并根据他们的反馈提升和改进产品。

　　通过以上这些措施，企业可以重新吸引流失客户，将他们重新纳入用户群体，提高留存率和企业收益。

　　在以留存为核心的增长中，重新激活流失客户的关键在于识别流失客户的需求、挽回他们的信任并重新吸引他们。

─────────────╱　经典案例：Adobe　╲─────────────

　　Adobe 通过针对流失客户的需求提供优惠政策，成功地重新激活了一部分客户。当客户取消订阅 Adobe Creative Cloud 时，Adobe 会提供一个特别折扣，以鼓励客户继续使用。此举使得部分原本打算离开的客户决定再次尝试 Adobe 的产品。

─────────────╱　有趣案例：Spotify　╲─────────────

　　音乐流媒体服务 Spotify 针对已经取消订阅的客户，通过发送定制化的电子邮件，提供短期的免费或折扣订阅，以重新吸引他们。此外，Spotify 还会根据用户以前的听歌记录为他们推荐新的歌曲和播放列表，展示其改进的个性化推荐功能，从而重新激活流失客户。

─────────────╱　最新案例：Gymshark　╲─────────────

　　健身服饰品牌 Gymshark 通过分析流失客户的行为数据，了解客户流失的原因，针对性地进行优化和调整。例如，如果客户因价格敏感而流失，Gymshark 会在特定时期向他们发送折扣码或优惠券。同时，Gymshark 也会通过社交媒体和电子邮件营销与流失客户保持联系，展示其最新的产品和活动，以重新吸引客户的关注。

　　这些案例展示了企业如何通过优惠政策、个性化推广等方式，成功地重新激活流失客户，提高留存率和企业收益。

2.3.6　小结

　　到这里我们做一下小结，在以留存为核心的增长内容中，客户体验优化、客户关系管理（CRM）、用户生命周期管理、客户忠诚度计划和重新激活流失客户这几个角度是非常重要的，同时也需要注意到他们之间的区别，其核心不同点如图 2-17 所示。

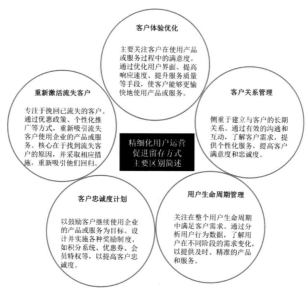

图 2-17　精细化用户运营促进留存方式区别

尽管这些角度在留存策略中具有不同的侧重点，但它们之间存在协同作用。企业需要根据自身发展阶段和客户需求，灵活运用这些策略以提高客户满意度、忠诚度和留存率。另外，关于他们之间的相同点，却与获客阶段惊人的一致，就是注重用户体验，并且在不断改进产品与服务的情况下实现用户满意度的提升。

2.4 演进3：盈利——追求可持续增长

增长的演进，从获客到留存，到盈利，其实是一套体系完整的增长指导思想，而盈利作为企业的最核心目标，应该是增长的关键一环，且必须是具备可持续能力的。随着互联网的下半场到来，获客已经越来越难以为继，留存也趋向于饱和，真正能作用于发展的增长关键点就是盈利方向了。关于盈利方向的事情，自然而然与经济学和管理学有很大关系，阐述盈利或者说利润的书籍汗牛充栋，我们这里也不过分展开了，只站在增长的角度上考虑问题，因此可能会忽略关于盈利的常规解读与方法手段。那么，在盈利为核心的前提下，如何做好增长呢？笔者认为，应该从定价策略、生产效率、精细化管理三个方面去进行考虑。

2.4.1 调整定价策略

我们知道，盈利来源于收入，收入的一个重要因素是定价，因此如何定价是一门学问，经济学上简单地概括就是，供需关系决定定价。在供需关系的前提下，通过实施分层定价、捆绑销售和动态定价等策略，根据市场需求、竞争环境和客户付费意愿进行对定价策略适当调整，是可以实现最大化利润的。定价策略的调整，有以下四种方法。

● **分层定价**

将产品或服务划分为不同的价格层级，以满足不同客户群体的需求和付费能力。分层定价有助于覆盖更广泛的细分市场，提高客户满意度和购买意愿。我们通过分层定价影响盈利的方式，其实也和消费者心理有关，比如说一种产品，作为低价格产品的时候，给用户的优惠相对少，作为高价格产品的时候，用户得到的优惠力度更大，通过这样的策略，就会促使许多原本购买低价格产品的用户，向高价格产品购买转移。

● **捆绑销售**

捆绑销售指将多个产品或服务组合成一个整体，以较优惠的价格进行销售。捆绑销售可以吸引更多客户，提高单次购买额，并且有助于销售滞销或库存积压的产品。这里需要注意的是，捆绑销售的产品，在属性上是相通的，或者是互补性的，比如说茶叶和茶杯、羽毛球拍和羽毛球、眼镜片和眼镜框等。组合捆绑并让利一部分优惠给客户，可以极大扩大销售量以及销售额，从而带动盈利的增长。

● **动态定价**

产品的价格不是恒定不变的，从大的范围来讲，国民收入、物价水位以及居民人均收入等宏观指标都会影响一个产品的定价；从小的范围来讲，市场需求、竞争环境、客户付费意愿同样也会影响产品的价格。因此，动态性地调整产品价格是非常有必要的。当然，动态调整不是说随时调整，是在根据产品周期性的规律以及历史数据经验分析的基础上进行的调整，例如，根据季节、时间段或库存情况调整价格。动态定价可以有效应对市场变化，提高销售额和利润。

● **价值定价**

价值定价指的是，根据客户对产品或服务的价值认知来设定价格。价值定价有助于实现产品的价值最大化，提高客户的购买意愿和满意度。价值定价的核心诀窍是塑造"物以稀为贵"的心理暗示，这种定价方式可以说是极大地满足了客户的心理和精神层面需求，而且在客户群体中容易有"从众心理""羊群效应"的现象发生。

我们相信，通过以上几个方面的调整，企业可以实现定价策略的优化，从而在以盈利为核心的增长战略中取得成功。

经典案例：苹果（Apple）

苹果的定价策略是一个典型的分层定价策略。苹果将其产品，如 iPhone、iPad、MacBook 等，划分为不同的版本和配置，以满足不同消费者的需求和预算。通过分层定价，苹果成功吸引了各种消费者群体，同时维持了较高的利润水平。

有趣案例：优步（Uber）

优步采用了动态定价策略，根据市场需求和供应关系实时调整价格。在需求高峰期，如下雨天或大型活动期间，优步会提高价格，这种行为称为"峰时定价"（Surge Pricing）。这种定价策略有助于平衡市场供需，吸引更多司机提供服务。尽管峰时定价有时会引发争议，但总体有很好的效果。

最新案例：Disney+ 流媒体服务

Disney+ 是一个提供迪士尼、皮克斯、漫威、星球大战和国家地理频道等内容的流媒体服务平台，它采用了分层定价和捆绑销售策略来吸引不同类型的用户并提高盈利。Disney+ 提供了单独订阅的选项，以及与 Hulu 和 ESPN+ 的捆绑订阅的选项。捆绑销售策略让用户可以通过一次性购买，获得多个平台的服务，从而为 Disney+ 创造更高的价值。针对国际市场的不同需求，Disney+ 还根据地区制定了不同的定价策略。在一些国家和地区，Disney+ 提供了低价套餐，以便更好地吸引消费者。

2.4.2　提高生产效率

提高生产效率是盈利非常重要的手段之一，因为进一步提高生产效率，才可以在规模化生产中进一步降低自身生产成本，在市场上的竞争中占得先机。因此，引入先进的生产技术、改进工艺流程和加强员工培训，是可以提高生产效率的，同时这有助于提高产量、缩短生产周期，从而降低单位产品成本。如何提高生产效率，可以考虑以下几个方面：

● **引进先进的生产技术**

需要采用先进的生产技术，如自动化、机器人等，可以提高生产效率，降低人工成本，并减少人工错误率，从而提高产品质量。同时需要淘汰落后、耗能的生产技术，及时更新替换生产线上的落后技术，更多地迎合市场、迎合客户群体。

- ● **改进工艺流程**

通过对生产流程的优化和改进，可以降低生产成本，提高生产效率。改进工艺流程其实和引进先进的生产技术不同，改进工艺流程往往是企业内部自我更新，而引进先进的生产技术是从外部获得，两者都涉及成本与收益的平衡分析。但改进工艺流程的成本明显是更低的，更具有操作空间的。例如，通过重新规划流程、简化程序、减少中间环节等方式，可以提高生产效率和质量。

- ● **加强员工培训**

提供定期的培训和技能提升机会，使员工具备更高的技能和能力水平，提高生产效率和质量。员工技能的提高也可以带来更高的生产能力和更高的质量标准。同时，也要重视对员工的考核，奖罚公平。

- ● **优化设备资源的利用**

设备资源是生产线上的重要一环，一旦设备出现故障，会极大破坏生产效能。通过优化设备使用率和资源利用效率，可以降低生产成本并提高生产效率。例如，定期维护设备，避免故障和停机，提高设备的使用率；优化原材料使用和库存管理，避免浪费和过剩。

以上，从技术、流程、员工培训和资源利用等方面入手可以极大提高生产效率，因为技术、流程、员工、资源设备都是生产的基本要素，只要想方设法提升基本要素水平，才能在整体上更快地提高生产效率，从而降低生产成本、提高产量和质量，为企业创造更多的价值和利润，达到可持续增长的目的。

经典案例：丰田生产方式

丰田生产方式（TPS）是一种以精益思想为基础的生产方式，旨在通过消除浪费和提高生产效率来提高产量和降低成本。该生产方式主要包括"精益生产"和"精益开发"两个方面。丰田生产方式在20世纪50年代由日本丰田汽车公司发明，并成为了现代精益生产的范本。

有趣案例：BrewDog

BrewDog是一家苏格兰啤酒公司，通过引入先进的生产技术和自动化设备来提高生产效率。他们采用了一种名为"Equity for Punks"的融资模式，向公众募集资金以扩大生产规模。该公司还鼓励员工参与决策和提供创意，以提高生产效率和创新。

最新案例：SpaceX

SpaceX是一家私人航天公司，通过引入自动化设备和先进的生产技术来提高生产效率。该公司使用可重复使用的火箭，降低了航天器制造的成本。同时，他们还采用了一种名为"快速制造"（Rapid Manufacture）的生产方式，这种方式能够快速生产零部件并组装火箭。该方法有效缩短了生产周期并提高了产量。

2.4.3　精细化运营管理

如果单单只谈精细化运营管理，那么就这个命题能出至少一本书籍。精细化运营管理实际上是一种理念，一种文化，是社会分工精细化、以及服务质量精细化对现代管理的必然要求。然而，在大数据时代，通过实施数据驱动的管理模式，监控和分析各项业务数据，发现和解决运营瓶颈，是精细化运营管理的范畴。此外，优化企业内部组织结构和流程，提高管理效率和执行力，可以降低管理成本，因此，精细化运营管理是以盈利为核心的增长中重要的一环，从以下四个方面可以进行提升。

- **数据分析和监控**

众所周知，数据已经成为了企业运营的核心资产，数据分析和数据科学等数据相关的岗位也应运而生。企业运营管理需要建立在强大的数据分析能力之上，才能更好地做好企业的增长，通过建立有效的数据监控和分析机制，及时发现运营瓶颈，进行精准优化。例如，利用用户行为数据，发现现有产品功能缺陷，对产品功能和界面进行优化，提高用户满意度和留存率。

- **流程优化**

流程优化是对企业内部各项业务流程进行精细化管理，优化生产流程、库存管理、物流配送等环节，降低成本，提高效率。对不合理的流程和严重影响效率的流程环节，应该尽量砍掉或者进行替换。按照目标导向的原则，流程其实是从一个节点到达另一个节点，而节点与节点之间的流程环节，尽可能做到最优，当然这是理想情况，但是要奔着这个目标前进。关于流程优化，最容易想到的例子是，利用智能化仓储系统，实现快速出库和减少人工错误。

- **管理效率提升**

臃肿的组织结构在很多大企业是很常见的，人员过多、人员素质鱼龙混杂、信仰文化冲突等，会导致企业的管理效率极低，甚至很简单的事情，也需要经手很多人才能得到决策。基于此，企业运营管理通过优化组织结构和流程，提高管理效率和执行力，降低管理成本。例如，实施流程再造，将重复性工作自动化，节约人力和时间成本。

- **创新管理模式**

管理模式其实也是精细化运营管理中的一环，甚至可以说是精细化运营管理的大脑中枢。默认的管理模式很难被挑战，虽然如此，及时发现旧的管理模式缺陷，对不合理的管理模式勇于颠覆，探索新的管理模式和方法，提升管理效率，也是非常有必要的，这需要管理人员的自我反思，以及企业文化的大力培养支持。例如，实施 OKR 管理方法，明确目标和责任，提高员工积极性和工作效率。

以上方面的提升，可以帮助企业实现高效运营，降低成本，提高盈利。

───────────/ 经典案例：亚马逊 \───────────

亚马逊是一家以数据驱动运营管理著称的公司，他们通过建立自己的数据分析系统来跟踪产品销售、库存、供应链和客户行为等信息。这些数据为公司管理层提供了一个完整的画面，帮助他们做出更明智的商业决策，提高运营效率，进而实现盈利。

---/ **有趣案例：日本全家便利连锁店** \---

日本一家超市引入机器人来帮助提高精细化运营管理，员工可以在家对机器人进行远程控制，如图 2-18 所示。这些机器人可以在超市的货架上移动，根据销售数据自动重组商品，以确保最畅销的商品始终摆放在最受顾客欢迎的地方。这种自动化的运营管理方式不仅可以提高销售，还可以降低成本。

图 2-18　日本超市用机器人理货，员工在家就能远程控制

---/ **最新案例：美国某零售公司** \---

近年来，随着人工智能技术的发展，越来越多的企业开始使用机器学习算法来帮助提高运营管理效率。例如，谷歌使用机器学习算法来优化搜索结果，而美国一家零售公司则使用机器学习算法来预测季节性商品需求，以便及时调整库存和供应链。这种数据驱动的运营管理方式可以帮助企业更好地了解市场需求，并提高产品的生产和销售效率。

2.4.4　小结

在以盈利为核心的目标前提下，调整定价策略、提高生产效率以及精细化运营管理这几个角度之间的核心不同主要体现在它们着眼的问题和解决方向上。其中，调整定价策略主要关注的是市场需求和客户付费意愿，通过合理的定价策略来最大化利润；提高生产效率则是着眼于生产流程和技术，通过提高生产效率来缩短生产周期、降低单位成本；而精细化运营管理则强调数据驱动和内部管理的优化，通过精细化的运营管理来提高管理效率和执行力，从而降低管理成本。总体来说，这几个角度都是以提高企业盈利能力为目的，但各自的着眼点和解决方向略有不同，通过综合运用这些角度，企业可以实现多方面的盈利增长。

另外，这几个角度之间的核心共同点是：它们都是为了最大化利润而进行的管理决策和策略。调整定价策略、提高生产效率和精细化运营管理都是为了提高企业的盈利能力，从不同角度入手，以达到增加收入、降低成本和提高利润的目的。

2.5　增长实践案例

2.5.1　瑞幸咖啡

数字经济时代，各行业都随着用户在线时间的增加，发生了颠覆性的变化。淘宝、京东、拼多多等平台颠覆了传统的商业，美团、饿了么等平台颠覆了传统餐饮，彻底改变了人们的购物模式和消费习惯；滴滴、高德颠覆了人们的出行习惯；互联网造车新势力特斯拉、蔚来、理想等正在加速颠覆传统汽车行业；微信、抖音、头条等已经改变了人们信息获取和传播的途径。接下来我们用近几年颇具争议性的瑞幸咖啡举例，来介绍在数字化技术的赋能下，增长能力带来的一个又一个颠覆成果。

瑞幸咖啡成立于 2017 年 10 月，由陆正耀和钱治亚联合创立。从一开始，瑞幸咖啡就以快速扩张为目标，试图在短时间内占领中国咖啡市场。以下是瑞幸咖啡在成长过程中遇到的困难和问题，以及如何借力数字化技术、人工智能技术和 AIGC 技术解决这些问题的详细叙述。

2018 年，瑞幸咖啡迅速开设了超过 2000 家门店，遍布全国各大城市，在这一过程中，瑞幸咖啡面临着巨大的资金压力。为了解决这一问题，瑞幸咖啡利用大数据分析和人工智能技术，精确地分析消费者的购买行为和需求，以及各个门店的营业额和利润情况，实现成本控制和效益最大化。这些数字化技术的运用有效地降低了瑞幸咖啡的运营成本，缓解了资金压力。

为了满足迅速增长的门店数量和销售额，瑞幸咖啡需要高效的供应链管理。借助 AIGC 技术，瑞幸咖啡实现了供应链的智能化管理，通过需求预测、库存管理和订单处理的自动化，保证了物料的及时供应和质量稳定。同时，瑞幸咖啡还利用物流数据优化了配送策略，提高了配送效率。

在客户服务方面，瑞幸咖啡大力运用 AIGC 技术为客户提供个性化服务。2019 年底，瑞幸咖啡拥有超过 4000 万的注册用户，每天平均订单量达到 100 万。为了应对海量的客户咨询和订单处理需求，瑞幸咖啡采用聊天机器人和语音助手等人工智能技术，提高了客户咨询的响应速度，提升了客户服务水平。在此基础上，瑞幸咖啡还利用用户行为数据为消费者推荐更符合其口味的咖啡产品。

2019 年，瑞幸咖啡开始利用人工智能和大数据技术进行持续的产品优化和创新。通过收集和分析用户反馈，瑞幸咖啡发现了产品中存在的问题，从而进行产品优化和迭代。例如，瑞幸咖啡发现消费者对于低糖和低卡路里的咖啡产品有较高需求，于是推出了一系列健康型咖啡。这有助于瑞幸咖啡提升产品质量，满足客户需求。

为了进一步拓展市场份额，瑞幸咖啡还开始利用社交媒体和数据分析进行精准营销。通过 AIGC 技术分析消费者在社交媒体上的行为，瑞幸咖啡可以精确地定位潜在客户并向他们推送个性化广告。此外，瑞幸咖啡还利用数据挖掘技术分析消费者的购买历史和喜好，为其提供更具针对性的优惠活动，从而提高转化率。

在拓展线上渠道方面，瑞幸咖啡充分利用数字化技术提升用户体验。瑞幸咖啡推出了 App 和小程序，为消费者提供便捷的线上下单服务。借助人工智能技术，瑞幸咖啡 App 可以为用户提供个性化推荐，增加用户黏性。此外，瑞幸咖啡还通过与第三方支付平台的合作，为消费者提供更多样化的支付选择，从而降低支付门槛，提高消费者购买意愿。

在拓展线下渠道方面，瑞幸咖啡采用了一种与众不同的门店布局策略。根据大数据分析，瑞幸咖啡精确地确定了各个城市中高消费者密度的区域，并在这些区域布局门店。此外，瑞幸咖啡还结合人工智能技术，实时监控门店的客流量，以便及时调整门店布局策略，提高营业额。

瑞幸咖啡在成长过程中充分利用了数字化技术、人工智能技术和 AIGC 技术，有效地解决了资金压力、供应链管理、客户服务、产品优化、精准营销、线上渠道拓展和线下渠道拓展等方面的问题。这些技术的应用为瑞幸咖啡在短时间内迅速崛起和提高市场占有率提供了坚实的支持。

在短短几年内，瑞幸咖啡的运营数据和市场表现都取得了显著成果。以下是一些关键运营数据：

（1）门店数量：截至 2019 年年底，瑞幸咖啡在中国的门店数量已经超过 4500 家，迅速成为中国第二大咖啡品牌。这些门店遍布全国各大城市，包括一线城市如北京、上海、广州和深圳，以及二线和三线城市。

（2）销售额：2019 年，瑞幸咖啡的年度销售额达到了 12 亿人民币，同比增长超过 200%。这一强劲增长得益于瑞幸咖啡在产品创新、客户服务和市场营销方面的成功实践。

（3）用户规模：截至 2019 年年底，瑞幸咖啡的注册用户数量已经超过 4000 万，平均每日订单量达到 100 万。这些用户来自全国各地，涵盖了各个年龄段和消费层次。

（4）市场份额：根据第三方市场调查机构的数据，截至 2019 年年底，瑞幸咖啡在中国咖啡市场的份额已经达到了 20%，仅次于星巴克。这一市场表现得益于瑞幸咖啡在门店布局、产品策略和营销策略方面的成功实践。

（5）数字化转型：瑞幸咖啡在数字化转型方面取得了显著成果。截至 2019 年底，瑞幸咖啡的线上订单占比已经达到了 60%，显示出强大的线上运营能力。此外，瑞幸咖啡还成功地将人工智能技术和大数据分析应用于各个业务环节，为企业的快速增长提供了有力支持。

时间来到 2023 年 3 月 2 日，瑞幸咖啡公布 2022 年第四季度及全年财报。财报显示，瑞幸第四季度净收入 36.95 亿元，同比增长 51.9%；2022 财年总净收入 132.93 亿元，同比增长 66.9%。数据之下有几个关键看点：一是瑞幸新财年收入规模首次突破百亿；二是全年净收入实现了超 60% 的高速增长；三是全年营业利润首次扭亏为盈。无论是体量、成长性，还是盈利能力，瑞幸都交出了一份让市场满意的答卷。进一步探究财报中的几组核心数据。门店数据方面，全年净新开门店 2190 家，同比增长 36.4%，截至 2022 年年末，瑞幸咖啡门店数量达 8214 家，其中自营门店 5652 家，联营门店 2562 家。在最为关键的用户数据方面，第四季度瑞幸月均交易客户数约 2460 万，同比增长 51.3%，全年月均交易客户数约 2160 万，同比增长 66.2%。我们可以得出这样一个不太成熟的结论：用户增长是推动瑞幸这颗"卫星"升空的动力火箭，而数字化增长营销技术又是点燃这架火箭的动力引擎。

瑞幸的数字化能力可以拆解为几个方面：

第一是数字化造爆款的逻辑。瑞幸先是通过 App（小程序）下单等方式，获取了海量用户的个人口味偏好。接着瑞幸又拒绝了传统"香、甜、酸香"的风味表述，给各种原料和口味打上数字标签，通过这些数字，瑞幸得出无数种风味组合。而总有一种口感会成为用户的最大公约数，这也是瑞幸总能造出爆款的底层逻辑。

第二是数字化择店。传统零售行业都是"人找店"，用户为了就餐购物，往往要长途奔袭，这既影响了用户体验，更削弱了店铺的经营效率。瑞幸的做法很有新意，它依靠大数据与外卖热力图，直接将店铺开在了人流最集中的地方。如此瑞幸就能以最快速度将产品送到用户手中，实现了"人货场"合一，解决了用户焦虑。你甚至可以体会到在选择瑞幸的外送时，不需要特别关注是从哪家店送出的，App 和小程序自动做了最优适配。

第三是数字化营销。秉承"专业、年轻、时尚、健康"理念的瑞幸，将奶味加入到咖啡中，成功抓住了年轻人的胃。借助谷爱凌等热爱运动的年轻代言人，瑞幸实现数字化口碑营销。

根据《第一财经》发布的《中国城市连锁咖啡消费报告》显示，瑞幸在新一线和二线城市的学生用户市占率为 16%；在 18 ～ 24 岁咖啡消费者中占比达 25%。利用数字化造爆款、大数据选好店、数字化口碑营销与传播，瑞幸利用数字化技术打开了用户心扉，也提升了市场的增量空间，这是瑞幸不断做大的核心驱动力。而在大量数字化实践中，瑞幸持续沉淀的数字化能力，又是其从大到强的逻辑所在。跳出瑞幸，以更宏大的行业视角来看，2022 年主流咖啡品牌过得并不轻松。数据显示，星巴克 2022 财年第四季度营收 84.1 亿美元，同比增长 3.3%，净利润却为 8.78 亿美元，同比下降了 50.2%。其他头部品牌也略显疲软，比如上岛咖啡 2022 年新开门店 15 家，漫咖啡新开门店更是只有 5 家。相比之下，尽管四季度遭遇疫情，瑞幸依旧展现了远超同行的发展韧性。体量日益巨大、商业模式愈发成熟，瑞幸不仅站稳国内咖啡 Top 2 的位置，还向行业展示了惊人的速度与力量。

2.5.2　海底捞

海底捞成立于 1994 年，起初是一家四川成都的小火锅店。通过不断的创新和优质的服务，海底捞逐渐成长为中国火锅行业的领军品牌，进而在全球范围内拥有超过 1000 家分店。在这个过程中，海底捞成功应对了许多挑战，并借助数字化技术、人工智能技术和 AIGC 技术实现了持续优化。

1994—2000 年，海底捞从一家小火锅店逐渐扩张，进入了北京市场。在面临激烈的市场竞争时，海底捞通过不断优化服务品质，提升顾客体验，使得口碑逐渐传播，客户数量持续增长。到 2000 年，海底捞在北京市场已有 10 家门店。

2001—2010 年，海底捞开始全国范围内的扩张，逐渐拓展到一二线城市。在这个阶段，他们开始应用数字化技术，例如实现线上预约和外卖服务，以满足不同消费者的需求。此外，海底捞还借助大数据技术分析消费者行为，以便更好地了解客户需求，并优化菜单和服务。到 2010 年，海底捞在全国范围内已经拥有超过 100 家门店。

2011—2015 年，海底捞开始加大对人工智能技术的投入。他们引入了智能化的厨房设备，提高了生产效率和食品安全。此外，他们还利用人工智能技术优化供应链管理，确保食材质量和及时供应。在这个阶段，海底捞门店数量继续增长，达到了 400 多家。

2016—2020 年，海底捞继续扩张，并开始拓展国际市场。在这个阶段，他们积极运用 AIGC 技术，提升了客户服务水平。例如，通过使用智能客服系统，海底捞实现了更高效的客户响应，提高了客户满意度。同时，他们还利用 AIGC 技术进行智能菜单推荐，使得顾客点餐体验更加个性化。以下是一些详实的运营数据：

（1）顾客满意度：在 AIGC 技术的辅助下，海底捞的顾客满意度自 2016 年以来持续提升，从 90% 提高至 98%。

（2）客单价增长：借助智能菜单推荐系统，海底捞实现了客单价的稳定增长。从 2016 年到 2020 年，客单价年均增长了 5%。

（3）门店数量：截至到 2020 年年底，海底捞在全球范围内拥有超过 1000 家门店，门店数量同比增长约 15%。

（4）营收增长：在数字化技术和人工智能技术的辅助下，海底捞的营收持续增长。2016 年至 2020 年，年均营收增长率达到了 20%。

（5）供应链管理：借助人工智能技术，海底捞实现了供应链管理的高效运作。在食材采购、仓储物流以及门店配送等环节，大幅度降低了成本并提高了效率。在这个过程中，海底捞保持了食材质量的高标准，确保了食品安全。

2021 年至今，海底捞运营数据继续保持稳健增长。在新冠疫情的影响下，海底捞迅速调整经营策略，加大对外卖业务的投入，并推出了自助火锅套餐等创新产品，以满足顾客在家就能享受火锅的需求。通过这些措施，海底捞成功抵御了疫情带来的经营压力，实现了营收的稳定增长。

同时，海底捞还加强了对员工培训和福利的投入。他们引入了人工智能技术辅助培训，提升了员工的专业技能和服务水平。此外，借助人工智能技术，海底捞实现了人力资源管理的优化，提高了员工满意度和留任率。这些措施为海底捞的稳定发展奠定了基础。

在全球化布局方面，海底捞继续积极拓展海外市场，目前已在美国、加拿大、新加坡等国家设立门店。通过借力数字化技术和人工智能技术，海底捞实现了多语言的智能客服系统，使得海外消费者也能够享受到优质的服务体验。

未来，海底捞将进一步加大对数字化技术和人工智能技术的投入，以持续优化产品和服务品质，提高运营效率。此外，海底捞还计划继续拓展新市场，进入更多国家和地区，将优质的火锅文化传播至全球。

总体来说，海底捞从一个小火锅店发展为全球知名的火锅品牌，成功经历了市场竞争、品牌扩张、数字化转型等诸多挑战。在这个过程中，海底捞充分利用了数字化技术、人工智能技术和 AIGC 技术，不断优化产品和服务，提高运营效率，实现了可持续的增长。这些经验和教训，对于其他行业的企业也具有一定的借鉴意义。

第 3 章　AIGC 增长新范式

增长在国内从 2017 年开始较多地被谈及，在今天的市场状况下，增长已经是一个被谈论太多，甚至有点让人焦虑的话题。体现在传统企业的增长日渐迟缓，互联网等企业的狂欢式增长也已经是昨天的故事，寻找新的增长曲线是大家绕不开的话题，所以以增长非常重要。但是，我们也要看到增长是一个并未被良好定义的问题，就是说增长并不像传统的搜索、广告、推荐那样有清晰的业务模式和技术栈。随着各种流量热点此消彼长，各种所谓的套路、打法、技巧层出不穷，对创业期的产品又或是到达生命稳定期的产品是强心针还是还魂丹？不一定有明确的结论，可能出现一些问题，比如流量获取不精准导致 ROI（投资汇报率）不达预期、产品功能调整使核心用户活跃度降低或者短期内引入了大量的流量导致服务能力饱和，使用户体验打了折扣；再比如用户对各类福利活动产生了疲劳使得福利活动 ROI 大幅下降。

同时，从更大的方面来讲，现有流量价格已在较高水位，相当于某种程度的流量枯竭。品牌和商品在进行价值传递的时候，最重要的营销内容受限于预算和成本在数量和质量方面远远满足不了需求。流量分发等核心营销商业链条更多地掌握在几个大流量平台手中，围绕流量内容服务的 MCN 等服务机构门槛高且水平参差不齐，对非头部品牌并不友好。

随着 AIGC 技术的爆发和普及，我们有理由大胆展望营销内容在质量、数量、成本等方面均会得到极大的优化，MCN 等机构的能力将全面地 SaaS（Software as a Service，软件即服务）工具化，一场个人营销价值化全名重估的社交化营销大幕即将拉开。

3.1　增长主要模型

增长是一个内涵很丰富的概念，不同的历史时期，不同的赛道诞生了很多被大家所熟知的增长业务模型。为什么会有各种各样的业务模型出现呢？这些增长业务模型主要有两个作用：一是作为拿来就用的工具，小白都能上手，类似于有不认识的字时字典的效用；二是作为索引，人们在工作中会遇到各种各样的难题，用现成的模型可以用来指导，或许在不经意间，灵光乍现，遇到的问题也能找到有效突破口。所以，本书既然以增长为契机，非常有必要了解当前行业内主要的增长模型，这些增长模型是如何在业务中发挥作用的，下面我们详细阐述当前行业内主要的几种增长模型。

3.1.1　AARRR

提到增长模型，肯定绕不开 AARRR，AARRR 是非常经典的增长业务模型之一，也是被用得最多的模型。它是硅谷著名风险投资人戴夫·麦克卢尔（Dave McClure）2007 年提出的，核心就是 AARRR 漏斗模型。AARRR 模型因其掠夺式的增长方式也被称为海盗模型、海盗指标，也叫增长黑客理论模型、增长模型、2A3R 模型、决策模型。AARRR 模型之所以经典，主要是因为它具备的漏斗功效，不管是营销人员、运营人员还是产品人员，都可在该模型的不同漏斗之间有很大的操作空间。它的名字也是取的漏斗环节的每一个首字母，来看看 AARRR 模型的组成环节，如图 3-1 所示：

（1）用户获取（Acquisition）：用户从不同渠道接触到产品。

（2）用户激活（Activation）：用户在产品上完成了一个核心任务（并有良好体验）。

（3）用户留存（Retention）：用户继续不断地使用产品。

（4）获得收益（Revenue）：用户在产品上发生了可使你收益的行为。

（5）推荐传播（Referral）：用户推荐引导他人来使用产品。

图 3-1 AARRR 漏斗模型

以下是对每一个环节的详细描述：

（1）用户获取也叫拉新、获客。运营一款 App 的第一步，毫无疑问是获取用户，也就是大家通常所说的推广。如果没有用户，就谈不上运营。

（2）用户激活也叫促活、提高活跃度。很多用户可能是通过终端预置（刷机）、广告等不同的渠道进入应用的，这些用户是被动地进入应用的。如何把他们转化为活跃用户，是运营者面临的第一个问题。新增用户经过沉淀转化为活跃用户，这时我们需要关注活动用户的数量以及用户使用频次、停留时间等数据。

（3）用户留存也叫存留、提高留存率。解决了活跃度的问题，又发现了另一个问题——用户来得快、走得也快。我们需要可以衡量用户黏性和质量的指标，这是一种评判 App 初期能否留下用户和估计活跃用户增长规模的手段，留存率（Retention）是手段之一。解决的问题包括：活跃用户生命周期分析；渠道的变化情况；拉动收入的运营手段、版本更新对于用户的流失影响评估；什么时期的流失率较高；行业比较和产品中期评估。

（4）获得收益也叫获取收益、付费、变现、转化。收入的来源有很多种，主要包括应用付费、应用内功能付费、广告收入、流量变现等，主要考核的指标有 ARPU（客单价）。

（5）用户传播也叫推荐、自传播、口碑传播或者病毒式传播。其中有一个重要的指标：K 因子。K 因子的计算公式不算复杂，过程如下：K=（每个用户向他的朋友们发出的邀请的数量）×（接收到邀请的人转化为新用户的转化率）。绝大部分 App 还不能完全依赖于自传播，还必须和其他营销方式结合。但是，在产品设计阶段就加入有利于自传播的功能，还是有必要的，毕竟这种免费的推广方式可以部分地减少 CAC（用户获取成本）。

3.1.2 4P

接下来介绍的另一种增长模型是 4P 模型，什么是 4P 呢？4P 理论产生于 20 世纪 60

年代的美国，随着营销组合理论的提出而出现。1953 年，尼尔·博登（Neil Borden）在美国市场营销学会的就职演说中创造了"市场营销组合"（Marketing mix）这一术语，其意是指市场需求或多或少地在某种程度上受到所谓"营销变量"或"营销要素"的影响。为了寻求一定的市场反应，企业要对这些要素进行有效地组合，从而满足市场需求，获得最大利润。营销组合实际上有几十个要素（博登提出的市场营销组合原本就包括 12 个要素），杰罗姆·麦卡锡（McCarthy）于 1960 年在其《基础营销》（*Basic Marketing*）一书中将这些要素一般地概括为 4 类：产品（Product）、价格（Price）、渠道（Place）、促销（Promotion），即著名的 4Ps。1967 年，菲利普·科特勒在其畅销书《营销管理：分析、规划与控制》进一步确认了以 4Ps 为核心的营销组合方法，如图 3-2 所示。

　　经过 50 年的发展，虽然有人陆续提出了 6P、12P、4C 等新理论，但都没有跳出经典 4P 理论的范畴。4P 理论简明扼要，适合企业营销人员在市场细分和定位明确的情况下执行营销战略，是个被验证有效的管理工具，具有很高的实战价值。

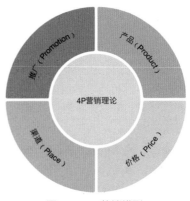

　　下面我们详细介绍组成 4P 的各个要素：产品、价格、推广以及渠道，这 4 个要素共同构成了 4P 的理论基础。同时我们在讨论 4P 理论的时候，绝不会对这 4 个要素单独考虑，因为它们之间也是相互依存、相互影响的。比如，产品质量决定价格高低，产品目标人群决定在什么渠道获取客户，以及产品特性

图 3-2　4P 营销模型

决定了使用什么样的推广形式，同时，价格高低反作用来决定客户对产品自身的认知，诸如此类。

　　（1）产品。

　　营销工作的第一个重点就是创造和管理产品，解决的是卖什么、向谁卖的问题。产品管理涉及产品定位、目标顾客、核心功能、为顾客带来的核心利益以及与竞争对手的差异化等。有时企业推出的不是单个产品，而是系列产品，因此还需要考虑产品线的组合问题。企业可以利用不同的产品或产品线，满足企业的不同目标，来赢得市场竞争。比如，用哪些产品来打价格战，用哪些产品来获取高额利润，用哪些产品来塑造品牌形象、获得领先认知。关于产品的决策是营销的根基性决策，企业通常会设置产品经理或品类经理来专门负责。

　　（2）价格。

　　4P 的第二个 P 是价格。正所谓，世界上没有卖不出去的产品，只有卖不动的价格。价格策略的制定关乎企业的盈利能力。定价是一个战略性决策，有很多诀窍和方法，主要分为以下几种，企业可以依据所处行业和市场的竞争情况进行选择，比如常见的随行就市定价法、成本加成定价法、撇脂定价法、差异性定价法、基于认知价值的定价法等。

　　（3）推广。

　　推广就是大家常见的广告、公关和促销。在报纸、杂志、电视媒体为主流媒体的时代，企业主要通过这类大众媒体，以广告的形式进行传播。现在，线上线下渠道非常丰

富，除了高度发达的媒体渠道，顾客还可以通过社交媒体互动，通过网红和 KOL（关键意见领袖）来"种草"和评价产品，甚至有些顾客本身也成了 KOC（关键意见消费者）。

在推广渠道空前碎片化的今天，在渠道组合的搭建方面要充分地考虑"融合"，意思是对同一个用户，在不同渠道避免使用相同的信息来触达，在节省成本的同时要注意企业的推广变得空前复杂和碎片化，但同时也充满了机会。这时，企业仅仅采用多媒介覆盖的"整合性"传播是不够的，还需要采用多媒介"融合性"传播和基于顾客购买旅程的全链路传播。整合营销传播，是按照媒体类型进行划分，各媒体传播同样的信息，但媒体间没有联系。融合性营销传播，是按照顾客媒介触点进行划分，顾客在各种媒介触点中能接收同样的信息，而且这些媒介触点可以互相导流，促进传播。

（4）渠道。

4P 的最后一个 P 是渠道，即分销渠道，也是 4P 中最难管理的一个要素。因为前三个 P 都可以在相当大的程度上为企业所主导和控制，唯有最后一个 P 不为企业所控制，它包括经销商、代理商、终端零售商等，是社会合作资源。渠道的管理需要企业具有强大的号召力和组织协调能力，在营销变革中，它的变数是最大的。当然，渠道管理做得好，也会获得意想不到的营销优势和突破。回顾中国家电和手机行业的发展历史，我们发现：跨国公司败于本土企业的根本，就是输在了渠道上。跨国公司具备强大的品牌塑造能力、完善的定价机制、娴熟的产品线管理能力，但是它们的弱点在于经销商管理、本地化渠道的构建、对渠道成员的激励和对渠道成员能力的培养。正是凭借这些方面的相对优势，中国才出现了 TCL、创维等超出日本传统家电企业的优秀企业，才会出现国内手机在分销渠道上超越苹果的现象，才会出现王老吉、娃哈哈超越国外饮料的销售业绩……这些创新全部发生在渠道端。近年来，在小米、vivo 等品牌崛起的进程中，渠道变革是重要因素。

营销 4P 涵盖了企业创造和交付顾客价值的主要内容。无论技术和市场如何变化，营销的 4 个核心工作都是不变的。

3.1.3 AIPL

我们来介绍另外一个增长模型——AIPL 模型，尤其在电商行业该模型应用非常广泛，同时它也有各种各样的变体，但都逃脱不了最原始的 AIPL 模型本身。它的理论基础源自用户的心理变化，具体点说是用户对产品 / 服务本身的心理变化，自然而然就有了针对于用户心理变化的营销机制，目的是让用户形成心理依赖，同时也完成从新客到老客的身份变化。说回到 AIPL 模型本身，AIPL 模型指的是来源于美国的一个营销模型，A、I、P、L 的意思分别是认知（Awareness）、兴趣（Interest）、购买（Purchase）和忠诚（Loyalty），如图 3-3 所示就是用户从看到产品 / 服务→点产品 / 服务→产生兴趣→购买的过程。AIPL 其实就是认知→兴趣→购买→忠诚的过程，如果用电商的角度去看，就是展现→点击→收藏加购货物→成交→复购或者转介绍的过程。AIPL 模型可以帮助商家通过不同的付费工具，匹配不同的场景，加上溢价和创意，分别匹配不同的策略，满足不同阶段的客户需求。

图 3-3 AIPL 模型

值得说的是，AIPL 模型首次实现了品牌人群资产定量化、链路化运营。"品牌人群资产"很重要，比如可口可乐的传奇总裁罗伯特·伍德鲁夫说："即使可口可乐全部工厂都被大火烧掉，给我三个月时间，我就能重建完整的可口可乐"。最重要的是可口可乐品牌有强大的消费者人群资产，也就是那些听过可口可乐的人、喝过的人、一年买很多次的人。这就是可口可乐的品牌人群资产，定量化就是把这些人群量化统计。

因此 AIPL 模型的特性决定了它是一个可以把品牌人群资产定量化运营的模型，这也是支撑它全域营销概念落地的关键一环。怎么量化？就是把人群分为四类，针对不同的人群可以施加不同的策略导向，下面我们来看看这四类人群：

A（Awareness），品牌认知人群。包括被品牌广告触达和通过品类词搜索到品牌的人，这群用户处于最外层，可能对产品有一定的认知和了解，如何让这群人员对产品产生兴趣或者进一步发生购买，是非常值得研究的。

I（Interest），品牌兴趣人群。包括点击广告、浏览品牌 / 店铺主页、参与品牌互动、浏览产品详情页、品牌词搜索、领取试用、订阅 / 关注 / 入会、加购收藏的人。这类人群已经有了一定的时间成本，对产品有比较浓厚的兴趣，到彻底为产品付费也就差临门一脚，因此是非常关键的一环。按照实际经验来看，这部分同时也是漏损最大的环节。

P（Purchase），品牌购买人群，指购买过品牌商品的人，这类人群已经切身感受了产品和服务，愿意为产品和服务付费。从传统营销来讲，这类人群就是产品和服务的"衣食父母"，因此这也是为什么要通过购买这一操作把这部分人群区分出来。

L（Loyalty），品牌忠诚人群，包括复购、评论、分享的人。无须赘述，属于需要精心维护、不断巩固的人群。

需要强调的是，AIPL 模型是可以进行链路化运营的，链路化运营简而言之就是，对于所处链路中不同位置的人群，品牌采用对应的沟通内容和渠道，最终的目的是累积人群资产，并实现链路高效流转，形成了"A → I → P → L"的链路转化。

3.1.4 FAST

另外一个让人比较耳熟能详的增长业务模型是 FAST 模型，直接音译为"快速"，容易让人联想到快速增长，是一种"勇气和决心"模型。FAST 模型即消费者运营健康度指标体系，在大数据、云计算、物联网、人工智能等数智化时代的发展过程中，以及新零售线上线下的进一步融合的现状，为数字化导向的消费者管理体系赋能，旨在传统流量运营之上进一步挖掘消费者价值，解决了过去 GMV 指标无法考虑消费者转化时间和消费者质量等维度的问题。FAST 模型更多是站在监控的角度上去对用户进行人群划分，然后去发力推动增长。

那么 FAST 模型监控的指标是哪些呢？主要是两大类指标：数量指标和质量指

标，哲学上关于两者的辩证关系是"量变决定质变，质变是量变的必然结果"。FAST体系模型在数量指标层面，提供全网消费人群总量（Fertility）和高价值人群/会员总量（Superiority）；在质量指标层面，提供了人群转化率（Advancing）和会员活跃率（Thriving），如图3-4所示。FAST指标体系能够更加准确地衡量品牌营销运营效率，同时FAST也将品牌运营的视角从一时的输赢（GMV）拉向了对品牌价值进行健康、持久地维护。FAST就是在AIPL模型的基础上，又从数量和质量两个维度，来衡量品牌的消费者资产运营是否健康的模型。

图 3-4　FAST 模型

该指标主要帮助品牌了解自身的可运营消费者总量情况，首先利用GMV预测算法，预估品牌消费者总量缺口，然后基于缺口情况优化营销预算投入，通过站内外多渠道种草拉新，为品牌进行消费者资产扩充，并指导品牌进行未来的货品规划和市场拓展，多方位拓展消费者，四个指标的具体情况如下所示：

F（Fertility），全网消费人群总量，AIPL总量。

A（Advancing），指AIPL人群转化率。首先通过多场景提高消费者活跃度，促进人群链路正向流转；多渠道种草人群沉淀后，进一步筛选优质人群，通过钻展渠道进行广告触达；品牌内沉淀人群细分，对消费者进行分层运营、差异化营销，促进整体消费者的流转与转化。

S（Superiority），高价值人群总量/会员总量。会员/粉丝人群对于品牌而言价值巨大，能够为品牌大促提供惊人的爆发力。通过线上线下联动、联合品牌营销以及借助平台的新零售等场景如天猫U先、淘宝彩蛋、智能母婴室扩大品牌的会员/粉丝量级，为后续的会员/粉丝运营打下基础。

T（Thriving），高价值人群活跃率/会员活跃率。借势大促，提高会员/粉丝活跃度，激发会员/粉丝潜在价值，为品牌GMV目标完成提供助力；对会员/粉丝按照RFM指标进行分层运营，优化激活效率，通过千人千权触达惩戒，公私域结合，赋能会员/粉丝运营。

FAST体系将消费人群进行了划分，品牌运营可以精细化发展。从原来的流量导向转向高质量的流量导向，让品牌的运营更加精准。

新老客户运营侧重点不同。针对新客户，一方面，扩大认知（A）和兴趣（I）的人群基数；另一方面，提升转化率（Advancing），尤其是从兴趣（I）向购买（P）的转化率。针对老客户，因为针对新客户的投入产出比率较低，充分挖掘老客户的价值，可以有效保障品牌稳健增长。

3.1.5　5A

另外一种跟AIPL类似的增长业务模型是5A模型，但5A对用户分群更加精细。该模型是以"现代营销之父"菲利普·科特勒的"5A客户行为路径"为理论基础，为当下流行的内容营销梳理出内容能见度、内容吸引度、内容引流力、内容获客力、内容转粉力共 5 个维度的数据指标。该模型可用于评估内容营销对消费者的 5 重影响：了解（Aware）、吸引（Appeal）、问询（Ask）、行动（Act）、拥护（Advocate），帮助品牌全链路、分场景追踪内容营销效果，进行针对性提升与优化，如图 3-5 所示。

图 3-5　5A 模型

下面对 5A 模型的五个维度展开讲解。

了解（Aware）：在内容投放期，目标就是影响受众认知，吸引受众目光。该维度下一些关键的指标就是我们常说的浏览人数，还有内容生产者的内容发布数。那么就要考虑内容的发布平台，是在知乎、微博、小红书还是朋友圈；还有推送时间和频率。这里就可以利用大数据对消费者进行观察分析，得到消费者偏好的阅读时间和阅读频率，有些人喜欢睡前浏览内容，有些人喜欢上班的时候偷偷刷朋友圈，有些人觉得推送太过频繁会直接取消关注或退订。所以营销人要为了内容可见度最大化，也要对客户的定制程度升级，力求客户最大频率地接受到信息。

吸引（Appeal）：显而易见，如何吸引消费者就要考察内容生产者的水平了，制作的内容有没有吸引力，能不能抓住消费者眼球。除了要洞察消费者内容偏好外，需要注意的是，切不可为了博眼球低俗无下限蹭热度，做标题党，打擦边球。这反而会引起消费者讨厌，自寻死路。关键指标便是内容互动人数、内容浏览完整率、页面停留时间。

问询（Ask）：来到内容种草时期。就要考察内容的引流力，对客户的转化率。关键指标就有引导进店人数、搜索引导进店人数。是进行 O2O（Online to Offline）转化的关键一步，内容转化的中间环节。这一部分需要营销人在完成主要内容制作的同时也要提升客户体验，方便快捷地进入到购买浏览页面。

行动（Act）：是指内容能引发消费者购买行为。关键指标有引导收藏加购人数，支付人数，该指标是实打实地看内容获客力。

拥护（Advocate）：该指标考察购买转化粉丝，内容沉淀客户关系。关键指标有新增粉丝数，累计粉丝数。

以上，对 5A 模型的五个维度进行了详细讲解，用户从认知到信任品牌的每个环节中，用户行为的变化都与产品内容息息相关。实际上，5A 模型也被称为内容营销模型，数字营销时代环境下，"无内容不营销"已是各行业共识，品牌往往需要以多元化内容、展现方式和裂变玩法打营销"组合拳"，以前端素材内容的强势和突出带动品牌内容在客户心智中的渗透。

3.1.6 GROW 模型

最后来主要介绍的一个增长模型是 GROW 模型，GROW 模型是约翰·惠特默在 1992年提出的，现已成为企业教练领域使用最广泛的模型之一。基本的 GROW 模型来自于一

个决策四阶段的模型英文缩写，即 Goal（目标）、Reality（现状）、Option（方案）、Will（意愿）这四个英文单词的首字母。GROW 模型与之前介绍的 AARRR、4P、AIPL、FAST、5A等增长业务模型有很大的不同，之前介绍的 AARRR 等模型都是从用户或者业务流程的角度出发，不断地精细化用户分群，而 GROW 是从公司员工出发。GROW 的理论出发依据是，只有员工成长了，公司才有更好的业绩，在管理学上，体现了以人为本的思想：员工是公司企业的最大财富。

图 3-6 GROW 模型

回到 GROW 模型本身，GROW 的意思是成长，帮助员工成长。那么 GROW 各个字母代表什么含义呢？

G（Goal Setting）：代表确认员工业绩目标，通过一系列启发式的问题帮助员工找到自己真正期望的目标。

R（Reality Check）：代表现状，要搞清楚目前的现状、客观事实是什么；寻找动因，围绕目标搜索相关事实，这个过程需要员工扩展思路，找到超出自己目前所能看到的内容和维度，发现更多的可能性，从而走向第三步。

O（Options）：代表寻找解决方案，由于员工看到了更大的可能性，从而开启思路探索到更多的方案选择，从而找到最佳的比较方案。

W（What? When? Who? Will? What should be done? When by whom and does the will exist to do it?）：代表制订行动计划和评审时间，这是不遗余力的一系列过程，通过完整的行动计划和时间掌控，预期能够达到更好的效果。

那么针对于 GROW 模型，具体应用应该怎么展开了，大体上可以分成四个步骤：

（1）目标设定，即培训者帮助被辅导者明确真正切实的目标；

（2）现状评析，即对被辅导者进行全面的现状评估，评析方向主要为资源、客观限制、能力维度等；

（3）发展路径，即方案比选，培训者要让人才具有更为发散的思维，选择最佳的方案，从而走向第四步；

（4）行动计划，即对前三步的总结，归纳出目标、行动实施计划。

有趣的是，实际上，GROW 模型早期比较多的是应用在运动场上教练员辅导运动员的理论工作，或者是家庭矛盾中父母辅导孩子们的心理建设，让运动员以及孩子们能够克服相关困难，迎接更多挑战。

例如，GROW 代表辅导的一个程序，你要向员工陈述你的谈话目的，不要让员工觉得云里雾里，所以第一步 G 是要清楚向员工陈述谈话的目的；第二步 R 是描述发现的问题，要求员工分析原因，避免盲目下结论，设身处地地倾听；第三步 O 是解决方案，最重要的是要询问员工对问题的看法以及解决方案，通过提问鼓励员工进行创造性思考，思考还有没有更好的做法；最后，W 与员工一起商讨行动计划，制定下一次的时间，感谢

员工并表达你对他的信心。

3.1.7　小结

　　本节主要介绍了几种增长模型，有经典的 AARRR、4P、5A 等，然而真正的增长模型远不止上面几种。但无论是何种增长模型，它们的目标都是一致的，都是为企业利润这一目标服务，可以说是殊途同归。另外，增长模型在企业运营中的应用也不是一成不变的，具体还需要落实到业务中去，同时针对不同的业务进行适当的调整和改造。回到增长本身，最重要的是增长思维，契合运营目标，采用适当的策略和动作，才能最大程度发挥增长模型的效用。

3.2　内容困局

3.2.1　为什么内容营销如此重要呢？

　　我们将未来内容生产力、穿透力统称为内容力，内容力一定是企业重要的竞争壁垒。我们来看一个例子，《舌尖上的中国》第三季中王玉海师傅锻打的章丘铁锅，如图 3-7 所示，3 天内的订单就排到 2 年后，通过内容传达给消费者充满匠心与情怀的故事、手艺人执着的精神，让消费者深度感知了产品的价值，并快速下单。这就是营销内容重要性的生动例子。

图 3-7　章丘铁锅

　　这几年大家基本都能随口说几个大红大紫的网红，那么这些网红凭什么而火呢？有人说是因为他们成功地将"文化""品牌价值"输出。从内容营销角度看，实际上这些网红是通过一系列优质、富有内涵的内容生产和营销传播，实现了品牌的价值传播。内容营销影响力这么大，底层的逻辑是什么呢？

　　首先，优质内容使消费者直接且有深度地感受到产品的价值。

　　我们今天看到的消费品营销，通常采用的套路是品牌故事、内容种草、私域运营这种方式侵入消费者视线并占据一席之地，比如元气森林等。通过内容传给消费者产品背后的品牌价值、使用价值、人文价值、文化底蕴等，使用故事的方式直接引起消费者的共鸣，并使消费者快速下单。

其次，内容是品牌的用户界面，流量的天花板。

按照 AIPL 模型来看，每一步都需要优质的内容，各种刷屏的案例通过不同的内容形式展现品牌的格调、价值观。内容的质量从根本上决定了点击率、转化率等一系列内容的线上评价指标，在流量预算一定的情况下，决定了流量的天花板。我们观察到，今天很多营销 SaaS 的平台都在从较为原始的数据平台向内容化、媒体化的方向转变，目的是能够通过内容的生产、管理和积累不断吸引消费者的注意力，增加用户的使用时长，以产生各种各样的数据，从而最大化地、精准地营销用户的心智及购买行为。

再次，内容传递了隐性的精神价值。

当社会进入到产品过剩时代，消费者对产品的需求从单一的使用价值进入到了追求社交属性和精神层面价值，所以我们会看到很多个性化的周边商品、联名款、限量款，这些无一不在表达隐性的精神价值，彰显时尚、年轻等活力元素。

最后，内容力变成了企业之间的竞争壁垒。

我们大家都知道国内的供应链非常全，生产变得非常柔性，现在的中国是最完备的工业化国家之一。以前认为原材料、工厂、终端是我们上游供应链，但是现在某些品类消费者、媒体变成了上游的供应链，企业需要在互联网用优质的内容找到精准的消费者。娱乐类、教育培训这些与内容相关的行为不需要赘述了。看其他领域的网红品牌，例如江小白解决了从想得起到买得到的全流程，酒之前基本是心智社交货币，江小白利用各种文案瓶构建了各种场景，从而开创了新的消费动机，形成了较高的竞争壁垒。

内容营销是广告营销行业发展到今天的必然结果，在媒体价格和媒体环境越发激烈的今天，品牌方们需要以更加具有穿透力的"故事"将它的核心价值传达给消费者。同时，消费者所面临的内容传播环境也发生了显著变化，从传统时代的电视、纸媒到今天的社交媒体平台、短视频平台和网红直播，内容营销的形式演变之快超出想象。

3.2.2 流量思维转变

如图 3-8 所示，搞定流量不代表搞定一切。让我们先来看一个例子，趣头条是一个资讯类新闻客户端，其官网解释自己的产品价值是"发现新看点，创造新价值"，产品主打下沉人群。趣头条 27 个月就做到了上市，在很长一段时间里令人津津乐道，但现在已经逐渐淡出人们的记忆了，市值最高时达到了 47 亿美元，但退市时，市值已经较最高点蒸发了 99.6%。

图 3-8　流量思维转变

　　一家看起来高速增长的公司，为何遇到了如此窘境？原因是多方面的，从资本到商业模式再到团队。今天我们摘取其中一个维度，先看看趣头条是如何成功的，然后再看看为何同样的原因又导致了它的衰落。在趣头条初创的时候，内容类 App 的获客成本已经比较高了，大约是 50 元一个新用户。所以趣头条团队想出了一个极具创造性的模式，与其把这部分钱给到广告平台，还不如直接给到终端用户手里，用户应该会很开心，然后口口相传，还能引来大量的薅羊毛的用户。原来用户在其他产品上可以免费看新闻咨询，可能还要付费才能看部分深度的内容，现在来趣头条看新闻还能赚钱，就这样产品一下子就爆发了。不止于此，趣头条又发明如果用户邀请了新用户，可以继续赚到钱，一级接一级。

　　如果增长真的就是做流量，那么趣头条已经做到极致了，但增长不是做流量这么简单，而是"价值创造 + 价值传递"。趣头条过分重视价值传递环节的流量而忽视价值创造，即便短期看起来得到了增长，但终究无效。

　　新闻客户端可以给用户提供的价值是新闻阅读本身。如果增加细分的价值维度，新闻客户端可以有更快的报道、更全面的信息、更独家的观点、更"懂我"的推荐等。但趣头条的用户得到的最大价值暗示是可以赚到钱，这是明显的动因偏差，它以为只要用各种方式将海量用户聚集在一起，然后卖广告就可以了。先不说这种模式吸引的是什么样的用户和什么样的广告主，单说如果这个逻辑成立的话，那么根本不需要做一个新闻客户端，开发成本那么高，在一个微信公众号里每天发钱，也可以聚集很多人，在里面直接卖广告不就可以了吗？解救趣头条的方式也很明确：将目光从流量侧的奇技淫巧挪开，专注到价值创造上，方能构建长期竞争力。

　　当前 B2C 的直接流量采购方式的效率在逐渐降低，流量对企业来说很重要，而"流量思维"却像毒品，你只要使用它马上就能得到快感，它会让人们渐渐难以自拔。企业购买流量，马上就能获得反馈，便认为这就是经营之道，殊不知已经越陷越深，没有时间和精力去构建真正重要的核心壁垒。2019 年，欧莱雅的研发费用高达 9.14 亿欧元，而同期逸仙电商（完美日记的母公司）投入完美日记、小奥汀、完子心选等多个品牌的研发费用总共为 2317.9 万元，二者完全不是一个量级的。一家公司认为什么重要，不要看它怎么说，要看它把钱花在了哪里。仔细分析一下，你会发现，把流量当作核心竞争力的公司越来越像空壳、研发没有任何优势，营销靠与不断涨价的外部 KOL 合作，中间似乎只剩下积累在私域社群中的用户以及品牌的空壳。

　　近年来数字营销越来越回归理性，广告主愿意花更多预算和精力在内容上，而不是在粗放式的流量增长上，增长动力应该来自流量深度，即差异化但定量测量内容。在内容的测量上，CMO 面临的挑战是如何把内容营销的效果与公司盈亏之间建立连接，以充分证明内容营销可以创造实际收益。

　　在新营销时代，流量增长不再是核心指标，越来越多的品牌方将重点放在创造各种各样能够抓住"消费者注意力"的稀缺物上去，这个稀缺物就是内容。原因有两点。第一，面临的流量竞争环境实在是太激烈，品牌方通过流量优化降低线索成本的方式压力太大了，不光是你的竞品在和你竞争流量，包括你的合作伙伴如经销商、零售商都和你在同一跑道上，在这种情况下，流量成本只会急剧上升。第二，随着你投放时间的增加，如果不更新内容，用户会产生疲乏感，点击率也会下降。

针对以上两点，内容营销可以在一定程度上抵消流量竞争激烈及用户疲乏的负面影响。

3.2.3　未来内容营销的需求

未来内容营销对于内容的需求，基本可以梳理为以下四点：

（1）高质量内容极为稀缺，高质量内容意味着和增长直接挂钩且正相关。

（2）庞大的"高质量内容"基数。生产高质量素材存在一定的偶然性，所以要通过线上的数据反馈，从较大的基数中选出高质量的素材。

（3）高质量内容需要有多个角度来阐释品牌和产品。单一内容往往难以全面地阐述品牌和产品的价值，那么就需要不同角度的内容来对品牌和产品进行立体的阐释。

（4）创意生产成本，决定了能在多大程度上实现内容生产的开源。如果好的内容意味着天价的成本，那么将不可持续，因为 ROI 无法保证。所以，足够低的内容生产成本将是庞大内容基数，多角度内容生成的必要条件，也意味着更多的生产方能够极低成本地参与进来，发挥他们的专业能力和想象力。

一般情况下，内容好、创意好，都是主观判断，基于人性洞察，但是现在随着品牌方对品效协同的营销本质的理解进一步深化，从内容的有效性判断上，它和业务增长进行挂钩。但是某些内容热度高，可以冲上热搜，它是不是一定能够为品牌增益，让用户为此买单，这依然是个未知数，但毫无疑问的是，好的内容很稀缺，而长期做好的内容不一定会在短期内打造流量爆款，但在长期内一定是打造企业品牌力的解药。内容营销是一场与企业生命周期平行的线，是一场持久战。

同时内容力是流量的天花板，我们不止停留在眼球经济上，需要的是内容制造流量、数据，通过内容与大数据的不断相互赋能达到品效协同。这里面涉及多方面的成本，如时间、金钱、创意等。所以生产好的内容需要有一定的基数，才能通过数据的反馈将有效内容筛选出来获得更大的流量。

很多企业的市场部门做出来的硬广内容投资回报比也不尽如人意，开了"双微一抖"内容，没有沉淀，更像个市场部门的形象工程。这就意味着素材的生产不能仅仅依靠自身的市场部门，需要极大的开源，能够使市场上的有生力量都参与进来，进一步提高好内容的基数和数量。足够低的内容生产成本，是这一切的必要条件。

现在我们来讨论就内容本身而言，优质内容对应的生产能力的要求，这是更为底层的需求：

（1）生产个性化内容，这是全新的内容生产能力。

这是一个个性化的时代，当今用户需求千变万化，各不相同。个性化内容不单单意味着企业想传达给用户的内容，同时也包括网民原创的内容表达，也就是所谓的营销社交化。我们看到过太多的产品在网民的手下创造出了许多让人意想不到的妙用和生动的表达。留给内容制作的需求便是理解和尊重用户千差万别的需求，并想尽办法去满足这些个性化的需求。营销趋势的变化也印证了这一点，从早年的大众媒体时代逐渐演变到一对一营销时代，对内容营销的精细化程度提出了很高的要求。面对不同类型的用户，要去制定不一样的内容，做不一样的触达。

以经典的 AIPL 决策流程举例，认知、兴趣、购买、忠诚每一步，都需要定制差异化的内容传播。认知阶段是需求产生阶段，内容营销要有能力获得用户的信任，并且可以挖掘或者引导用户的潜在需求，一些常见的做法就是先牢固品牌在用户心目中的地位，进而才能让用户产生兴趣；到了兴趣阶段，用户会重点考察产品的性能、性价比，使用产品的风险或机会成本，内容营销有能力突出展现产品的性能，在什么场景下可以为用户创造什么样与竞品不一样的价值；在购买阶段的用户一定会货比三家，这里的内容营销除了突出和竞品的差异化优势外，在创意上也有比较高的要求，这会让你的内容在所有竞品的内容传播中脱颖而出；在购买之后又是内容营销大有可为的时候，这是非常重要的环节，好的内容可以直接促使用户进行口碑分享，让用户为自己发声、代言，形成以老带新的口碑扩散效应，如果能提供用户低成本创作的工具和能力，则营销的效果就能够成倍放大。另外针对现有用户的增长，还可以通过有效内容让用户考虑其他产品或价值更高的产品。

（2）内容建设符合渠道特性，这是全新的内容应用能力。

要始终记得内容分发和传播的渠道也是极为重要的变量，所以在内容建设时要考虑到渠道的特性。我们很多时候做内容营销，看重的是"内容"本身，内容要优质，要打动人，能够击中用户痛点，但大部分人往往对"营销"这个环节失去了关注和重视，认为优质内容必然可以带来转化，其实这是比较片面的看法。

在平时的工作中也会发现，有时花了许多心血制作了一个很好的内容，发现不同的渠道的"语体"完全不同，比如同样是智能汽车的营销内容，可能在小红书就是"很多的图标，表情符号，惊讶体的软文"，而在知乎就是"泻药，一堆知识点的普及和讲解"，但核心表达的内容是一样的。对应到短视频，比如微信视频号和抖音，都是极为优质的渠道，但两者的"调性"也有着明显的不同，抖音更娱乐化和八卦，微信视频号则更正能量。

所以，内容和渠道必须是相辅相成的，在产生了好的内容同时就要考虑渠道的特性。

（3）有能力对内容的效果指标进行预判，使效率最大化。

类别多样的指标，相互之间相对独立又相互关联，对内容营销提出了如何提高效率的直接挑战。

所有做内容的互联网平台如小红书、哔哩哔哩，和采用内容营销方式的传统企业，本质上还是要做"增长"，内容营销也要和"业务增长"进行挂钩才有意义。内容做好了，企业考虑的首要任务是如何将优质内容进行变化，比如小红书通过达人种草，最后还是引流到交易平台进行流量变现；比如一些进行优质内容输出的公众人物罗振宇、刘润等，通过一些关联产品如培训课程、新书推荐、公众号广告等方式进行商业变现。

所以，明确通过什么指标来测量内容的营销性也非常重要。从业务增长的层面去衡量内容营销的有效性成为未来的主要目标。在过往的实践中，到绝大部分的企业所关注的指标只有在花费了相当的资源后才能通过数据洞察的方式进行总结，但其实如果我们能在内容生产阶段进行预判，则可以极大地提升效率，这一点是个明确的强需求。

通常有多种多样的指标来帮助我们衡量内容营销的表现，比如视频点击、转发、分享、评论等都属于"用户互动"这个指标范畴。实际上除了从网站流量看内容营销是否对转化实际业务产生真正的影响，还必须深入一层，看市场合格的线索收集情况，甚至是销售合格的线索量，可以在内容上埋点，以监测内容带来的线索转化情况。在未来，销售线索、销售认可的线索，以及销售线索最后转化成实际购买的用户转化率会更应该成为主要的内容营销衡量指标。

这里想再次说一下，内容不是为了将流量变现，好内容是建立品牌与用户信任的最佳方式之一。做好内容是企业增长具有产品思维、用户思维、价值思维、运营思维的具体体现。

3.3 AIGC——数字内容新范式

3.3.1 AIGC 带来了什么

2022 年 AIGC（AI-Generated Content，人工智能生成内容）突然发力，2023 年热度不减。2022 年 9 月 23 日，红杉美国发表文章《生成式 AI：一个创造性的新世界》，认为 AIGC 会代表新一轮 AI 浪潮的开始。Stable Diffusion、DALL-E2、MidJourney 等可以生成图片的 AIGC 模型引爆了 AI 作画领域，标志人工智能向艺术领域渗透。2022 年 12 月，OpenAI 的大型语言生成模型 ChatGPT 更是全网爆红，能够在人类情商范围内高质量对话、代码生成、内容构思等多个场景，将人机对话推向新的高度，可以认为已经在某种意义上具有人类智能，引发了全球对人类语言能力要素的新一轮思考。同时也看到，全球各大科技企业都在积极拥抱 AIGC，不断推出相关的技术、平台和应用。

如图 3-9 所示，AIGC 内容创作模式分为四个阶段。过去传统的人工智能主要体现在分析和拟合能力，通过分析现有数据（样本），发现其中的规律和模式并用于其他多种用途，比如应用最为广泛的个性化推荐算法。而现在人工智能正在生成新的东西，而不是仅仅局限于分析已经存在的东西，实现了人工智能从感知理解世界到生成创造世界的跃迁。因此，从这个意义上来看，广义的 AIGC 相对于过去的 PCG、UCG，可以看作是像人类一样具备生成创造能力的 AI 技术，即生成式 AI。它可以基于训练数据进行无监督的学习，自主生成创造新的文本、图像、音乐、视频、3D 交互内容（如虚拟化身、虚拟物品、虚拟环境）等各种形式的内容和数据，实现以及包括开启科学新发现、创造新的价值和意义等。

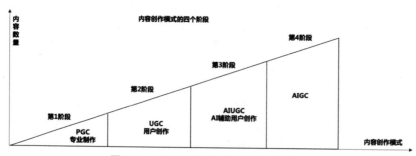

图 3-9　AIGC 内容创作模式的四个阶段

AIGC 带来了什么。如果说 AI 推荐算法是内容分发的强大引擎，AIGC 则是数据与内容生产的强大引擎。AIGC 正朝着效率和品质更高、成本更低的方向发展。这里的几个关键词，"品质"和"成本"都非常重要，这是 AIGC 技术能够被产业界广泛使用的必要条件。

更值得关注的是，某种意义上它比人类创造的东西更好。我们观察到，不但从社交媒体到游戏、从广告到建筑、从编码到平面设计、从产品设计到法律、从营销到销售等各个需要人类知识创造的行业中，人类都有被 AIGC 代替的可能。由于算法独特的解决问题的框架，海量数据有可能被 AIGC 自身合成出来，即合成数据（Synthetic Data）。基于这一原理，未来人类的某些创造性的工作可能会被生成性 AI 完全取代，也有一些创造性工作会直接加速进入人机协同时代，人类与 AIGC 技术共同创造的成果比过去人单独的创造更高效、更优质、更具创造性。

在本质上，AIGC 技术的最大影响在于，会把创造知识工作的边际成本降至零，以产生巨大的劳动生产率和经济价值。换句话说，正如互联网实现了信息的零成本传播、复制，未来 AIGC 的关键影响在于，将实现低成本甚至零成本的自动化内容生产，这一内容生产的范式转变，将升级甚至重塑内容生产供给，进而给依赖于内容生产供给的行业和领域带来颠覆式的影响。

3.3.2　数字内容生产新范式

一直以来，创作型的内容生产工作被认为是人类高阶的能力是 AI 不能简单取代的。但现如今我们也明显地看到，AIGC 在数字内容生产方面，不仅在对话、编剧、绘画、作曲等多个领域达到之前不敢想象的水准，也展示出在大数据学习基础上的能力外溢。这将塑造数字内容生产的新范式，也让内容创作者和更多普通人得以跨越"基本训练"，"技法"的要求，只需要通过最基本的文字描述而尽情挥洒内容创意。

内容消费侧，过往需要高注意力投入、反复观看的视频内容变成了一种媒体"货架"上的"快消品"。从全球来看，人们在线的时间持续增长，在线新闻、音乐、动漫、影视、文学、游戏的市场规模仍在上升。内容生产能力和消费速度极不匹配，但 AIGC 在这阶段的发展迎合了这一需要，也就是说生产侧让原本需要长制作周期的视频变成了可以源源不断产出的"工业品"。同时，创作者也有机会在 AIGC 的辅助下持续产生、迭代和验证创意，甚至由 AIGC 独立完成这一过程。

从范围上看，AIGC 逐步深度融入到文字、音乐、图片、视频、3D 多种媒介形态的生产中，可以担任新闻、论文、小说写手，音乐作曲和编曲者，多样化风格的画手，长短视频的剪辑者和后期处理工程师，3D 建模师等多样化的助手角色，在人类的指导下完成指定主题内容的创作、编辑和风格迁移。

从效果上看，AIGC 在基于自然语言的文本、语音和图片生成领域达到初步令人满意的水平，特别是知识类短文、插画等高度风格化的创作的创作效果可以与有中级经验的创作者相匹敌；在视频和 3D 等媒介复杂度高的领域处于探索阶段，但成长很快。尽管 AIGC 在对极端案例的处理、细节把控、成品准确率等方面仍有许多进步空间，但蕴含的潜力令人期待。

从方式上看，AIGC 的多模态加工是当前 AI 的最重要趋势，AI 模型在发现文本与图像间关系中取得了进步，如 OpenAI 的 CLIP 能匹配图像和文本；Dall·E 2 生成与输入文本对应的图像；DeepMind 的 PerceiverIO 可以对文本、图像、视频和点云数据（在一个三维坐标系统中的一组向量的集合）进行分类。典型应用包括如文本转换语音、文本生成图片，广义来看 AI 翻译、图片风格化也可以看作是两个不同"模态"间的映射。AIGC 基础模型和应用发展预测如表 3-1 所示。

表3-1 AIGC基础模型和应用发展预测

分　　类	PRE-2020	2020	2022	2023	2025	2030
文本	基本问答	基本文案写作	较长格式写作	微调效果良好（科学论文等）	人类平均水平	专业作家水平
代码	单线自动完成	多线路生成	更多线路、更准确	更多的语言更多的垂直领域	文本到产品（草案）	文本到产品（最终版），比全职开发人员更好
图像			艺术徽标＃照相术	实体模型（产品设计、架构等）	最终草案（产品设计、架构等）	最终稿比专业艺术家、设计师、摄影师都好
视频／3D/游戏			首次尝试 3D/视频模型	基本／初稿视频和 3D 文件	第二稿	AIRoblox 公司电子游戏和电影是个性化的梦想
			大模型可用性	首次尝试	基本就绪	黄金时段准备就绪

来源：红杉资本

AIGC 内容生产新范式借助技术的进步生动地展现在我们面前：

（1）自然语言理解能力大幅进化，典型代表是 GPT 系列模型。自然语言是不同数字内容类型间转化的根信息和纽带，创作者以自然语言描述要素、特征后，AI 就能生成对应的不同模态的结果。

（2）2017 年谷歌发布的 Transformer 作为更强大的特征提取器，生成的语言模型质量高、效率高，被应用到后续的 GPT、BERT 等各种预训练语言模型中，以"大数据预训练＋小数据微调"的方式，摆脱了对大量人工调参的依赖，在手写、语音和图像识别、语言理解方面的表现大幅提升，所生成的内容也越来越准确和自然。

（3）虽然大模型的高算力要求对普通用户不友好，但在工程、算法和算力的进步下加速发展，生产能力大幅提升。Stable Diffusion 仅需一台计算机就能运行，截至 2022 年 10 月已有超过 20 万开发者下载，累计日活用户超过 1000 万，而面向消费者的 DreamStudio 则已获得了超过 150 万用户，生成超过 1.7 亿图片。

（4）ChatGPT 横空出世，成为现象级别应用，真正做到和人类"对答如流"，能理解各式各样的需求，完成回答问题、短文和诗歌创作、代码写作、数学和逻辑计算等任务。GPT3.5 和 GPT4.0 版本，使用了人类反馈强化学习（RLHF）技术，能持续学习人类对回答的反馈，朝更符合人类叙述方式的方向进行优化。ChatGPT 基于这一思想，用不到 GPT3 的 1% 的参数实现了较好的效果。图 3-10 是一个非常规问题的回答，给到的答案无论是从完整程度、递进关系、符合实际情况等各方面都具有了人类的回答能力。

元旦节要到了老板不给放假怎么办？

如果你的老板没有在元旦节给你放假，你可以尝试向老板请求放假。你可以提出你的请求，并说明你有什么具体原因希望能放假。例如，你可能希望与家人一起庆祝元旦，或者你想要有足够的时间休息和放松。

如果你的老板拒绝了你的请求，你可以考虑询问是否可以调休或者是否可以在其他时间放假。如果你的工作允许远程办公，你也可以询问是否可以在元旦期间远程办公。

如果你的老板仍然拒绝你的请求，你可以考虑向劳动监察部门或劳动保护机构寻求帮助。这些机构可以协助你了解在职场中的权利，并帮助你解决与老板的纠纷。

图 3-10　ChatGPT 对话

（5）Midjourney 等图片生成模型的发展也如火如荼，原本适用于一些小众的尝试或者艺术方面的应用，现在快速地扩展到能够应用到更多领域，具有很强的普及性和很高的商业价值。游戏设计师杰森·艾伦使用 Midjourney 模型生成的《太空歌剧院》是首个获奖的 AI 生成艺术，如图 3-11 所示。Midjourney 生成的珠宝如图 3-12 所示。

图 3-11　Midjourney 模型生成的《太空歌剧院》

图 3-12　Midjourney 模型生成的珠宝首饰展示图

3.3.3　数字内容应用新范式

AIGC 在学习通用知识和理解泛化上有更好的表现，这是之前的生成模型没有体现出来的能力。这也决定了 AIGC 不光是生成模型，更是建立在认知与理解上的模型的应用生态。2020 年，OpenAI 推出有 1750 亿参数的预训练语言模型 GPT-3，在国内外掀起千亿参数预训练模型的研究浪潮。实际上，那时就出现了专门做文字生成内容的商业公司，如 Jasper.ai 与 Copy.ai。而今在内容消费领域，AIGC 已经重构了整个应用生态。AIGC 在内容生成领域有以下优势特征：

（1）通用和专业内容生成：大型语言和图像 AI 模型可用于自动生成内容，例如文章、脚本、博客或社交媒体帖子。对于定期创建内容的企业和专业人士来说，这可能是一种宝贵的节省时间的工具。2022 年初，Disco Diffusion 给行业带来很大的冲击，其在生成速度、效果还有词条内容的丰富性等方面都有了显著的改进。架设在社交平台 Discord 上的 Midjourney，因其使用便捷与相对较好的效果，在社会层面得到了很大的关注。

（2）高质量内容生成：大模型从数据中学到了很多隐含的知识，所以生成的内容很有可能比人类创建的内容质量更高，更具创造性。DALL·E 2 和谷歌的 Imagen 都可以通过文字来要求 AI 画出特别具体的内容，而且效果已经接近于中等画师的水平。今年 8 月，Stable Diffusion 的开源模型生成的面部和肢体图像相较于 Disco Diffusion 自然了许多。

（3）生成内容多样化：AIGC 模型借助多模态的能力，甚至可以生成多种类型的混合内容，包括文本、图像、音视频、3D 内容等。2021 年年底，VQGAN + CLIP（Vector Quantised General Adversarial Network + Contrastive Language - Image Pre-training）技术串联，可以生成抽象绘画作品。2022 年 9 月 29 日，Meta AI 公布了一款基于文本生成视频短片的系统 "Make-A-Video"，不仅能够通过提示词生成几秒连贯的视频，并且有 "超现实的""现实的""风格化" 的视频变种供调整，而且也能从一两张图片生成视频，或者根据一小段视频片段派生不同风格、拍摄角度、相似动作的视频变种。

（4）可实现个性化内容生成：人工智能模型可以根据个人用户的喜好生成个性化内容。这一点非常重要，这可以帮助企业和专业人士创建目标受众更有可能感兴趣的内容，因此更有可能被阅读或分享。比如，基于 Stable Diffusion 的二次元画风生成工具 Novel-AI，可以满足小众的二次元群体的喜好和内容需求，一定程度上也促进了小众文化的发展。

AIGC 已经掀起了一场内容生产的革命。在内容需求旺盛的当下，AIGC 所带来的内容生产方式变革也开始引起了内容消费模式的变化。AI 绘画是 AIGC 的一大重要分支。它可以提高美术素材生产效率，在游戏、数字藏品领域初步得以应用。文字生成图片（Text-to-Image，T2I）是目前 AI 绘画的主流生成方式，用户输入文本命令便可生成相应效果图。对于游戏开发者而言，T2I 工具在概念构思阶段可迅速提供多种创作方向，并降低初期投入成本，在开发过程中亦可批量生产石头花纹、花草树木等通用型贴图素材。艺术是另一应用领域，全球最大的 AI 生成艺术画廊 Art AI 以历史上大量艺术品的时期、流派、风格等为灵感生成数字藏品，单字仅能使用一次的机制保障每份数字藏品对应不同的文本内容，从而保障其唯一性。2022 年 10 月，海外知名图库 Shutterstock 就公布与 OpenAI 建立了合作，让用户可以输入文字即时生成满足需求的原创图片。Adobe、Getty Images 也将图像生成模型集成到它们自己的产品和服务中。这些动作不仅是一个传统企业的及时反应，实际上还意味着 AIGC 商业化变现的一个想象似乎开始落地：打造一个基于生成的全新内容平台。

AIGC 作为当前新型的内容生产方式，已经率先在传媒、电商、影视、娱乐等数字化程度高、内容需求丰富的行业取得重大创新发展，市场潜力逐渐显现，应用现状如图 3-13 所示。2022 年，AIGC 发展速度惊人，迭代速度呈现指数级爆发，谷歌、Meta、百度等平台型巨头持续布局，也有 Stability AI、Jasper AI 等独角兽创业公司出世。AI 绘画已经能承担图像内容生成的辅助性工作，前期初稿的形成可以由 AI 提供，后期再由创作者进

图 3-13　AIGC 应用现状概览

来源：红杉资本

行调整，从而提高内容产出效率。根据 6pen 预测，未来五年 10%~30% 的图片内容由 AI 参与生成，有望创造超过 600 亿以上的市场空间，若考虑到下一代互联网对内容需求的迅速提升，国外商业咨询机构 Acumen Research and Consulting 预测，2030 年 AIGC 市场规模将达到 1100 亿美元。

3.3.4　互动交互新范式

AIGC 时代也产生了互动交互新范式。

1. 聊天机器人

2022 年 12 月 1 日，美国人工智能研究公司 OpenAI 研发的 AI 聊天机器人产品 ChatGPT 正式对外开放，一经推出便火遍全网，截至 12 月 12 日已拥有超过 100 万名用户。而 ChatGPT 正是典型的文本生成式 AIGC。

ChatGPT 采用 Web 浏览器上的对话形式交互，不仅能够实现与人类进行对话的基本功能，能够回答后续问题、承认错误、质疑不正确的前提和拒绝不适当的请求。而且，根据各领域的用户在使用后反馈，ChatGPT 还可以驾驭各种风格和文体，且代码编辑能力和一系列常见文字输出任务的完成程度也大大超出预期，比如根据关键词或提问，生成剧本、发言稿等多种文字输入。因此，业内人士宣称 ChatGPT 已经大幅超越过去的 AI 问答系统。

未来随着性能的进一步提升，对话式 AIGC 在搜索、知识传播等领域有很大的应用空间。正如 OpenAI 的 CEO，Sam Altman 在 Twitter 上说过，AIGC 的最终目标是做一个新时代的搜索引擎。目前，从 ChatGPT 展示出来的内容输出质量和内容覆盖维度，ChatGPT 能力已经等同于"搜索引擎"与"问答社区"。谷歌与 ChatGPT 提问对比如图 3-14 所示。根据《纽约时报》报道，谷歌及其母公司 Alphabet 的首席执行官 Sundar Pichai 参加了几次围绕谷歌人工智能战略的会议，并指示公司的许多团队重新集中精力解决 ChatGPT 对其搜索引擎业务构成的威胁。近日，谷歌为 ChatGPT 带来的威胁发布"红色警报"，着手进行紧急应对。

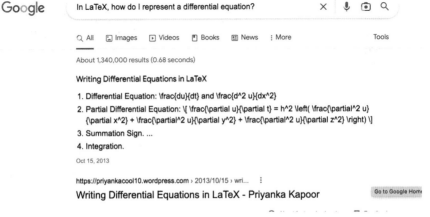

图 3-14　谷歌和 ChatGPT 提问对比

2. 数字人

数字人、虚拟机器人是数字智能体（Digital Agent），作为新的交互形式，数字智能体目前已有很多应用，包括元宇宙应用中的虚拟角色、用户虚拟替身/虚拟形象（Avatar），主要分为真人驱动和 AI 驱动两种。数字虚拟人的实现方式如图 3-15 所示。这里主要阐述由 AI 驱动的数字人。目前来自英国的 Synthesia 是虚拟数字人视频内容生成领域融资最多的公司。该公司的理念是"用代码代替摄像头，让每个人都成为创造者"。当一家公司需要一段"某个人物形象说某种语言"的视频时，他们只需要简单的三步：选模板—选人物形象—输入文本，稍等片刻即可获得一个完整的视频，用户基本没有额外的学习成本，操作简单，无须掌握代码技能，如图 3-16 所示。

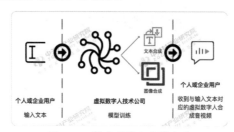

图 3-15　数字虚拟人实现方式

来源：《中关村产业研究院研究报告》

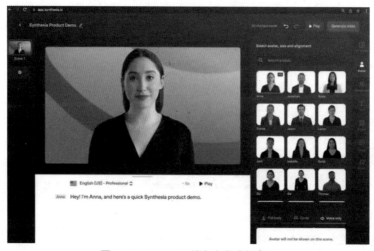

图 3-16　Synthesia 数字人自动化生产

来源：腾讯研究院《数字人产业发展趋势报告》

AIGC 大大提升了数字人的制作效能。用户可以上传照片/视频，通过 AIGC 生成写实类型的数字人，具有生成过程较短、成本低、可定制等特点。基于 AIGC 的 3D 数字人建模已经初步实现产品化，目前精度可以达到次世代游戏人物级别，优势是可以开放程序接口，对接各种应用，因此潜力较大，范围较广，特别是 C 端的应用，通过便捷地上传图片即可生成 3D 数字人面部模型。未来发展方向是通过算法驱动提高精度，优化建模效果，比如：偏移矫正、阴影修复等。在用户 Avatar 生成、创建方面，AI 引擎可以分析用户的 2D 图片或 3D 扫描，然后形成高度逼真的仿真渲染，同时结合脸部表情、情绪、发型、年龄特征等因素让用户的虚拟形象更具活力。目前，Meta、英伟达等众多科技公司已经在利用 AI 技术帮助用户在虚拟世界打造虚拟化身，例如英伟达的 Omniverse Avatar 可以生成、模拟、渲染可互动的虚拟形象。

AIGC 支撑了 AI 驱动数字人多模态交互中的识别感知和分析决策功能，使其更神似人，如表 3-2 所示。自然语言处理是数字人的大脑，直接影响交互体验，而计算机视觉决定了数字人面部表情和肢体动作。目前主流的方式是围绕 NLP（Natural Language Processing，自然语言处理）能力实现文本驱动，本质是通过 ASR（Automatic Speech Recognition，自动语言识别）、NLP、TTS（Text To Speech，文本转语音）等 AI 技术进行感知—决策—表达的闭环来驱动数字人交互。计算机视觉使目前数字人声唇同步技术相对完善，在游戏中已经大量应用。

表3-2　AIGC支撑AI驱动数字人多模态交互

分　　类	技　　术	阶　　段	作用和目的
语音理解	ASR	感知阶段	将人的语音转换为文本
	NLP	决策阶段	处理并理解文本，以对话能力为核心，为数字人的大脑
	TTS	表达阶段	将需要输出的文本合成为语音
动作合成	AI 驱动嘴形动作	表达阶段	建立输入文本到输出音频与输出视觉信息的 关联映射，主要是对采集到的文本到语音和 嘴形视频（2D）/ 嘴形动画（3D）的数据进行 模型训练，得到相关模型，并智能合成
	AI 驱动其他动作	表达阶段	动作是采用随机策略或者脚本进行预设，需要人工配制描述性的数据或者标签

数字人进化的趋势，一是融入会话式 AI（Conversational AI）系统，给传统的虚拟助手（如 Siri）、智能客服等聊天机器人以一个具象化、有亲和力的人类形象，提升交流中情感的连接，有望给这一领域带来更大的市场前景。据机构统计，2021 年会话式 AI 的全球市场规模为 68 亿美元，预计到 2026 年将增长到 184 亿美元。随着线上空间日益丰富，更多普通用户也希望拥有自己的个性化虚拟形象，因此，数字人进化的第二个方向是制作工具更丰富、更易用。例如 Epic 在虚幻引擎中集成的虚拟人工具 Metahuman，用户可以在系统提供的基础形象模板上修改参数，仅用 30 分钟就能"捏"成独一无二的形象。可调节内容既包括整体的肤色、身材，也包括细节的面庞轮廓、五官大小等。未来，对话式 AI 系统、先进的实时图形处理等技术的结合，将使得数字人、虚拟助手、虚拟伴侣、NPC 等数字智能体（Digital Agent）能够逼真地模仿人类的音容笑貌，变得更加智能化、人性化。这将带来更复杂的、自然交互的 AI 虚拟角色，除了模仿人类的语言表达，还具有表情、肢体语言、情绪甚至物理交互等能力，给用户提供更直观的、更具沉浸感的数字化体验。可以说，数字人等新型 AI 角色将决定 VR/AR、元宇宙等未来互联网应用的体验质量和吸引力。

3.3.5　数字内容成本新范式

AIGC 正在越来越多地参与数字内容的创意性生成工作，以人机协同的方式释放价值，成为未来互联网的内容生产基础设施。AIGC 之所以能够成为基础设施，是因为 AIGC 所体现出来的内容制作的成本显著降低、效率显著提高，同时 AIGC 也降低了用户的内容制作门槛，即使是毫无绘画基础的用户也能借助 AIGC 工具，画出高质量的作品，创造出有独特价值和独立视角的内容。

拿 GPT 举例，GPT-4 有约 100 万亿个参数，GPT-3 的参数量是 1750 亿，虽然大模型的高算力要求对普通用户不友好，但在工程、算法和算力进步下，更大的模型也能够以可接受的成本迅速普及。2022 年，先是部署在论坛 Discord 上、以聊天机器人形式向用户开放的 Midjourney 引起关注，一位设计师用其生成的图片甚至在线下比赛中获奖。开源的 Stable Diffusion 仅需一台计算机就能运行，截至 2022 年 10 月已有超过 20 万开发者下载，累计日活用户超过 1000 万，而面向消费者的 DreamStudio 则已获得了超过 150 万用户，生成超过 1.7 亿张图片。

AIGC 在创作成本上具有颠覆性，并且有望解决目前 PGC/UGC 创作质量参差不齐或是降低其有害性内容传播等问题，同时可以激发创意，提升内容多样性。此外，OpenAI 最贵的 AIGC 语言模型达芬奇的价格为每 0.02 美元 750 个单词，AIGC 图型模型价格仅为 0.020 美元一张。Midjourney 采取 SaaS 订阅制模式。最初使用时，用户可以免费生成 25 张照片，之后按照订阅制收费，月付制为 10、30、60 美元，或者使用年付制，价格为 8、24、48 美元/月。虽未公布具体付费用户数量，但根据客户访谈可知用户付费意愿较强。以目前用户数量保守估计，年营收约 1 亿美元，付费用户主要为创意设计人群和个人爱好者。

目前各 AIGC 工具的收费形式及价格如图 3-17 所示。

地区	产品	所属公司	收费形式
国外	Disco Diffusion	谷歌	现阶段免费
	Midjourney	Midjourney实验室	25次免费生成后，10美元/月（最多200次生成）或30美元/月（无限制生成）
	DALL-E2	OpenAI	首次50次免费生成且每月免费生成15次后，15美元（115次生成）
	Imagen AI	谷歌	尚未明确
	DreamStudio	Stability AI	免费生成200张图后，10英镑（1000次生成）
国内	文心一格	百度	免费生成100张图后，9.9元/50张；15.9元/100张；49.9元/400张
	Tiamat	退格数字	公测阶段，可免费生成140张图
	6pen art	毛线球	最多免费生成100张图后，5元/10张；30元/100张，100元/400张，500元/2500张
	盗梦师	西湖心辰	免费生成5张图后，5.5元/25张，24.9元/125张；或会员制：99元/月/660张，299元/月/2160张
	即时AI	雪云锐科技	现阶段免费

图 3-17 各 AIGC 工具的收费形式及价格

对新一代的 AIGC 产品 Midjourney，DALL-E2，Stable Diffusion 直接对比，单词生成的直接费用分别为 0.05 美元/次，0.13 美元/次，0.01 英镑/次。想比于传统的设计工具 Canva 这个价格已经到了非常亲民的水平。具体情况如图 3-18 所示。

图像生成平台	Midjourney	DALL-E2	DreamStudio（StableDiffusion）
推出时间	2022年4月	2022年4月	2022年8月
底层模型	扩散模型+CLIP	扩散模型+CILP	扩散模型+CILP
模型开源	不开源		免费开源
所属机构	Midjourney实验室	OpenAI	StabilityAI
功能		文字生成图像、文本提示的图到图（根据文本提示编辑已有图像）	1~9张
一次生成图片数量	4张	4张	
分辨率	最多到2048×2048	1024×1024	最多到1024×1024
特点	艺术性强，擅长环境效果，特别是科幻场景	语义理解更加准确，风格更广泛	细节更丰富，艺术感强
商业用途	付费会员可用	均可以	均可以
试用	首次加入可获25分钟的免费GPU时间，大致同以后25次免费生成	首次访问可获50个免费积分，接下来每月可首次注册可获价值2英镑的积分，支持200次致15次免费生成。一次运行消耗1个积分。	首次注册可获价值2英镑的积分，支持200次单张图免费生成。
付费	10美元/月（约200次生成）30美元/月（无限次生成）	15美元（115次生成）	10英镑（1000次生成）
单次生成的费用	0.05美元/次	0.13美元/次	0.01英镑/次

图 3-18 AIGC 工具情况对比

3.4　增长新范式

在 AIGC 新范式的加持下,以极低的成本构建自己的高质量营销内容的愿望已经可以实现。现有的 MCN 等机构将在 AIGC 的浪潮下工具化,在社交环境下个人既是消费者又是营销者。

3.4.1　营销社交化新范式

之前有不少全民营销的提法,这几年流行的 KOL(Key Opinion Leader,意见领袖)营销和 KOC(Key Opinion Customer,核心用户)营销都属于全民营销,品牌在寻找核心意见领袖和核心意见消费者,并取得了一定的成功。但这依然是一种广播式的方法,只是"大喇叭"不再是企业本身,而是前移到了领域大 V 和用户大 V,AIGC 对 KOL 和 KOC 的效率有极大的提升。

借助 AIGC 的赋能,普通用户能够将自己精妙的创意通过简单的文本描述,极低成本地生成高质量的营销内容,不论是文案、图文甚至是视频。这一变化,是从无到有的提升,宣告了营销社交化的时代即将到来。

传统的营销理论讲究 4P,即 Product(产品)、Price(价格)、Place(渠道)和 Promotion(传播)。但是现在,"用户"作为核心元素加入到了营销理论和实践中,可以预见未来会有更多的营销活动都源于用户自身。消费者 / 客户成了营销中心和营销新引擎,越来越多的成功品牌从研究竞品、研究市场动向转向了研究和了解消费者、洞察消费者的需求上。当前的营销实践有以下几个特点:

(1)营销社交化。

社交媒体百花齐放,让用户有更多机会参与到营销活动中,为品牌发声。这是一把双刃剑,用户的正面口碑对品牌营销有着正面的促进作用,同时,负面的声音也让品牌在维系社交营销上变得愈加困难。而用户的直接参与度又决定着营销成功的可能性,所以,"有技巧但又不失真实性和温度"的口碑营销成了社交媒体营销的主要发力点。

(2)存量用户时代,挖掘用户的全生命周期价值对业务增长起着根本作用。

随着流量红利的消失,获客成本不断增加,越来越多的品牌将重心放在维系老客户、渗透老客户、发掘存量用户的增量需求上。这就让营销者的重心从获得新用户转移到关注已有客户身上。已经产生过需求,并且有潜质进一步产生对已有产品需求和对新产品需求的客户成为营销传播的主要对象。

(3)营销内容的创作难题得到解决。

正如上节所提到的,AIGC 从社交媒体到游戏、从广告到建筑、从编码到平面设计、从产品设计到法律、从营销到销售等各个需要人类知识创造的行业,都有可能代替人类。也有一些极具创造性的工作会被直接加速进入人机协同时代,人类与 AIGC 技术共同的创造,比过去单纯人类的创造更高效、更优质,更具创造性。

近日,Meta(Facebook 母公司)的首席技术官 Andrew Bosworth 接受了《日经亚洲》的专访。Andrew 表示,Meta 希望在 12 月之前将其生成式 AI 实现商业化,并与谷歌一起寻找更宽广的应用场景。为了提升广告客户体验,提升广告制作效率并降低开发成本,

Meta 将通过类似 ChatGPT、Midjourney、Synthesia 等生成式 AI 帮助客户制作文本、视频、音频等广告。通过这种交互式的高效率制作流程，客户可以将精力、时间用在创意方面以提升整体广告展示效果。根据埃森哲的预测，到 2029 年，30% 的社交媒体广告是由生成式 AI 自动生成的，但是关键审核流程仍然由人工完成。

营销社交化时代，品牌必须紧紧抓住消费者和客户的心。营销社交化时代，每个消费者都要被重视，每个消费者都可以参与到品牌建设活动中来，他们值得被认真对待，他们是品牌最忠实的粉丝，具有最真实的带动效应。

3.4.2　个人营销价值重估新范式

上一节我们讨论到，在 AIGC 的赋能下，普通用户能够将自己的创意通过简单的文本描述，极低成本地生成高质量的营销内容，不论是文案、图文还是视频。这一变化，是从无到有的提升，覆盖了营销的各个环节，宣告了营销社交化的时代即将到来。过往高质量的营销内容需要刁钻的用户洞察角度、令人印象深刻的创意、庞大的制作团队和复杂的制作流程。这个模式在 AIGC 的赋能下发生了颠覆式的改变，只需要有观察用户的角度和好的创意，并通过文本描述出来，剩下的都可以交给 AIGC 来完成，并且可以快速调整描述文本，不断验收输出，直到满意为止。更重要的是，这个过程和过往庞大的团队相比，成本几乎可以忽略。

在这个背景下，营销内容的价值差异绝大部分将来自于洞察和创意本身，因为有一个完整准确的创意描述的基础上，制作和迭代可以全部交给 AIGC 或者由 AIGC 很大程度地协助完成。当内容制作能力不再是瓶颈后，个人独特且有价值的创意便有可能在营销内容的承载下大范围传播。营销内容的传播带来的商业价值几乎可以等价为个人在商业行为中的增量商业价值。基于这个逻辑，个人的营销价值伴随着一次次的创意以及内容的传播得到市场的修正和确认，个人营销价值将得到全面重估。

那么好的创意究竟是什么评价标准呢？

我们拿国际上享誉盛名的艾菲奖为例，其评判标准有以下几个：

● 产生背景、目标、挑战性。
● 洞察、策略和创意产生过程。
● 既定的目标达成情况。

同时，对于业界的一些实际情况，大家应该也有同感：

● 给人留下深刻印象的营销内容案例少之又少，许多作品存在内容套路化，强调技巧，缺乏创意。
● 整体营销内容创意水平层次不齐。
● 好的创意需要配套完整的团队才能制作，且修改迭代周期长。

3.4.3　MCN 向 SaaS 工具化转变新范式

在 AIGC 时代之前，个人生产和制作高质量的营销内容是非常困难的，个人在原有的营销价值体系下，营销内容的高门槛带来许多困难。但是现在网红的背后推手 MCN 可以解决这一问题，我们先来看下 MCN 的定义。MCN（Multi-Channel Network）是一种多频道网络的产品形态，它将产出的内容联合起来，在资本的有力支持下，保障内容的持续输出，从而最终实现商业的稳定变现。中国的 MCN 市场发展情况如图 3-19 所示。

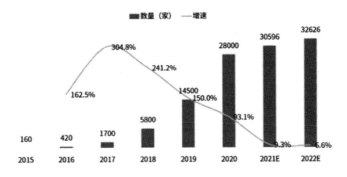

图 3-19　MCN 机构数量

也就是说，中国网红背后有一套成熟的运作机制，这个操盘体系叫作 MCN。MCN 是连接网红和广告主的桥梁，有完善的商业运营体系，它是被资本化的。支撑网红经济的绝不是网红意见领袖，而是一群人，就和运营明星一样，通过包装、事件营销、内容产出等方式把网红捧红；也有一种情况是素人自己产生了大量的 UGC（User Generated Content，用户生产内容）于是成了网红，然后进化为一个公司来运营，最终实现商业变现。

在中国还可以看到的一个现象便是在传统广告时代通过代言、拍广告等方式实现商业变现的许多明星也进入了网红带货这个赛道，亲力亲为，和用户零距离接触，通过直播的方式向用户推荐高性价比的产品，同时取得了不小的收益。这其实是顺应时代发展、拉近和用户距离、始终保持人气的一种选择。

一般来讲，网红经济也符合二八法则，即 20% 的网红占据 80% 的流量。但也会有比较极端的情况出现，有时候少数几个网红也可能垄断大部分的用户，从而备受市场和广告主的青睐。

在中国，MCN 运用打赏、直播带货、电商、品牌代言等方式运作网红来实现变现，双方对获利的方式已经驾轻就熟。国外在商业模式上更多地采用和品牌方合作，以内容产出的方式进行变现，直播带货、打赏等方式运用较少，商业模式相对单一。

国内的 MCN 业态因为运作体系成熟，所以不管对于上游广告商、电商和内容输出的平台方，还是对于中游网红来说，KOL、下游用户、MCN 都具有较强的掌控权和议价权，它们作为产业链的中枢环节依托并主导整个产业的未来发展。

而美国的 MCN 对接的平台较为单一，同时网红盈利的商业模式也较为单一，所以

MCN 的话语权也受到限制，不可能引领产业的发展。

中国网红经济的蓬勃发展也在一定程度上了影响到了传统明星代言的商业模式，所以涌现出明星下海参与到网红经济大潮中的现象，而这种现象在未来的几年可能会变得越来越普遍，这也意味着娱乐业商业模式即将迎来全面转型。娱乐业将依托于社交和电商平台，以更加数字化的方式连接广告主和用户，为双方创造更高的商业价值，这是大势所趋。

应用篇

技术日新月异，人类生活方式正在快速转变，这一切给人类历史带来了一系列不可思议的奇点。我们曾经熟悉的一切，都开始变得陌生。

——约翰·冯·诺依曼（John von Neumann）

第4章 AIGC×产品

"一切完美的事物，无一不是创新的结果。"

—— 约翰·穆勒

企业提供的产品或服务本身的价值和竞争力是所有增长活动的最关键要素，是底层逻辑和天花板。这句话是正确的吗？作者认为这句话可以说是正确的。在企业增长过程中，产品或服务本身的价值和竞争力是非常重要的，因为它们是企业的基础，是企业赖以生存和发展的核心。如果企业提供的产品或服务本身没有足够的价值和竞争力，那么它将很难吸引到足够的客户，并且也很难在市场上长期保持竞争力，最终可能导致企业的失败。

在实际情况中，有很多成功的企业都是通过提供高质量的产品或服务来建立自己的品牌和声誉，进而获得客户的信任和忠诚度，实现持续增长的。例如，苹果公司的 iPhone 和 iPad 就是以其高品质、高性能和高用户体验而广受欢迎，成为行业的领军者。而亚马逊公司则通过提供良好的客户服务和便捷的购物体验，赢得了客户的信任和忠诚度，并成功打造了全球最大的在线零售平台。此外，一些新兴企业也通过提供新颖的产品或服务来颠覆传统市场，如 Uber 通过创新的打车服务模式，成为了全球最大的出行服务提供商之一。因此，企业在增长过程中应该注重产品或服务本身的质量和竞争力，不断改进和创新，以满足客户需求并赢得市场份额，从而实现可持续增长。

产品或服务的质量和特性将直接影响企业的销售额、市场份额和客户口碑，从而对企业的增长产生关键作用。

首先，产品或服务的质量是企业增长的基础。无论是产品还是服务，如果其质量不能达到消费者的期望，那么企业很难赢得客户的信任和忠诚度，更难以实现增长。相反，如果企业能提供高质量的产品或服务，消费者就会更倾向于购买、使用产品或服务，并且愿意付出更高的价格。高质量的产品或服务还可以增加客户的满意度，增加客户的留存率，实现企业的增长。

其次，产品或服务的特性也是企业增长的关键因素。产品或服务的特性包括其功能、外观、品牌和价值主张等。如果产品或服务具有独特的功能、美观的外观、强大的品牌和清晰的价值主张，那么它们就会受到消费者的欢迎，并成为企业增长的关键推动力量。此外，产品或服务的特性还可以反映出企业的创新和实力，进而增强企业在市场中的竞争力，促进企业的增长。

最后，产品或服务的持续改进和创新也是企业增长的必要条件。随着市场的变化和消费者需求的不断变化，企业需要不断改进和创新其产品或服务，以适应市场的需求。这包括改进现有产品或服务的质量和特性，开发新产品或服务，并探索新的市场机会。这种持续的改进和创新可以帮助企业在激烈的市场竞争中保持竞争优势，吸引更多的客户，进而实现增长。

因此，产品或服务的质量、特性以及持续改进和创新是企业增长中至关重要的因素。企业需要不断关注和改进其产品或服务，以满足消费者的需求和市场变化，从而保持竞争优势，实现增长。

在产品优化方面，AIGC 可以通过以下几个步骤发挥作用：

（1）收集用户反馈：AIGC 可以在多个渠道（例如社交媒体、电子邮件、在线调查等）收集用户对产品的反馈。企业可以通过与 AIGC 的 API 集成，实现自动化的反馈收集过程。

（2）分析用户反馈：AIGC 可以对收集到的用户反馈进行深度分析，包括情感分析、关键词提取、主题建模等。这些分析可以帮助企业发现产品中存在的问题和需求。

举例说明：假设一家软件公司收到了大量用户反馈，表示他们在使用软件时遇到了性能问题。AIGC 可以通过情感分析和关键词提取，识别出这些反馈中涉及性能问题的关键信息。进一步分析后，企业可能发现问题主要出现在某个特定功能上。

（3）生成改进建议：根据分析结果，AIGC 可以为企业生成具体的产品改进建议。这些建议可能涉及功能优化、性能提升、用户体验改进等方面。

继续上述例子：根据分析结果，AIGC 可能会建议企业针对性能问题进行优化，例如提高软件运行速度、优化资源消耗等。此外，AIGC 还可以建议企业改进用户界面，以提高用户体验。

（4）监测效果：在产品优化和迭代完成后，AIGC 可以继续收集用户反馈，监测优化效果。这有助于企业评估改进措施是否有效，并为后续产品优化提供参考。

例如，软件公司在实施了 AIGC 给出的建议后，可以再次收集用户反馈。如果反馈显示性能问题得到了解决，那么企业可以认为优化措施有效。反之，企业需要继续分析问题并寻求更好的解决方案。

AIGC 可以通过收集分析用户反馈、生成改进建议以及监测优化效果等方式，在产品优化方面发挥作用，这将有助于企业提升产品质量，满足客户需求。

4.1 从概念到产品

纵观移动互联网乃至整个商业科技领域，新颖的概念层出不穷。其中大部分昙花一现，在收获了一波舆论热度与投资后归于沉寂。只有极少数的概念最终转化为成功的产品，带来效率和体验的巨大提升甚至生产力的飞跃，从而定义了某一领域的新范式。彼时的 iPhone 是其一，今天以 ChatGPT 为代表的 AIGC 类产品大概率也是。图 4-1 为英伟达 CEO 黄仁勋演讲提到 ChatGPT 的部分。

图 4-1　英伟达 CEO 黄仁勋演讲视频

相较于新概念，新产品的稀有和可贵之处在于：一个概念需要历经技术、市场、政策等"过滤器"的层层筛选，最终才有机会成就一款产品，进而改变人类的生活方式和生产组织方式。

其中技术的成熟度起着决定性的作用。人工智能领域中的深度学习技术，尽管理论已经存在了数十年，但直到近年来，随着计算能力的提升和大数据的积累，深度学习技术才得以在诸如图像识别、自然语言处理等方面表现出巨大的威力，才让我们有机会惊叹"奇点临近"。相较于"元宇宙"这一几乎人尽皆知却没人亲眼得见的概念，AIGC 相关技术发展速度及其产品化进程无疑实现了后来者居上。图 4-2 为 Midjourney 创作的元宇宙概念漫画。

图 4-2　Midjourney 创作的元宇宙概念漫画

而对用户真实需求的精准把握与消费市场的培育，也是概念转化为成功产品的关键因素。以共享经济为例，概念爆发阶段仿佛一切皆可共享，但最终只有以滴滴出行、Airbnb 等为代表的平台型共享经济，和以共享单车、共享充电宝等为代表的线下实物资产型共享经济模式被市场和用户所接受。过去十多年移动互联网通过连接每一个消费者与企业，已实现了经济活动的数字化，中国数字经济规模及占 GDP 比例都在逐年上涨，如图 4-3 所示，通过 AIGC 技术将其进行智能化升级似乎是水到渠成。

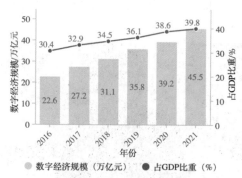

图 4-3　中国数字经济规模及占 GDP 比重

数据来源：中国信息通信研究院，国家统计局

　　此外政策与资本的支持也将大大加速这一过程。例如新能源汽车市场的破局者——特斯拉，在其初创期和产能爆发期，分别享受到了美国和我国巨大的政策红利。美国政府为新能源汽车提供税收优惠，创投机构纷纷涌入，使特斯拉得以从一个概念快速发展为当时产品力最强的新能源汽车。而我国从 2015 年开始对新能源汽车行业从土地、税收、牌照到消费者补贴的一条龙优惠政策从供给和需求侧加速了市场的成熟。为特斯拉上海建厂后迅速拉爆产能与销量提供了无可比拟的条件，如图 4-4 所示。政策对人工智能、大数据、云计算等应用技术和基础设施的扶持已持续多年，近年来对芯片这一物理底座的投入更是有目共睹。据此我们判断，AIGC 技术发展与应用的政策环境已经很好，还会更好。

图 4-4　特斯拉上海超级工厂奠基仪式

图片来源：新华网

　　最后，不得不提的是人的因素。乔布斯对设计和用户体验近乎变态的追求，使得智能手机从概念成为改变世界的产品。马斯克对可回收式火箭理念的坚持在钞能力的加持下，使得 SpaceX 在历经一次次失败后将火箭发射成本变成白菜价，最终让星链计划变为现实。身处时代洪流，每个个体都很平凡，但总有人会成为那个带领整个行业向前跨出一大步的人或企业。

　　3 月 21 日，比尔·盖茨在其个人博客上发文称"人工智能时代已经开启……ChatGPT 是我人生中第二次见证革命性的技术进步……"，如图 4-5 所示。这让我们更加确信，AIGC 技术产品化的必要条件已完备。一些崭露头角的新应用正在以天为单位改变世界，理应有更多更让人惊艳的产品涌现，才配得上这一波人工智能带来的科技革命。下面，我们就从以下几个方面，一同探讨 AIGC 技术的产品化之路。

> In my lifetime, I've seen two demonstrations of technology that struck me as revolutionary.
>
> The first time was in 1980, when I was introduced to a graphical user interface—the forerunner of every modern operating system, including Windows. I sat with the person who
> ……
>
> The second big surprise came just last year. I'd been meeting with the team from OpenAI since 2016 and was impressed by their steady progress. In mid-2022, I was so excited about their work that I gave them a challenge: train an artificial intelligence to pass an Advanced
> ……

图 4-5　比尔·盖茨谈论人工智能

图片来源：节选自比尔·盖茨个人博客

4.2 产品市场定位

AIGC可以通过大数据分析、竞品分析和行业趋势研究，帮助企业确定产品的目标市场和消费者需求。例如，在智能穿戴市场，AIGC可以分析消费者对健康追踪、娱乐功能等不同需求的关注度，从而帮助企业制定合适的市场定位策略。具体的分析方法有：

（1）大数据分析：AIGC可以通过收集和分析大量的消费者数据，如搜索记录、购买行为、用户评价等，洞察消费者的真实需求和偏好。例如，在智能穿戴市场，AIGC可以发现消费者对心率监测、运动追踪等功能的需求较高，从而建议企业将这些功能作为产品的核心卖点。

（2）竞品分析：AIGC可以对竞争对手的产品进行深入分析，了解其市场表现、价格策略、功能特点等方面的优劣势，从而为企业的市场定位提供有益参考。例如，在智能穿戴市场，AIGC发现某竞品在运动监测方面表现优异，但在音乐播放功能上较弱，企业可以借此机会发展音乐播放功能以吸引用户。

（3）行业趋势研究：AIGC可以通过研究行业发展趋势，预测未来市场需求变化，从而帮助企业调整产品策略。例如，在智能穿戴市场，AIGC可能发现虚拟现实（VR）技术正在逐渐成为行业热点，而与之相关的应用前景广阔。企业可以借此机会将虚拟现实技术应用于智能穿戴产品，为用户提供更丰富的沉浸式体验。

（4）用户反馈分析：AIGC可以收集并分析用户对现有产品的评价和反馈，找出产品存在的问题和改进空间，从而提升产品的市场定位。例如，在智能穿戴市场，AIGC发现用户普遍认为某产品的续航时间较短，影响使用体验。企业可以针对这一问题，优化产品的电池性能，提高续航时间。

———————————————／ 经典案例：Netflix ＼———————————————

Netflix是一家在线流媒体公司，以大量的电影和电视剧资源为用户提供丰富的观看选择。Netflix通过AIGC进行大数据分析、竞品分析和行业趋势研究，帮助公司更好地了解用户需求和市场动态。Netflix利用AIGC分析用户观看数据，发现观众对原创内容的需求越来越高。于是，Netflix开始制作原创电影和电视剧，如《纸牌屋》《怪奇物语》等。这些作品获得了观众的热爱，为Netflix带来了巨大的成功。

———————————————／ 有趣案例：Oreo ＼———————————————

奥利奥（Oreo）曾通过AIGC分析社交媒体上的数据，预测到了"夜猫子"这一特殊用户群体。为了吸引这一群体，奥利奥推出了一款名为"Oreo Thins"的更薄、更轻脆的饼干。通过AIGC分析消费者的在线行为、喜好和消费习惯，奥利奥发现这个群体更注重口感和外观设计。因此，奥利奥特意为这款新产品设计了优雅、简约的包装，以满足这一特定市场的需求。结果，"Oreo Thins"在推出后大受欢迎，成为奥利奥品牌的一大亮点。

———————————————／ 最新案例：Beyond Meat ＼———————————————

Beyond Meat是一家生产植物性肉类替代品的公司，旨在解决环境、健康和动物福利问题。为了更好地满足消费者需求，Beyond Meat 运用 AIGC 技术分析大数据、竞品信息和行业趋势。AIGC 的分析发现，越来越多的消费者开始关注健康、环保和可持续性，因此植物性肉类产品的市场潜力巨大。

根据这些信息，Beyond Meat 着重研发具有更接近真实肉类口感和外观的植物性肉类产品。经过多次迭代，Beyond Meat 成功推出了一系列备受好评的植物肉产品，如 Beyond Burger、Beyond Sausage 等。此外，该公司还与各大连锁餐厅、超市和食品公司建立了合作关系，将植物肉产品推广到更广泛的市场。凭借 AIGC 技术的帮助，Beyond Meat 在市场上取得了巨大成功，其产品在全球范围内受到了越来越多消费者的喜爱。

4.3　工业设计

AIGC 利用计算机视觉技术分析竞争对手的产品设计、市场趋势以及用户对外观设计的喜好。通过对这些数据的深入挖掘，企业可以了解目标客户群体的审美偏好，进而优化产品的外观设计。例如，家具制造商可以根据 AIGC 分析的市场数据和用户反馈，对家具的外观、款式和配色进行调整，以满足不同消费者的需求。

（1）颜色和材质：AIGC 可以分析目标市场中消费者对于颜色和材质的偏好。例如，家具制造商可以根据 AIGC 的分析结果，发现目前市场上消费者更偏爱自然木质和温暖色调的家具。基于这一发现，企业可以调整产品线，推出更多符合市场需求的家具款式。

（2）设计元素：AIGC 可以识别市场上流行的设计元素，如简约风格、现代感、复古风格等。企业可以根据这些趋势，调整产品设计，以吸引更多目标客户。比如，一家时尚服装品牌可以通过 AIGC 分析出，近期消费者对复古风格的服装较感兴趣，从而在新款设计中融入复古元素，提升销售。

（3）定制化和个性化：AIGC 可以帮助企业更好地了解不同客户群体的需求和喜好，从而提供定制化和个性化的产品。例如，一家运动鞋品牌可以通过 AIGC 分析，了解到年轻消费者对鞋子的个性化设计有较高的需求，因此可以推出定制化服务，允许消费者自行选择鞋子的颜色、图案等设计元素。

─── 经典案例：IKEA（宜家家居）───

宜家家居作为全球最大的家具零售商，利用 AIGC 技术分析市场趋势和消费者喜好，不断调整和优化产品设计。例如，宜家家居会根据 AIGC 分析的数据，在不同国家和地区推出符合当地消费者审美的家具系列。此外，宜家家居还与设计师合作，定期推出限量款式，以满足消费者对创新和个性化的需求。

─── 有趣案例：Coca-Cola（可口可乐）───

可口可乐曾在 2011 年推出了名为"Share a Coke"的营销活动，利用 AIGC 技术分析消费者喜好，将瓶身上的可口可乐标志替换为常见的名字和昵称。这一举措极大地提高了消费者的参与度，成为品牌营销的一大成功案例。后来，可口可乐还推出了定制瓶身设计的服务，允许消费者自定义瓶身上的文字和图案。

────────────────── / **最新案例：NIO（蔚来汽车）** \ ──────────────────

作为一家新兴的电动汽车制造商，蔚来汽车通过 AIGC 技术分析竞品和市场趋势，将产品定位在高品质、个性化的细分市场。例如，蔚来推出了名为 Nomi 的 AI 助手，通过计算机视觉技术捕捉车主的表情和动作，提供个性化的交互体验。同时，蔚来还借助 AIGC 技术优化车辆的外观和内饰设计，使其更符合消费者的审美和功能需求。

4.4 质量提升

AIGC 技术可以帮助企业收集和分析大量的用户反馈数据，从而发现产品中存在的问题和需要改进的地方。通过使用自然语言处理（NLP）技术，AIGC 可以从用户评论、调查问卷等来源中提取关键信息，帮助企业找到产品的优点和不足。例如，在电子产品行业，AIGC 可以分析消费者对产品性能、耐用性、易用性等方面的评价，从而指导企业进行针对性的优化。这部分之前已经有充分的讨论，下面说说 AIGC 技术基于视觉，控制决策能力为产品质量带来的提升：

（1）缺陷检测：AI 可以通过图像识别、机器学习等技术，对产品进行缺陷检测，快速发现和诊断产品的问题，提高产品质量和可靠性。例如，汽车制造商可以使用 AI 技术检测零部件的缺陷，以确保汽车的安全性和稳定性。

（2）预测维护：AI 可以通过对产品的传感器数据进行分析，预测设备的故障和维护需求，提前进行维护和修理，避免因故障造成的生产停顿和损失。例如，工业机器人制造商可以使用 AI 技术对机器人进行实时监测和预测维护，提高机器人的稳定性和生产效率。

（3）智能化生产：AI 可以通过对生产过程的数据进行分析和优化，实现生产过程的智能化和自动化，提高生产效率和产品质量。例如，电子产品制造商可以使用 AI 技术对生产线进行优化和升级，提高生产效率和产品质量。

（4）智能化质检：AI 可以通过对产品的检测数据进行分析和处理，实现质检过程的智能化和自动化，提高质检效率和准确性。例如，食品制造商可以使用 AI 技术对食品进行快速检测和分析，确保食品的安全和质量。

AI 技术在企业产品质量提升中可以发挥重要作用，通过缺陷检测、预测维护、智能化生产和智能化质检等方面的应用，提高产品质量和生产效率，为企业带来更大的商业价值和竞争优势。

────────────── / **经典案例：惠普（HP）使用 AI 改进打印机质量控制** \ ──────────────

惠普使用 AI 来改进打印机质量控制，通过追踪和分析打印机的传感器数据，来预测和预防可能的故障。这种方法不仅可以提高产品质量，也可以降低生产成本并减少客户投诉。

────────────── / **有趣案例：Hugging Face 使用 AI 改进自然语言处理模型** \ ──────────────

Hugging Face 是一家专注于自然语言处理技术的公司，其使用 AI 来改进他们的自然语言处理模型，让它们更准确和更智能。其开发的模型可以用于机器翻译、问答系统、情感分析等多个领域。这种技术可以帮助企业快速地处理大量的自然语言数据，并从中获取有价值的信息。

──────────/ **最新案例：中国石化使用 AI 来提升炼油装置效能** \──────────

中国石化使用 AI 来提升炼油装置的效能，其开发了一套 AI 系统来控制和优化炼油装置的运行，从而提高产品质量和生产效率。这种系统可以根据不同的因素来调整炼油装置的操作，例如温度、压力、流量等，使得整个生产过程更加智能化和自动化。这种技术可以帮助企业提高生产效率和降低成本，从而提高竞争力。

4.5　功能升级

借助机器学习和深度学习技术，AIGC 可以分析用户行为数据，了解他们对产品功能的使用习惯和需求。企业可以根据这些信息，为产品添加新功能或优化现有功能，以提高用户体验。例如，在视频播放平台上，AIGC 可以分析用户在观看、搜索和互动过程中的行为，从而帮助企业优化播放器功能、推荐算法和个性化设置等方面。

第5章　AIGC × 用户理解

5.1　什么是用户理解

随着市场经济的发展和互联网技术的普及，消费者的需求和购买行为也发生了很大变化，在销售不同产品与服务时，营销策略也需要进行相应调整。在此背景下，用户识别与理解成为了营销领域的重要研究方向，它的应用可以为企业提供更精准的营销方案，提高企业的盈利能力和市场竞争力。

在传统的用户理解中，用户访谈、问卷调查等方式一直以来占据主流地位，随着算法工程、深度学习的发展，现代的用户理解对用户信息的处理效率大幅提升，甚至可以用收集到的用户信息对用户行为进行一定程度的预测。在未来，AIGC 将从平面、代码中走出来，走近用户身边，以文字、图像、声音的方式进行多元化的用户信息获取和表达，并更多的参与到用户的购物决策场景、影音游戏娱乐场景中。

当然，在 AIGC 的众多实践应用和表达中，我们无法忽视一些知识产权以及用户信息安全的挑战，下文中也会对这些话题进行专项的讨论。

5.2　传统用户理解：用户访谈和问卷调查

市场研究中，访谈和调查是常用的工具，用于帮助企业更好地了解用户的需求和想法。访谈可以深入了解用户的需求和想法，及时调整产品或服务，提高用户满意度，但是需要耗费时间和资源，并且受访者可能会提供不真实或不完整的回答，会影响访谈结果。调查可以收集大量数据，提高研究的代表性，并在一定程度上减少人为因素的影响，但是结果可能存在歧义性或不准确，并且需要大量的资源和时间来设计、实施和分析。下面分别介绍这些工具的使用场景和差异。

5.2.1　用户访谈

用户访谈对于了解用户需求来说是至关重要的，企业团队在考虑问题的时候角度一般会比较专业化，这种思维定势或多或少会对问题的理解产生偏差，无法准确理解用户的感受。但无论是对于需求的挖掘，还是对于产品的设计迭代，还是营销策略的制定，用户访谈是经常使用的途径。

1. 用户访谈介绍

用户访谈与普通对话有何不同？仅仅找个用户聊天就算用户访谈吗？事实上，用户访谈是一种有目的、有计划、有方法的口头交流方式，用于了解用户的情况。它是一种研究型的交流方式，通过交谈双方的口头交流，收集和整理需要获取的信息。

一般而言，用户访谈会有具体的时间安排和主题设定。与普通交谈不同的是，在用户访谈中必须强调真实性，不能轻易对用户所说的话表示认同或评价，同时需要记录交谈内容，以便后续的分析和总结。最终，在访谈结束后需要对信息进行归纳和总结。

在比较复杂的情境下，例如需要对经历和过程进行仔细研究并收集用户观点和情感等的话题性场景，用户访谈通常是很有用的。此外，用户访谈也适用于对复杂行为进行剖析，例如研究用户如何理解 App 详情页各个模块之间的关系。对于敏感或私密性话题，使用一对一的访谈法可以鼓励受访者愿意讨论。尽管问卷调研和数据分析可以获得大量用户行为数据，但无法深入了解用户特定行为的原因和场景。例如，通过数据分析我们可以得知某个页面的跳出率增加，但无法了解用户这样做的实际原因和场景。在这种情况下，用户访谈这样的定性研究就可以起到一定的补充作用。

2. 用户访谈基本类型

用户访谈从内容上来划分可以分为非结构式访谈、半结构式访谈以及全结构式访谈三种。

非结构式访谈并没有特定的问题或答案，只需允许用户自由表达意见，因此是非正式和随意的。相比之下，全结构式访谈则有预定的目的和问题序列，必须严格按照顺序完成。尽管听起来与问卷调查很相似，但全结构式访谈的问题比定量问卷更加深入。在问卷调查中，用户通常只需要提供是否等相对简单的回答，但在全结构式访谈中，问题的顺序保持不变，用户仍然可以自由陈述并提供更加开放和深入的回答。半结构式访谈则是介于非结构式和全结构式之间的一种形式，通常是最常用的形式之一。虽然半结构式访谈有预设的目的，但研究人员可以根据访谈的进展随时调整问题顺序或增加新问题，因此比较灵活。

3. 用户访谈优劣势

在访谈中，用户通常会提及他们所用的产品或服务不好用的情况，但这些意见只是用户基于自身经验提出的，无法保证分析结果的正确性。然而，用户的体验过程却是未经分析的一手数据，如果我们能够在此基础上进行分析，就有可能发现用户自己未曾发掘的潜在需求。

尽管用户访谈对于了解用户的观点、经验和偏好很有帮助，但是要了解用户在现实中如何实现需求，需要考虑许多因素。因此，当受访者被问及如何使用 App 或者使用的时间时，他们尽可能地叙述事情，但访谈中所分享的内容与现实中所观察到的内容之间有时会不匹配。

另一个限制是访谈者可能会引入偏见，这取决于如何向被访谈者提出问题。作为访谈者，需要保持问题的开放性，尽可能避免将假设带入解释。为了确保完全理解受访者所说的内容，应该口头总结一下自己认为他们说了什么，并问他们自己的解释是否正确。同时，偏见也可以通过提问的顺序引入。因此，在采访中需要平衡话题，尽可能减少偏见的影响。

5.2.2　问卷调查

问卷调查是一种研究手段，利用问卷的方式了解用户的需求、观点和反馈，以提升产品或服务的质量和用户满意度。其优点在于了解用户需求、提高产品或服务的质量以及增强用户忠诚度。但需要注意的是，调查结果可能不够准确，调查样本可能不足以代表整个用户群体，调查过程也可能对用户体验产生负面影响。

1. 问卷调查介绍

问卷调查是一种通过制定详细周密的问题表格，要求被调查者进行回答，以收集资料的方法。问卷通常是一组与研究目标相关的问题，被广泛用于社会调查研究活动中，用于收集所需的调查资料。调研人员借助问卷对社会活动过程进行准确、具体的测定，并应用社会学统计方法进行定量的描述和分析。

在社会研究中，使用问卷调查结合统计学方法收集资料，并对其进行整理、计算、概括和推断，即将结构化资料编码并转换为数字形式，然后运用统计学方法进行统计分析。问卷调查是社会研究中最常用的收集结构化资料的工具。

心理学研究中，对于某些心理现象的特征分析，需要进行大量的数据收集。由于心理现象的测量和数据采集通常难以直接通过仪器和设备获得，因此通过样本人群的主动报告或者观察其行为变化成为了常用的数据获取手段。问卷被广泛应用于心理学研究中，尤其是在社会心理学、咨询心理学等领域。通过为被试目标制定特定的问卷并进行发放，可以获得所需的数据，这种调查方法被称为问卷调查。

除了在社会研究领域，问卷调查也广泛应用于非社会领域，如企业或个人获取客户特征数据集、分析市场需求趋势、概括产品的优劣特点等。此外，问卷调查也常用于国家统计数据的收集。

2. 问卷调查方式及优劣势

传统的纸质问卷调查需要调查机构印制问卷，由调查人员发放和回收，但需要大量的实体资源和人力成本，数据的统计和处理也较为烦琐。

相比之下，电子或网络问卷调查是一种基于计算机技术和互联网的调查方式，成本较低且处理效率高。网络问卷调查可以突破地域限制，实现跨地区、跨国家的数据收集，节省了实体资源和人力成本。目前国内已经出现了多种网络问卷调查平台，如答题吧、问卷星和答题派等。

根据问卷传递方式的不同，自填式问卷调查可分为报刊问卷调查、邮政问卷调查和送发问卷调查。而代填式问卷调查则依据与被调查者交谈的方式可以分为访问问卷调查和电话问卷调查。每种问卷调查方法都有其优缺点，以下举例说明：

现场发放自填式：调查人员在特定地点向目标群体发放调查问卷，并收回，称为传统的纸质问卷调查。这种方式的优点是可以控制调查样本，问卷可以在现场回收，因此回收率较高，而且收集数据的时间也比较短。不过，纸质问卷需要耗费大量的纸张，并且需要较高的人力成本，同时样本范围也相对较小。

一对一问答式：调查人员会按照样本需求进行入户调查，向目标群体进行面对面的问答，并由调查人员代为填写问卷。尽管这种方式在问卷回收率和答题质量方面具有优势，但它也存在一些缺点，例如人工成本高，耗时长，样本范围窄，通常需要与其他访问方式结合使用。

电话调查：根据样本要求，调查人员通过电话对目标群体进行调查，并填写问卷。这种方式通常用于企业售后服务或用户满意度调查。该方法的优点是调查范围广泛且可控，样本代表性强，回复率高；但缺点是答案质量不稳定，人力成本高，费用高昂。因此，这种方法更适合用于特定样本的追踪调查。

在线调查：现今在各领域中，发布预先编制好的电子调查问卷，通过互联网平台或智能手机终端进行答卷，并通过网络或手机终端进行回收，已成为一种常用方式。这种方式的优点是，调查范围广且可控；样本量大；节省时间。但缺点是，难以采集非互联网使用者的样本。

5.3　现代用户理解：用户行为流水理解及画像、语音输入的实践应用

数字技术和移动设备的发展使得消费者流水研究变得更加多样化、准确和可访问。这种研究可以记录食品或饮料消费、媒体使用、病人旅程或医疗处方等内容。而社交媒体则使公司能够通过在线讨论、消费者评论、专题博客和关键词驱动的趋势分析来主动倾听，使公司能够及早发现相关的消息。通过统计建模、机器学习和深度学习等技术手段来预测用户行为，从而实现个性化服务和优化用户体验，本节将从用户信息的储存形式，以及通过开发者收集到的用户信息所做的一些基于用户理解的，对用户行为模式的预测手段进行一些描述。

5.3.1　使用用户数字化流水

典型的应用包括记录食品或饮料消费、媒体使用、病人旅程或医疗处方和治疗的视频录制、照片和博客发布。更重要的是，结果可以在几天内或实时获得，而不是几周或几个月后。

在一个开创性的案例中，一家制药和医疗设备制造商使用用户数字化流水来更好地了解关节炎患者如何自行注射多次。参与的患者使用移动设备拍摄自己执行这些任务的视频。此外，研究人员观察了患者在家中的情况。研究发现，一些患者因为注射引起不适和疼痛或患者感到焦虑而跳过注射。然而，并非所有患者都向医生承认这样的疑虑，医生则经常会开更高剂量的止痛药。

为了解决这个问题并增加患者对处方计划的遵从，该公司正在研究无针药物递送系统以及其他新产品和服务的想法，这将使关节炎患者的生活变得更加容易。该用户数字化流水带来总机会价值约为近 1 亿美元的增量收入。

5.3.2　利用社交媒体倾听和学习

社交媒体使公司能够倾听消费者关于他们的喜好、经验和习惯的未经过滤的对话。许多服务，如 Hyve、Winkle、BrandWatch、Synthesio 或 Google Analytics，都可以通过分析在线讨论、消费者评论、专题博客和关键词驱动的趋势分析来释放洞察力。主动倾听使公司能够及早发现相关的消息（无论是正面的、中立的还是负面的），迅速做出反应，并发掘出能够导致创新的线索。

拜尔斯道夫的品牌战略和营销研究主任 Ansgar Hölscher 利用正在进行的社交媒体对话来开发一个全新的产品系列。通过使用 Hyve 的 Netnography Insights 软件，该公司发现消费者在多个在线论坛抱怨除臭剂在纺织品上留下污渍。作为回应，该公司开发了一种新型的除臭剂，可以防止在白色衣服上留下黄色污渍。为了测试这一概念，拜尔斯道夫（妮

维雅母公司）向近 2000 名妮维雅品牌的忠实追随者求助，结果发现，消费者不仅关注白色衣服上的黄渍，也关注深色衣服上的白渍。拜尔斯道夫对这一概念进行了改进，并将其作为"妮维雅黑与白的隐形产品"进行营销，强调"白色保持白色，黑色保持黑色"负责妮维雅品牌消费者洞察力的 Ansgar Hölscher 说："由于社会倾听和在线消费者创造，妮维雅黑与白成为拜尔斯道夫十年来最成功的产品。"

5.3.3　对用户行为进行预测和建模

预测用户行为是数据科学领域的重要应用场景，涉及统计学、机器学习和人工智能等多学科，目前，主要技术手段包括统计建模、机器学习和深度学习等。统计建模是传统方法，通过历史数据建模预测未来用户行为，包括线性回归、逻辑回归和决策树等。机器学习是广泛应用方法，通过算法自动学习规律预测未来用户行为，包括支持向量机、随机森林和神经网络等。深度学习是最新方法，通过构建深层神经网络自动学习特征表示预测未来用户行为，包括卷积神经网络、循环神经网络和自编码器等。

以下是一些实际使用的案例，展示如何使用用户数据来预测用户行为：Netflix 使用用户的历史浏览记录和评分数据来预测用户对电影和电视节目的评分和喜好，以此推荐给用户可能感兴趣的内容。亚马逊使用用户的购买、浏览和搜索历史来预测用户的购买意愿和购买金额，以此个性化地推荐商品。Uber 使用用户的历史乘车记录、地理位置等数据来预测用户的乘车需求和行程目的地，以此优化车辆分配和定价策略。Google AdWords 使用用户历史搜索记录和浏览行为来预测用户的兴趣和购买意愿，以此优化广告投放策略。Spotify 使用用户历史听歌记录和点赞记录来预测用户的音乐口味和喜好，以此推荐适合用户的歌曲和歌单。Airbnb 使用用户的搜索历史和浏览记录来预测用户的旅行需求和偏好，以此推荐合适的住宿和旅行体验。以上是一些常见的实际使用案例，它们都利用了用户数据来预测用户行为，从而实现个性化服务并优化用户体验。

5.4　未来用户理解：全新的用户信息获取和表达与提升用户体验

在可以遇见的未来，AIGC 将在优化获取用户信息方式、优化表达用户形态方式上对文字、图像的输入和输出进行进一步的助力。用户信息的获取和表达将变得更加多元化，可以在更轻量化和日常化的场景获取用户的信息并进行应用。除此之外，更多的有趣的应用会参与到用户生活的方方面面，成为人们生活中不可分割的一部分，如电商领域的产品展示、人机交互、广告营销和虚拟货场，大幅降低了用户进行产品体验的时间和交通成本，可以做到真正足不出户地进行产品体验；在娱乐领域，趣味图像视频的生产、语音合成、趣味文字内容生成、虚拟数字人等应用逐渐进入主流；游戏领域，游戏制作上，AIGC 可以模拟实际用户帮助开发者进行平衡性测试，AIGC 模拟出的 AI 陪练以及对手，大大增加了游戏的可玩性和玩家体验。

5.4.1　AIGC 优化获取用户信息方式

传统上，用户标签是一个人工过程，营销人员将依靠人口统计学数据和用户行为来为特定的用户群创建标签。然而，随着用户数据的日益复杂和大量信息的出现，人工标记已经变得不再有效，人工智能生成的内容正在改变用户理解和定位用户的方式。通过分析用户生成的内容，如社交媒体帖子和评论，AIGC 可以用一段话或图片来描述用户，为公司提供一个更完整和准确的目标受众档案。

1. 文字分析

当今，AIGC 扮演着越来越重要的角色。像是广告平台需要了解其用户的行为和偏好，以便能够更好地为他们提供个性化的广告体验。为了实现这一目标，AIGC 可以通过分析用户生成内容和其他数据源来提取对用户特征、偏好和行为模式的见解。

一种主要的数据源是用户的浏览历史、搜索查询和社交媒体活动记录。这些数据可以揭示用户的兴趣和偏好，并帮助广告平台了解他们的目标用户的人口统计信息，例如年龄、性别和地理位置。然后，AIGC 可以利用这些数据来创建个性化标签，以更准确地描述用户的特征和兴趣。

另外，还可以使用自然语言处理技术分析用户上传的内容，以识别与用户相关的信息，例如情感、语气和主题。这种信息可以帮助广告平台了解用户的态度和情绪，从而更好地为他们提供个性化的广告体验。例如，如果一个用户在社交媒体上发布了一条关于旅游的帖子，可以分析该帖子的语气和主题，以确定该用户是否对旅游有兴趣，从而帮助广告平台提供相关的旅游广告。

2. 图像分析

图像识别和分析技术使得平台能够更好地理解用户的喜好和兴趣。通过分析用户的图像和视频，可以识别与用户喜好相关的物体、场景和其他特征。比如对于广告平台，可以帮助更好地了解用户的视觉趣味和兴趣爱好，从而为他们提供更具吸引力和相关性的内容。

同时，还使用深度学习算法和计算机视觉技术来识别和分析视觉内容。例如，通过分析用户在社交媒体上发布的照片，可以识别用户常穿的颜色、款式和品牌，从而更好地理解他们的时尚喜好。此外，还可以分析用户在视频分享平台上观看的内容，并识别与他们兴趣相关的物体和场景。这些信息可以用于个性化定制内容，为用户提供更具吸引力和相关性的内容和服务。

除了帮助广告平台了解用户的视觉趣味和兴趣爱好，图像识别和分析技术还可以用于识别品牌和产品的标志和特征。这可以帮助广告平台更好地了解用户与哪些品牌、产品相关联，并更好地定位目标用户。例如，如果一个用户在社交媒体上经常发布与某个品牌相关的内容，可以将其标记为该品牌的忠实粉丝，并向其提供相关的内容。

3. 语音分析

除了文字和图像之外，语音也是 AIGC 理解用户的一大输入来源，而且对比文字和图像，语音信息对用户来说有信息输入便捷、可以并行输入等优势，而且对用户的输入环境、设备以及用户的文学水平和书写绘制技能要求更低。图 5-1 中描述了智能语音市场细分应用领域，如智慧生活、智能家居、智慧办公、智慧驾驭等。

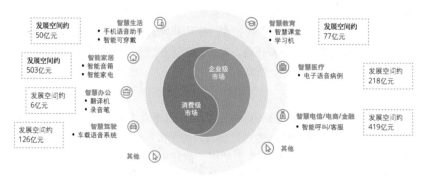

资料来源：iResearch，华西证券研究所，德勤研究

图 5-1　智能语音市场细分应用领域

在疫情的催化下，各行业智能化应用迎来需求拐点，进入需求爆发期。预计 2030 年消费级应用场景总需求将超过 700 亿元。这些企业级场景在疫情的催化下加速发展，市场需求不断扩大，未来发展空间预计即将达到千亿规模。

展望未来，伴随着人工智能的快速发展，中国智能语音行业也进入快速发展阶段。智能语音正在从消费级应用场景扩展到专业级应用场景，各场景智能语音产品的商业化应用逐渐走向成熟，更好地与其他技术及软件融合。随着智能语音技术的发展，各领域对智能语音的应用需求不断扩大，智能家居、智能车载、智能医疗、智能客服、智能教育等前景广阔。互联网企业、智能语音技术企业以及智能语音初创企业将加速在垂直行业进行渗透和布局，推动智能语音行业市场不断发展，加快各应用领域智能语音相关产品的落地，带来新的市场机遇，为消费者提供更好的体验。未来的世界将会是语音主导的世界，在此情境下，智能语音交互是大众接触科技最普遍的渠道，而随着语音生态系统积极合作，智能语音将赋能多形态智能终端，从手机语音助手、家庭智能音箱、智能耳机领域向智能家居、可穿戴设备、和车载领域延伸和迁移，构建出全产业生态圈，深刻影响着每一个人的生活。

比如车载语音市场中，将汽车作为用户的信息来源载体。AI 技术的进步和车联网的普及大幅提升了语音交互准确率，使得响应速度、便利性也大大加强，汽车消费者对于车机语音交互的接受程度也随着年轻一代开始购入汽车而显著提升。可预见的，智能驾驶会成为汽车行业未来的发展趋势，语音交互则是其中的重要环节。用户可以通过智能语音系统实现娱乐、驾驶、导航等多种功能。车载智能语音场景如图 5-2 所示，有声纹监控、多媒体娱乐、智能导航、车辆控制。

图 5-2　车载智能语音场景

　　基于车联网的以车辆为中心的生态系统建设也是未来重点发展方向。智能语音企业可基于车载 AI 技术和云端一体化的解决方案，将车辆传感器、互联网生态、用户个性、环境交互、动作执行等充分融合，帮助车企客户建立以车辆为中心的生态系统，提供具有品牌特性的独特用户解决方案。

5.4.2　AIGC 优化表达用户描述

　　算法分析了用户行为和偏好的大型数据集，比如搜索历史、社交媒体互动和网站浏览行为，可以利用这些数据来更准确地描述用户。还可以对这些数据进行深度学习和自然语言处理，从而生成具有代表性的描述，这些描述可以是一个句子，也可以是一张图片。

　　比如可以根据用户的浏览历史、搜索关键词、互动行为等数据来判断用户的兴趣爱好、性别、年龄、地域等信息，并通过自然语言处理技术来生成描述。例如，当分析出一个用户喜欢旅行并对时尚感兴趣，那么它可以生成一个描述，如 "她是一个喜欢旅行并对时尚感兴趣的年轻女性"，这个描述可以帮助平台更好地了解用户的特点和需求，从而更有针对性地投放内容。

　　除了句子描述外，AIGC 还可以生成代表用户兴趣和行为的图片。例如，当用户浏览某个旅游网站或者搜索旅游相关的关键词时，AIGC 可以根据这些数据生成一个代表用户旅游兴趣的图片。这张图片可以包含旅游目的地、旅游方式、旅游时间等信息，这样平台就可以根据这些信息来投放旅游相关的内容，提高内容的精准度和有效性。

　　总而言之，可以利用用户的数据生成更加准确和代表性的用户描述，进而帮助平台更好地了解用户的需求和特点，从而更有针对性地投放内容，提高投放的效果和转化率。

5.4.3　AIGC 助力电商行业提升用户体验

　　在对用户有了基础的认知之后，经营者可以通过 AIGC 为用户提供一些产品和应用，帮助用户节约时间成本和机会成本，快速获得接近真实的产品体验，可以大大缩短用户对产品从认知、心动到消费的决策时间，帮助经营者提高了交易效率，降低了用户线下体验的成本。

　　当前的电商行业，有一些已经上线的产品投入使用：

1. 产品展示

　　在产品展示上，AIGC 帮助生成不同角度的商品图像。开发者借助视觉生成算法在几分钟内就可以生成商品的毫米级几何模型和纹理，全方位地展示商品的外观，一定程度上降低用户选品沟通时间，提升用户体验。如阿里巴巴的每平每屋业务，就利用了 AIGC 的技术实现了线上 "商品放家中" 的模拟展示效果，贝壳找房也在房屋租售业务中开发了 VR 看房板块，可以让用户足不出户，在线上 App 中获得最接近实地的用户体验。

　　不仅如此，AI 算法生成的 3D 商品模型还可用于在线试穿，还原了服装类、饰品类商品或服务的使用体验，3D 购物转化率平均值为 70%，远超行业平均值 9 倍，退货率也有显著下降。用户可以在优衣库虚拟试衣，在阿迪达斯虚拟试鞋，周大福虚拟试珠宝，Gucci 虚拟试戴手表眼镜，宜家虚拟进行家具搭配，甚至在保时捷虚拟座舱进行试驾。如图 5-3 所示为 Gucci 的在线试穿应用。

图 5-3　Gucci 的在线试穿

2. 人机交互

在用户理解和体验方面，根据用户的输入行为，各大品牌方还推出了自己的人机交互产品，应用到直播带货和客服咨询中，填补真人主播直播间隙，延长直播时长，加速店铺、品牌年轻化进程，拉近新消费人群距离，且人设稳定可控不会出现公关事件，AIGC的客服全年无休、无接待上限且与人工相比，可以节约 80% 左右的成本。目前欧莱雅、飞利浦、卡姿兰、完美日记为首的美妆品牌均已推出自己的品牌虚拟主播，京东言犀 2.0每天可提供 1000 万次智能服务、每月 200 万小时通话语音，阿里巴巴的虚拟现实计划"BUY+"更是计划提供 360° 的虚拟购物现场开放购物体验，不仅满足用户"买"的需求，也提供了"逛"的场景。

5.4.4　AIGC 助力娱乐游戏行业提升用户体验

AIGC 的发展使得用户的娱乐场景有了更多元化的发展，在图像生成上，趣味图像的生成一定程度满足了用户的猎奇需求，在二创场景、社交平台上一经发布，引发病毒式传播，成为破圈利器；语音合成上，智能配音和变声功能大大增加了互动娱乐性，比普通机械音更真实有感情；虚拟数字人的出现降低了用户创作门槛的同时也为用户创作提供灵感。

在游戏行业，AIGC 可以辅助 NPC 的生成，对动作、表情和外形进行绘制，甚至对面容、服饰、性格特征和表达方式进行设计，大大降低生产成本，提高研发效率；在剧情、关卡生成阶段，可以帮助提高剧情动态性、交互性、多样性，丰富用户体验；不仅如此，AIGC 生产的 AI 玩家，在操作手感、意识和大局观判断上，已经可以做到 95% 模拟真实玩家的程度，在对战模式的开发、平衡性测试检验以及 AI 陪练甚至模拟对手的应用上，逐渐趋于成熟，大大提升了用户体验。

下面对语音合成、虚拟数字人、NPC 生成、AI 玩家进行详细介绍。

1. 语音合成

AIGC 通过对内容和用户意图的理解，为用户生产内容，增加智能配音，只需要输入文字内容，选择人类声线之后即可自动生成配音，大大降低了视频和音频内容的制作门槛。

目前已上线的应用如 Syntesys、Murf、Listnr、Lovo、Play.ht，配合 VOICEMOD 等变声产品还可以使声音变成不同角色，增加娱乐互动性，丰富用户体验，VOICEMDD 变声工具如图 5-4 所示。

图 5-4　VOICEMOD 变声工具

2. 虚拟数字人

AI 可以构建拟真人虚拟形象及可定义的虚拟形象等"数字化身"，可通过虚拟形象进行交互，如试穿服装、虚拟社交等。数字人内容生成处于起步阶段，随着短视频的崛起，创作者普遍对高效生产存在诉求，而数字人结合文本 / 音频驱动，可快速实现短视频内容生产，市场潜力较大。

字节旗下的抖音，推出名为"沸寂（pheagee）"的业务，其平台定位是"数字时尚创意平台"，如图 5-5 所示。此外还有 AI Studios、DeepBrain AI、Character Creator 等产品。

图 5-5　字节跳动旗下"沸寂"业务

3. NPC 生成

NPC（Non-Player Character），是指游戏中不受玩家操控的角色，NPC 通常在游戏中扮演剧情人物，为玩家角色提供游戏线索或者游戏道具，推动游戏进程，是用户理解、用户体验中的重要环节。AIGC 的进步将使 NPC 给用户提供的交互体验实现质的飞跃。

动作方面，可以使用运动数据学习人体动作数据，如行走、跳跃等；表情生成方面，整合字转语音研究，根据语音同步调整嘴型、表情等面部变化；外形生成方面，借助 AI 生成面容、服饰、声音和性格特征，大大降低了 NPC 生产的工作量，提高开发效率的同时，也降低了生产成本，同时，来自用户的千人千面特征也转化成个性化的游戏体验。

网易 AI Lab 研究人员设计了与语音文本匹配的全身动作序列。腾讯游戏光子 S 工作室《和平精英》团队携手腾讯 AI Lab、腾讯游戏 CROS GVoice（腾讯游戏语音）团队，基于深度学习在语音编解码器上的不断突破，将 AI Codec 应用于《和平精英》游戏中，在行业内率先实现更低码率、更高质量的语音编码，由此成为首个将 AI Codec 技术全面应用于游戏语音领域的产品。

4. AI 玩家

仿真人 AI 玩家的加入大大提升了游戏的平衡性和可玩性，比如 moba 游戏开发者设计出了新的场景或者地图，想要评估地图对战的平衡性，之前的做法是开启内测公测，邀请真人玩家测试 1～2 个月，在 AI 玩家加入之后，可以通过 AI 玩家在内部进行模拟对战，通过双方模拟不同阵营、场景、角色的对战胜率，来评估整体对抗游戏的平衡性。在这个场景下，AI 通过日常对用户游戏行为的收集，代替用户进行游戏体验。

腾讯"绝悟"AI 通过强化学习的方法来模仿王者荣耀真实玩家，包括发育、运营、协作等指标类别，以及每分钟手速、技能释放频率、命中率、击杀数等具体参数，让 AI 更接近正式服玩家的真实表现，将测试的总体准确性提升到 95%，如图 5-6 所示。

图 5-6　王者荣耀"挑战绝悟"活动

除了平衡性检验，优秀的 AIGC 甚至可以作为队友或者模拟陪练，他们既可以作为真人玩家的队友、对手，陪他们征战沙场，也可以作为教官，带新手玩家熟悉游戏玩法和流程，部分优秀的 AI 产品通过模仿职业选手，掌握了他们典型的个人风格，可以给玩家与真实职业选手对抗的游戏体验。

基于拟人化 AI 研究，腾讯 AI Lab 与《穿越火线》手机版合作打造了"明星玩法"——挑战职业选手。AI 通过模仿职业选手，掌握他们的典型个人风格，玩家则感觉像在与真实的职业选手对抗。该玩法上线后大受欢迎，对局数量较平时平均数提升了 3～4 倍。

5.5　AIGC 在用户理解中面临的挑战

随着 AIGC 技术的发展和应用的开发，这项技术必然与用户结合得越来越紧密，而技术给人们生活带来改变的同时，不可忽视的是会打破现有社会的一些运行规则，或者需要遵守一些政策法规，这些规则和法规关系着 AIGC 能收集到的用户信息的合法性以及一些伦理道德问题，是开发者不得不重视、思考的一个方向。

5.5.1　知识产权挑战

AIGC 已经能成熟地进行内容作品创作，但是更多的属于重组式创新，不具有真正的创造力。目前强调人机写作的阶段，还可以在内容创作上将人类和 AI 的优势结合起来，但是 AIGC 引发的侵权风险已经成为行业面临的紧迫问题。

比如 2017 年 5 月就出版了第一部 AI 诗集的微软小冰，训练集是其见过的前后 500 多位诗人的作品。面对小冰的侵权嫌疑，微软方面做出这样的解释："小冰内容生成能力的训练，全部来自公开无版权的数据，或者合作伙伴授权过的，从创作角度看，我们的技术包括对原创性的判断，确保了小冰所生成的各类内容作品，均符合完整的原创性要求"。小冰的功能如图 5-7 所示。

图 5-7　微软小冰功能说明

此外，在 AI 视频合成、剪辑领域，如果没有获得原始视频著作权人的许可，可能因为侵犯原著作权人所享有的修改权、保护作品完整权或者演绎权而构成侵权行为。2019 年的 ZAO 通过 AI 换脸软件生成新的视频，就是因为肖像侵权而被举报下架。图 5-8 为 ZAO 上线后，在苹果商店应用排名，可见其受欢迎程度。

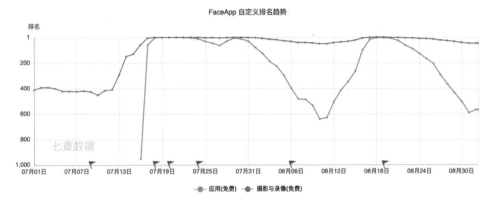

图 5-8　ZAO 上线之后苹果商店应用排名

5.5.2　安全挑战

另外一个不可回避的，贯穿 AI 技术发展始终的问题，就是安全问题，尤其用户隐私和身份泄露问题、虚假信息的传播和信息内容的安全，让一些想尝试 AIGC 应用的用户望而却步。

比如 ChatGPT 上线不到一周，注册人数就超过百万，但是部分用户反馈，ChatGPT 生成了大量"看似合理，仔细检查后发现往往是错误"的答案，技术问答交流网站 12 月 5 日已经禁止用户分享由 ChatGPT 生成的回答，也有不少网友发现由 AIGC 生成的大量包含色情、暴力、政治敏感性等有害信息的文字图片充斥互联网。

另外，AIGC 的滥用，可能引发深度合成的诈骗、色情、诽谤等新型违法犯罪行为，用户的肖像被收集之后很容易被不法分子加工成色情图片、视频进行传播，部分用户信息泄露之后还有可能被深度伪造成音视频内容，进行诈骗行为。

2021 年诈骗团队利用深度伪造换脸马斯克喊出"给我一个币，我给你两个"的骗局，半年诈骗价值超过 2 亿人民币的数字货币，其他中等数额的诈骗案更是层出不穷。

面对诸多的安全挑战，科技企业和技术安全人员纷纷采取积极应对措施。针对内容安全问题，OpenAI 采用 RLHF（Reinforcement Learning by Human Feedback）的训练策略，即开发人员会给模型提出各种可能的问题，并对反馈错误的答案进行惩罚，从而实现控制 ChatGPT 的回答；针对 AIGC 工具被滥用、生成色情暴力内容等问题，一些采用受控的 API 调用模式的厂商，可以通过"输入数据＋输出数据"双重过滤进行治理；针对深度伪造等安全问题，各个科技企业也都积极研发出了检测工具。

腾讯安全部门研发出的甄别技术 Antifakes，可分辨各种技术合成的"假脸"，并进一步对比人脸是否借用公众人物形象，最终对图像或者视频的风险等级进行评估。

第 6 章 AIGC × 营销创意

除非你的广告建立在伟大的创意之上，否则它就像夜航的船，不为人所注意。

——大卫·奥格威（David Ogilvy）

6.1 营销创意的价值

营销创意是指企业在制订营销计划的过程中所产生的创新理念或活动，包括为实现营销目标而采取的方法、时间计划和资源分配等，但它不描述营销活动的具体过程。

创意，在英语中以"Creative、Creativity、Ideas"表示，是创作、创造的意思，有时也可以用"Production"表示。20世纪60年代，在西方国家开始出现了"大创意"（The Big Creativeidea）的概念，并且迅速在西方国家流行开来。大卫·奥格威指出："要吸引消费者的注意力，同时让他们来买你的产品，非要有很好的特点不可，除非你的广告有很好的点子，不然它就像很快被黑夜吞噬的船只。"奥格威所说的"点子"，就是创意。创意在很多增长业务中都发挥了重要作用，比如在营销活动、广告投放、个性化推荐等方面都扮演着重要角色。比如：

（1）形象宣传：新媒体时代形象宣传片是企业市场营销必不可少的一个工具，同时也是企业塑造品牌形象之路不可或缺的。企业形象宣传一般需要传递企业的创新和创造价值，好的创意可以展示企业实力、使命感和社会责任感，通过向受众进行宣传，增强企业的美誉度，让目标受众产生好感与共鸣。

（2）营销活动：创意素材在营销活动中的作用十分重要。一份有趣且富有创意的广告可以在营销活动中吸引消费者的注意力，进而增加品牌知名度和美誉度。此外，创意素材也可以为营销活动增加趣味性和互动性，进而提高参与度和转化率。

（3）广告投放：在令人眼花缭乱的广告中，要想迅速吸引人们的视线，必须把广告创意放在首位。创意素材可以吸引目标受众的关注，从而提高广告点击率和转化率。一份富有创意和张力的广告可以有效地吸引目标受众的注意力，让他们对广告所宣传的产品或服务产生兴趣，并进一步促进产品转化。

根据媒体介质的不同，创意又可以分为文本、图片、音频、短视频、动画等类型。无论是哪种类型的介质，它们在增长实践中均发挥着重要作用，只是侧重点略有不同：

（1）文本：在内容营销和搜索引擎优化方面，文本是重要的创意素材。通过创作高质量、有价值的文章、博客或社交媒体帖子，可以吸引目标受众并提高网站的搜索排名，从而增加品牌曝光和流量。

（2）图片：图片具有更强的视觉张力，能够吸引用户眼球。在社交媒体广告中经常使用的图文结合的方式，不仅能极大降低用户阅读内容的成本，还能增强品牌形象，提高转化率。

（3）音频：音频创意通常是广播、电台、音频流媒体等领域的常用形式。好的创意让人一听到广告的歌曲，就深深地被吸引着，从而意识到这是一个好广告，可以让人有看下去的欲望。

（4）短视频：短视频已经成为目前流行的营销方式。企业可以通过拍摄和分享精彩有趣的短视频来增加用户参与度和品牌曝光，诸如 TikTok、抖音、快手这些短视频平台，已经将短视频创意发挥到了极致。

（5）动画：动画创意也是一种常见的内容形式，也常用于在线视频平台、社交媒体等。动画创意主要面向低龄用户，通过生动有趣的方式，展示产品的特性和优势，吸引潜在客户，提高广告效果和转化率。

6.2 AIGC 重新定义创意生成

营销创意是所有营销增长中的必备元素。根据麦肯锡 QuantumBlack 分析，目前 AIGC 在营销增长的应用仍处于扩展阶段，但其应用模式已经出现了多元化，且涵盖了各行各业。我们已经看到一些前期应用案例，比如下面这些应用场景：

（1）利用 AIGC 撰写营销和销售文案，包括文字、图片和视频。

营销和销售文案的撰写是现代广告和销售行业中的一个重要环节，AIGC 的发展，使得这一过程变得更加高效。AIGC 不仅可以帮助营销人员分析客户的需求和兴趣，从而创作更加吸引人的文案，AIGC 还可以帮助营销人员优化文案的格式、排版和布局，使其更加易于阅读和理解。

在社交媒体和数字营销中，图片和视频内容的重要性也在日益增加。AIGC 不仅可以帮助营销人员创建更加生动、吸引人的图片和视频内容，还可以根据客户的兴趣和需求，自动选择最合适的图片和视频素材，以便在不同的媒体平台上进行发布和传播。

（2）利用 AIGC 编写与行业相关的产品用户指南。

产品用户指南是消费者在使用产品时必备的指导手册。在编写产品用户指南时，需要考虑不同用户的需求和背景，以便提供最佳的使用体验，这也是 AIGC 擅长的工作。AIGC 可以帮助编写产品用户指南的过程更加高效和精确。例如，AI 可以通过语音识别和自然语言处理技术，自动将口语化的用户指南转换为正式的文本指南。

AIGC 还可以帮助编写产品用户指南的过程中，自动提取并整理相关的背景知识和行业标准，以便提供更加全面和准确的指南信息。此外，AIGC 还可以根据用户的反馈和使用数据，自动更新和优化用户指南，以保持其始终处于最新和最有用的状态。

我们仍然按媒体介质区分，分别看一下 AIGC 对营销创意带来了哪些改变。

6.2.1 文本创意生成

文本创意生成是 AIGC 中发展最早的一类技术，常用于结构性新闻撰写、内容续写、诗词创作等任务中。随着以 Transformer 为核心的大规模预训练模型发展，文本创意生成的结果发生了跳跃式提升，内容质量几乎接近专业人员的水平。

自 2020 年以来，1750 亿参数的 GPT-3 在问答、摘要、翻译、续写等语言类任务上均展现出了优秀的通用能力，正式标志着语言模型踏步进入了大数据、大规模的模型范式时代。以 Transformer 架构为重要代表，相关的底层架构仍在不断优化，研究者们正通过增加 K-Adapter、改造 Transformer 架构、合理引入知识图谱及知识库、增加特定任务对应

Embedding 等方式，来提升模型对于上下文的理解与承接能力、对常识性知识的嵌入能力、中长篇幅生成能力、生成内容的内在逻辑性。目前，大规模语言模型能胜任从小说续写到代码生成等任务，让人们看到了它"无所不能"的技术潜力。

表 6-1 梳理了不同文本生成场景的技术原理。

表6-1　文本生成场景的技术原理

细分场景	技术原理
内容续写 如完形填空和文章续写	通过随机Mask（即遮挡）数据库文本中的词语或语段，让神经网络自主学习复原被遮挡部分，从而拥有"猜测"缺失内容的能力，产出预训练模型。再通过大规模预训练模型理解上文或给定条件，从概率层面推测最符合要求的输出结果。 其本质是借助超大规模的训练参数猜测上下文的过程。
摘要/标题生成 以TLDR为重要代表	首先通过词嵌入(Word Embedding)将字、词、句进行区分，然后基于特征评分、序列标注、分类模型等提取内容特征计算相关文本单元权重；其次选择相应的文本单元子集组成摘要候选集，完成内容选择；最后是针对字数要求等限定条件，对候选集的内容进行整理形成最终摘要，完成内容组织。 其细分路径又包含生成式文本摘要（AATS），即形成抽象认知并创造新词灵活概括，和抽取式文本摘要（EATS），即直接抽取原始素材并拼接成简单概要。
文本风格迁移 实现情绪、时态、性别、政治倾向等的分离及迁移	主流思路是分离文本属性及文本内容。 隐式方法即使用某类无监督学习学习或强化学习模式将文本属性及内容自动分离，常见的有生成对抗方式，即通过GAN实现目标属性和文本属性完全由不同的编码控制的状态。 显式方法首先寻找并删除代表文风的短语，其次检索与目标文风最匹配的相似短语，最后生成目标语句并保证语句通顺、原意不变。 要实现多种风格的转化，典型方法在通用语料库上预训练基于Transformer的语言模型来初始化编码器-解码器，然后以多种风格语言模型作为鉴别器来增强对多个目标风格维度的转换能力。
整段文本生成 对话式与结构文本生成	对话式文本生成适用于智能客服等任务型和闲聊型机器人等非任务型人机交互场景，可分类为管道模式及端对端模式。 管道模式即将对话拆分成四个主要模块（自然语言理解、历史状态追踪、对话策略选择、自然语言生成）并分别进行模型训练。 端对端模式将对话过程转化为历史对话信息到系统回复的映射问题，利用一个Seq2Seq框架构建整个对话系统，并利用强化学习摆脱大量标注数据的限制，通过离散隐向量学习句子之间的依赖关系。 结构性的文本生成，首先通过注意力机制、多层感知器等系统进行语句内容预测，对数值、时间等类型数据进行推理，增强数据间的结构信息；其次通过Transformer等模式结合上下文进行推导，控制句法及文本连贯性，将语义与句法统一分析，最后采用Seq2Seq模式，以BiLSTM为基础构建文本生成器，生成最终文本。 目前而言，文本生成普遍具有上下文间逻辑问题、关键信息位置混淆、内容无中生有等问题

（1）内容续写。

创作型文本主要适用于剧情续写、营销文本等细分场景，具有更高的文本开放度和自由度，需要一定的创意和个性化，对生成能力的技术要求更高。市面上的小说续写、文章生成等 AIGC 工具，生成的长篇幅文字的内部逻辑仍然存在较明显的问题，且生成稳定性不足，尚不适合直接进行实际使用。长文本生成还需要满足语义层次准确、篇章上连贯通顺的要求，长文本写作对于议论文写作、公文写作等具有重要意义。未来四到五年，可能会出现比较好的千字内容生成工具。除去本身的技术能力之外，由于人类对文字内容的消费并不是单纯理性和基于事实的，创作型文本还需要特别关注情感和语言表达艺术。我们认为，短期内创作型文本更适合在特定的赛道下，基于集中的训练数据及具体的专家规则进行场景落地。

（2）文本辅助写作。

在某些专业场景，如官方新闻文稿撰写，AI 尚未达到完全自动化编写的水平。我们仍然可以利用 AI 来减轻工作量，例如让 AI 来提供基础素材，再交给人工进行整合润色。从具体实现上来说，AI 需要对全网素材进行定向采集信息、文本预处理、文本片段打分和去重、基于给定文本的相关性计算等步骤。通过这些技术步骤，AI 承担了大量的琐碎重复性的工作，极大地提升了人工写作的效率。

（3）整段文本生成。

应用型文本主要用于客服类的聊天问答、新闻撰写等场景，此类文本生成大多可以归为结构化写作。2015 年发展至今，应用性文本生成已在多个场景得到广泛应用，最为典型的是基于结构化数据或规范格式的应用性文本。比如，在特定情景类型下进行简讯写作，如体育新闻、金融新闻、公司财报、重大灾害等。据相关分析师评估，给定完稿时间约束下（比如限定 30 分钟内完稿），由 AIGC 生成的新闻稿已经接近专业记者的报道水准。Narrative Science 创始人甚至曾预测，2030 年以后，AI 写作机器人将承担 90% 以上的新闻撰写工作。

6.2.2 音频创意生成

大多数业务场景中，音频创意是由文字合成语音形成的，也就是大家常说的文字生成语音技术（Text-to-speech，TTS），此类技术可应用于流行歌曲、乐曲、有声书的内容创作，以及视频、游戏、影视等领域的配乐创作，大大降低音乐版权的采购成本。目前已落地的应用主要为功能性音乐场景，包括有自动生成实时配乐、语音克隆以及心理安抚等。

TTS 在 AIGC 领域已相当成熟，广泛应用于客服及硬件机器人、有声读物制作、语音播报等任务。例如倒映有声与音频客户端"云听"App 合作打造的 AI 新闻主播，提供音频内容服务的一站式解决方案，以及喜马拉雅运用 TTS 技术重现单田芳声音版本的《毛氏三兄弟》和历史类作品。这种技术为文字内容的有声化提供了规模化能力。

随着技术的持续迭代，目前主流的 TTS 技术较为成熟，已经达到了商用水平，包括如何通过富文本信息（如文本的深层情感、深层语义了解等）更好地表现其中的抑扬顿挫，以及基于用户较少的个性化数据得到整体的复制能力（如小样本迁移学习）。基于深度学习的端到端语音合成模式也正在逐步替代传统的拼接及参数法，代表模型有WaveNet、Deep Voice 及 Tacotron 等。目前的垂直代表公司有倒映有声、科大讯飞、思必驰（DUI）、Readspeaker、DeepZen 和 Sonantic。

随着内容媒体的变迁，短视频内容配音已成为重要场景。部分软件能够基于文档自动生成解说配音，目前上线的有 150+ 款包括不同方言和音色的 AI 智能配音主播，代表公司有九锤配音、加音、XAudioPro、剪映等。在 TTS 领域，语音克隆值得特别关注。语音克隆是本质上属于指定了目标语音（如特定发言人）的 TTS。技术流程如图 6-1 所示。

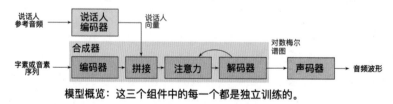

图 6-1　语音克隆流程

6.2.3 乐曲歌曲创意生成

AIGC 在词曲创作中的功能可被逐步拆解为作词（NLP 中的文本创作 / 续写）、作曲、编曲、人声录制和整体混音。目前而言，AIGC 已经支持基于开头旋律、图片、文字描述、音乐类型、情绪类型等生成特定乐曲。

其中，AI 作曲可以简单理解为"以语言模型（目前以 Transformer 为代表，如谷歌 Megenta、OpenAI Jukebox、AIVA 等）为中介，对音乐数据进行双向转化（通过 MIDI 等转化路径）"。此方面代表性的模型有 MelodyRNN、Music Transformer。据 Deepmusic 介绍，为提升整体效率，在这一过程中，由于相关数据巨大，往往需要对段落、调性等高维度的乐理知识进行专业提取，而节奏、音高、音长等低维度乐理信息由 AI 自动完成提取。

通过这一项技术，创作者即可得到 AI 创作的纯音乐或乐曲中的主旋律。2021 年末，贝多芬管弦乐团在波恩首演人工智能谱写完成的贝多芬未完成之作《第十交响曲》，即为 AI 基于对贝多芬过往作品的大量学习，进行自动续写的作品。

AI 编曲则基于主旋律和创作者个人的偏好，生成不同乐器的对应和弦（如鼓点、贝斯、钢琴等），完成整体编配。在这部分中，各乐器模型将通过无监督模型，在特定乐曲 / 情绪风格内学习主旋律和特定要素间的映射关系，从而基于主旋律生成自身所需和弦。对于人工而言，要达到乐曲编配的职业标准，需要 7 ～ 10 年的学习实践。

人声录制则广泛见于虚拟偶像的表演现场（前面所说的语音克隆），通过端到端的声学模型和神经声码器完成，可以简单理解为将输入文本替换为输入 MIDI 数据的声音克隆技术。混音指将主旋律、人声和各乐器和弦的音轨进行渲染及混合，最终得到完整乐曲。该环节涉及的 AI 生成能力较少。

对这一部分工作而言，最大的挑战在于音乐数据的标注。在标注阶段，不仅需要按时期、流派、作曲家等，对训练集中乐曲的旋律、曲式结构、和声等特征进行描述，还要将特征编码为程序语言。此外，还需要专业人员基于乐理进行相关调整润色。以 Deepmusic 为例，音乐标注团队一直专注在存量歌曲的音乐信息标注工作上，目前已经形成了全球最精确的华语歌曲音乐信息库，为音乐信息检索（MIR）技术研究提供数据支持。

6.2.4　图像创意生成

基于对不同技术原理的梳理，我们将图像生成领域的技术场景划分为图像属性编辑、图像部分编辑、以及端到端的图像生成。其中，前两者的落地场景为图像编辑工具，而端到端的图像生成则对应创意图像及功能性图像生成两大落地场景。

1. 图像属性及部分编辑

属性编辑，可以直观地将其理解为通过 AI 降低门槛的 PhotoShop。目前而言，图片去水印、自动调整光影、设置滤镜（如 Prisma、Versa、Vinci 和 Deepart）、修改颜色纹理（如 DeepAI）、复刻 / 修改图像风格提升分辨率等应用已经常见。

图像部分编辑，指更改图像部分构成（如英伟达 CycleGAN 支持将图内的斑马和马进行更改）、修改面部特征（Metaphysics，可调节自身照片的情绪、年龄、微笑等；以 Deepfake 为代表的图像换脸应用）。

由于技术限制，图像的各部分之间需要通过对齐来避免扭曲、伪影等问题，目前 GAN 还难以直接生成高质量的完整图像。2019 年，曾宣传能够直接生成完整模特图的日本公司 DataGrid 目前已无动向。但同时，也出现了由局部生成拼接为完整图像的生成思路，典型代表为选入 CVPR 2022 的 InsetGAN，该模型由 Adobe 公司推出，如图 6-2 所示。

图 6-2 Adobe 公司通过人脸部分生成全身肢体图像

该模型由两类 GAN 组成，全身 GAN（Full-Body GAN）和部分 GAN，模型基于中等质量的数据进行训练并生成一个人体和部分 GAN，其中部分 GAN 包含了多个针对脸部、手、脚等特定部位进行训练的 GAN。该模型会检测部分 GAN 生成的特定区域在底层画布，也就是全身 GAN 生成的区域中的位置，经过裁剪后再将特定区域嵌入。

同时，改变细粒度、分区域的图像编辑能力也较为关键，代表为英伟达的 EditGAN。该模型将需要编辑的原图像 x 嵌入到 EditGAN 的潜空间，借助语义分割图的相同潜码，将原图 x 分割成高度精细的语义块（Segmentation Mask），并得到分割图 y。接着，使用简单的交互式数字绘画或标签工具进行手动修改。模型最终会共享潜码的优化，以保持新分割图与真实图像的 RGB 外观一致，如图 6-3 所示。

EditGAN，支持对图像进行细节修改

图 6-3 EditGAN 图像细节修改

2. 图像端到端生成

此处主要指基于草图生成完整图像（VansPortrait、谷歌 Chimera painter 可画出怪物；英伟达 GauGAN 可画出风景；DeepFaceDrawing 基于草图生成人脸）、有机组合多张图像生成新图像（Artbreeder）、根据指定属性生成目标图像（如 Rosebud.ai 支持生成虚拟的模特面部）等。该部分包含两类场景，分别为创意图像生成与功能性图像生成。前者大多以 NFT 等形式体现，后者则大多以营销类海报 / 界面、标志、模特图、用户头像为主。

由于图像的生成复杂度远高于文字，在整体生成上，目前仍然难以达到生成稳定可靠的高质量图像的水平。但据高林教授评价，人脸生成的应用将预计有更快的发展。从

VAQ、VAE 等技术选型开始，人脸生成的技术研究已经有了较好的效果，同时人脸数据集也较为充足，如图 6-4 所示。同时，单张的人脸生成价值相对有限，要进一步发挥其价值，可以考虑将其与 NeRF，即 3D 内容生成相结合，支持从不同的视角和动作还原特定对象面部，能够在发布会、面见客户等场景中发挥重要作用。而对于近年视频换脸效果不佳的情况，高教授认为这与底层设计优化相关，例如除纹理相似度之外，在解编码中应考虑更多的时间、动作、甚至情感等因素，并叠加考虑数据、渲染能力等因素。

图 6-4　由 AI 端到端生成的人像

图像来源: this-person-does-not-exist.com

6.2.5　视频创意生成

视频生成将成为近期跨模态生成领域中的高潜力场景，其背后逻辑是不同技术所带来的主流内容形式的变化。本部分主要包括视频属性编辑和视频自动剪辑。

视频生成技术的本质是基于目标图像或视频对源视频进行编辑及调试，通过对于语音等要素逐帧复刻，能够完成人脸替换、人脸再现（人物表情或面部特征的改变）、人脸合成（构建全新人物）甚至全身合成、虚拟环境合成等功能。其原理本质与图像生成类似，强调将视频切割成帧，再对每一帧的图像进行处理，图 6-5 为生成的视频。视频生成的流程通常可以分为三个步骤：数据提取、数据训练及转换。以人脸合成为例，首先需要对源人物及目标人物的多角度特征数据提取，然后基于数据对模型进行训练并进行图像的合成，最后基于合成的图像对原始视频进行转换，即插入生成的内容并进行调试，确保每一帧之间的流程度及真实度。目前的技术正在提升修改精准度与修改实时性两方面能力。

图 6-5　视频来源: imagen.research.google/video

1. 视频属性编辑

视频属性编辑包括视频画质修复、删除画面中的特定主体、自动跟踪主题剪辑、生成视频特效、自动添加特定内容、视频自动美颜等。

2. 视频自动剪辑

视频自动剪辑指基于视频中的画面、声音等多模态信息的特征融合进行学习，按照氛围、情绪等高级语义限定，对满足条件的片段进行检测并合成。目前还主要在技术尝试阶段，典型案例包括 Adobe 公司与斯坦福大学共同研发的 AI 视频剪辑系统、IBM Watson 自动剪辑电影预告片以及 Flow Machine。

3. 商业落地场景

在我们看来，该场景的底层商业逻辑与虚拟偶像类似。本质上是以真人的肖像权作为演员，实际表演者承担"中之人"的角色。其主要落地场景包含两方面：

一方面，可以选择服务于明星，在多语言广告、碎片化内容生成等领域使用，快速提升明星的 IP 价值。例如 Synthesia 为 Snoop Dogg 制作的广告，通过使用 DeepFake 改变其嘴部动作，就能够将原始广告匹配到另一品牌。另一方面，则可以服务于特定商务场景，例如培训材料分发（如 WPP 的全球培训视频）、素人直播及短视频拍摄等。

由于技术要求，需要对最终脸部所有者进行大量数据采集，需要相关从业公司获取大量面部数据授权，针对市场需求进行相关运营，完善后续的配套监管和溯源措施。量子位智库接触了"中国马斯克"的创作团队。该团队目前已经将换脸能力在专业 MCN 中进行商业化。

除了 DeepFake 之外，我们还观察到了在视频中的虚拟内容植入，即利用计算机图形学和目标检测在视频中生成物理世界并不存在的虚拟品牌元素，如标志、产品、吉祥物等。以国外公司 Marriad 为代表，该公司目前已经为腾讯视频服务，后者准备在插入虚拟资产的基础上，个性化展示广告。这将极大地简化商业化内容的生成过程。

6.2.6 多模态创意生成

模态是指不同的信息来源或者方式，目前的模态，大多是按照信息媒介分类的音频、文字、视觉等。而事实上，在能够寻找到合适的载体之后，很多信息，诸如人的触觉、听觉、情绪、生理指标，甚至不同传感器所对应的点云、红外线、电磁波等都能够变为计算机可理解与处理的模态。

对人工智能而言，要更为精准和综合地观察并认知现实世界，就需要尽可能向人类的多模态能力靠拢，我们将这种能力称为多模态学习（Multi-Modal Learning，MML），其中的技术分类及应用均十分多样。我们可以简单将其分为跨模态理解（例如通过结合街景和汽车的声音判断潜在交通危险、结合说话人的唇形和语音判定其说话内容）和跨模态生成（例如在参考其他图画的基础上命题作画、触景生情并创作诗歌等）。

1. 文字生成图像

2021 年，OpenAI 的 CLIP 和 DALLE 开启了 AI 绘画重要的一年。同年，CVPR 2021 收录的 VQGAN 也引发了广泛关注。

2022 年被称为"AI 绘画"之年，多款模型 / 软件证明了基于文字提示得到效果良好的图画的可行性，Diffusion Model 受到广泛关注。首先，OpenAI 推出了 GLIDE，GLIDE 全称为 Guided Language to Image Diffusion for Generation and Editing，是一种扩散模型，参

数仅 35 亿。支持 CLIP 引导（经训练后的噪声感知 64×64 ViT-L CLIP 模型）和无分类器引导，支持部分 P 图和迭代生成。随后为 Disco Diffusion，该免费开源项目搭载在 Google Colab 上，需要一定的代码知识，更擅长梦境感的抽象画面，在具象生成和较多的描述语句上效果较差。随后，Disco Diffusion 的作者之一推出了 AI 绘画聊天机器人 Midjourney。

DALL·E 2 由 OpenAI 推出，目前尚未对外开放，整体而言，已经具备了相当的实用性。技术上是 CLIP 模型和 Diffusion 模型的结合。在这个名为 unCLIP 的架构中，CLIP 文本嵌入首先会被喂给自回归或扩散先验模型，以产生一个图像嵌入。而后，这个嵌入会被用来调节扩散编码器，以生成最终的图像。相对于第一版 DALL·E，整体绘画水平有明显提升，画质提升为之前的 4 倍，并支持更细粒度的文本—图像生成功能（类似部分 P 图），渲染时间从数小时提升到了不到一分钟。

图 6-6 是 Midjourney V5 生成的图像。提示词：A pair of young Chinese lovers, wearing jackets and jeans, sitting on the roof, the background is Beijing in the 1990s, and the opposite building can be seen --v 5 --s 250 --q 2.

图 6-6　Midjourney V5 生成效果图

2. 文字生成视频

在一定程度上，文本生成视频可以被看作文本生成图像的进阶版技术。我们预估，AI 绘画和 AI 生成视频将分别在 3 年和 5 年后迎来较为广泛的规模应用。一方面，两者的本质比较接近，文本生成视频同样是以 Token 为中介，关联文本和图像生成，逐帧生成所需图片，最后逐帧生成完整视频。而另一方面，视频生成会面临不同帧之间连续性的问题，对生成图像间的长序列建模问题要求更高，以确保视频整体连贯流程。从数据基础来看，视频所需的标注信息量远高于图像。

按照技术生成难度和生成内容，文字生成视频可以分为拼凑式生成和完全从头生成两种方式。

拼凑式生成的技术是指基于文字（涉及 NLP 语义理解）搜索合适的配图、音乐等素材，在已有模板的参考下完成自动剪辑，如图 6-7 所示。这类技术的本质是"搜索推荐 + 自动拼接"，门槛较低，背后授权素材库的体量、已有模板数量等成为关键因素。

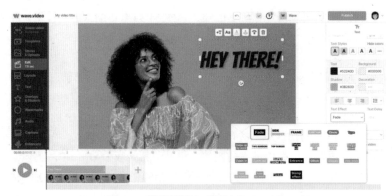

图 6-7　图像模板生成网站 Wave.video

完全从头生成视频则是指由 AI 模型基于自身能力，不直接引用现有素材，生成最终视频。该领域目前仍处于技术尝试阶段，所生成视频的时长、清晰度、逻辑程度等仍有较大的提升空间。以 Cogvideo 为例，该模型基于预训练文本—图像模型 CogView2 打造，一共分为两个模块。第一个模块先基于 CogView2，通过文本生成几帧图像，这时候合成视频的帧率还很低；第二个模块则会基于双向注意力模型对生成的几帧图像进行插帧，来生成帧率更高的完整视频。

图 6-8 是由文本生成的视频。视频来源：makeavideo.studio；提示词：A dog wearing a Superhero outfit with red cape flying through the sky。

图 6-8　文本生成的视频效果

由于从静态内容生成进入到了动态生成阶段，需要考虑其中的时序性、连续性问题，视频生成对于内容生成领域将具有节点性意义。同时，由于视频中会包括文本中难以表现的逻辑或尝试，相较于图像或纯文本训练，视频预训练模型有助于进一步释放语言模型的能力。

3. 图像 / 视频到文本

具体应用包括视觉问答系统、配字幕、标题生成等，这一技术还将有助于文本与图像之间的跨模态搜索，代表模型包括 METER、ALIGN 等。除了在各个模态之间进行跨越生成之外，目前，包括小冰公司在内的多家机构已经在研究多模态生成，同时将多种模态信息作为特定任务的输入，例如同时包括图像内的人物、时间、地点、事件、动作及情感理解甚至包含背后深度知识等，以保证生成结果更加精准。图 6-9 为图像生成文字的示例。

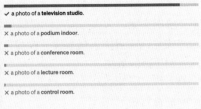

图 6-9　图像生成文字的示例

图片来源：openai.com/research/clip

6.3　AIGC 颠覆广告投放模式

在线广告投放是指通过互联网平台，向目标受众投放广告信息，以实现品牌推广、产品销售等目的的一种广告形式。其主要特点是针对性强、精准度高、投放成本低、监测效果明显等。素材在在线广告投放中具有非常重要的定位，素材包括图片、视频、文字等，是广告的呈现形式，直接影响着广告的吸引力和转化率。在投放广告时，需要根据投放平台的规则和受众特点，进行素材的选择和制作。比如说，对于社交媒体平台的广告，图片素材需要色彩鲜艳、简洁明了，能够吸引用户的注意力，同时需要符合平台的审查标准，避免被屏蔽或删除。对于搜索引擎广告，则需要文字简练、重点突出，能够准确表达产品的特点和优势。效果广告中的内容创意类型多种多样，以下简单举例不同形式：

- 文案类创意：主要体现在广告语、文案组成上，通过精炼的文字来表达产品或服务的特点和优势。
- 图像类创意：主要体现在图片、插画、海报等方面，在视觉传达上更加直观。
- 视频类创意：主要体现在广告片、短视频、动画等方面，以丰富的场景和故事情节展现产品特点，增强用户体验和互动性。
- 互动类创意：主要体现在游戏、抽奖、调查问卷等互动形式中，通过有趣和创新的互动方式来刺激用户参与和分享，提高品牌知名度和用户忠诚度。

效果广告中素材的重要性不言而喻，但在制作素材的过程中，可能会遇到一些瓶颈。其中最主要的瓶颈是素材的制作成本和时间。制作高质量的广告素材需要大量的时间和资金，而在线广告投放的竞争也非常激烈，迫使广告主不断创新，推出更具创意和吸引力的广告素材。随着 AI 的发展，素材制作的流程和瓶颈正在发生变化。AI 技术可以通过分析数据，预测受众需求，帮助广告主更准确地定位受众。此外，AI 还可以通过自动化制作工具，快速地生成高质量的广告素材，减少制作时间和成本。这些技术的出现，将会使素材制作更加高效和智能化，帮助广告主更好地实现品牌推广和销售增长的目标。

6.3.1　AIGC 在文本素材的使用

AIGC 在广告文案创作中可以提供很多帮助。它可以用来生成文案、翻译、图文搭配等，为内容创作者节省时间和成本。此外，AI 还可以进行情感分析和主题提取等自然语言处理任务，从而提高内容的质量和吸引力。以下是 AIGC 在广告文案创作中的运用思路：

- 自动化文案生成：AI 可以根据广告主提供的关键词、产品特点等信息，自动生成符合营销需求的文案，大大提高了广告制作效率。
- 文字筛选和优化：AI 可以根据数据分析和机器学习算法，对广告文案进行筛选和优化，以达到更好的效果。
- 多语言文案生成：AI 可以将广告文案自动翻译成多种语言，使得广告在全球范围内的投放更加容易和高效。
- 智能分析和预测：AI 可以通过分析大量的数据和用户行为，预测用户的兴趣和需求，并据此生成更加符合用户需求的广告文案。
- 图文搭配：AI 可以根据广告主提供的图片或视频素材，自动生成相应的文字内容，使得广告的视觉和文案融合得更加自然和有机。
- 个性化文案生成：AI 可以根据用户的个人信息和行为，生成个性化的广告文案，使得广告更加贴合用户的需求和兴趣。

6.3.2 AIGC 在图片素材的使用

在传统的广告投放中，图片素材的制作通常需要耗费大量的时间和人力成本。设计师需要手动绘制或修改图片，处理图片的背景、色彩、大小等细节，以确保图片的质量和效果。这些成本对于广告投放的效率和效果都有很大的影响。首先，素材制作需要花费较长的时间，可能会导致广告投放的延迟；其次，由于设计师的个人技能和审美观念的影响，素材的质量和效果也可能存在差异，影响广告的表现。随着 AI 技术的发展，广告投放中的图片制作也得到了极大的改进。以下是 AI 应用后的一些优化方向：

- 自动化处理：AI 可以自动地处理图片的背景、色彩、大小等细节，使得广告制作的过程更加自动化和高效化。这种自动化处理可以大大减少制作时间和人力成本，从而提高广告投放的效率。
- 可定制化：AI 可以基于广告投放的目标和受众，生成定制化的图片素材。例如，根据用户历史浏览记录和购买行为，AI 可以推荐定制化的广告图片，从而提高广告的点击率和转化率。
- 智能化：AI 可以通过分析广告素材的表现数据，优化广告图片的质量和效果。例如，通过分析点击率和转化率等数据，AI 可以调整图片的颜色、大小、布局等，以提高广告的表现效果。

6.3.3 AIGC 在视频素材的使用

传统视频制作需要大量的人力和时间，制作出来的视频效果也有限，很难满足广告主的需求，而且无法实现个性化定制，广告主很难在视频广告中准确传递自己的品牌形象和宣传信息。AI 应用于视频制作后，能大幅提升自动化制作的可能，节省人力和时间成本。而积累的大量素材库，可以让广告主自由选择，不再被限制。同时，AI 还提供个性化定制的可能，可以根据广告主的需求，自动生成符合品牌形象和宣传信息的视频素材。以下是 AI 在广告视频制作每个环节中的优化可能：

- 创意策划与剧本编写：AI 可以通过数万个广告案例的分析和学习，帮助广告人员快速找到合适的创意与叙事方式，并提供创意构思和剧本编写的建议。

- 视频拍摄：AI 可以通过无人机、机器人、虚拟现实等技术，来实现拍摄过程的自动化和智能化。例如，AI 可以通过分析场景、人物、灯光等因素，自动生成最佳的拍摄方案。
- 后期制作：AI 可以通过分析视频素材中的每一帧，识别出画面中的人物、场景、物体等元素，并进行自动编辑、特效处理等。这样可以大大提高后期制作的效率，同时也可以使广告视频更加精美和具有冲击力。

尽管目前 AI 技术在广告投放的应用还处于初期阶段，随着人工智能技术的不断发展，它将能够更好地理解用户需求，为用户提供更加个性化、精准的广告投放服务。未来的 AI 技术将能够利用大数据分析和深度学习算法，快速识别用户的兴趣爱好、购买行为和互动模式，从而为广告主提供更加精准的广告投放策略。

然而，我们也需要认识到，AI 技术在广告投放的素材领域还有许多需要改进的方面。例如，需要更好地解决隐私保护和数据安全问题，避免用户信息被滥用。另外，AI 技术应该更加注重用户体验，避免对用户造成骚扰和打扰。

我们需要不断优化 AI 技术在广告投放的素材领域的应用，使其更加符合用户需求和利益，为广告主提供更加有价值的广告投放服务。只有这样，AI 技术才能真正发挥它的潜力，为广告行业带来更大的效益和发展。

6.4 AIGC 重构 SEO 内容创作

"SEO"（Search Engine Optimization，搜索引擎优化）和"内容营销"是两个紧密相关的术语，它们通常一起使用来创建成功的内容策略。它们的最终目标都是为了将更多的流量带到指定的网站上，让人们知道该品牌的存在，并最终增加收入。SEO 取决于高质量的内容，而高质量的内容则依赖 SEO 来获得搜索流量。因此，两者之一很难独立运作，它们互相帮助，使彼此的工作都能顺利进行。

要将 SEO 和内容营销结合使用，需要将 SEO 策略纳入内容营销策略中，无论计划创建什么类型的内容，关键是确保遵循 SEO 最佳实践。这意味着进行关键字研究，通过优化您的网站的 UX 和技术 SEO 来创建内容，实施数据结构化，实施内部链接策略，为每个发布的内容创建元描述等。创建优质内容需要同时使用 SEO 和内容营销，而且不能忽略使这个组合工作的细节。

6.4.1 SEO 工作介绍

搜索引擎优化是在线营销的关键方面，虽然可能是一个耗时且烦琐的工作，但可以自动化、简化工作流程并提升网站排名，具体 SEO 工作包含以下几个分类：

- 技术性 SEO(Technical SEO)：是指分析影响网站排名的技术因素，比如网站速度、移动响应、结构化数据等。自动化在这个领域非常有帮助，可以使用各种 SEO 套件（如 MOZ、SEMRUSH 和 WooRank），网站爬虫软件（如 ScreamingFrog），也有开源库（如 eliasdabbas、advertools 等），供更懂技术的人使用。

- 页面 SEO（On-page SEO）：涉及优化标题标签、元描述和标题等元素。AI 和深度学习在这个领域非常有用，可以训练专门用于内容优化任务的语言模型。例如，可以使用自然语言处理（NLP）来改进页面的结构化数据标记。
- 离线 SEO（Off-page SEO）：涉及创建和改进反向链接。Ahrefs 反向链接检查器是可用于此任务的最好解决方案之一，同时可以编写脚本使用 Wayback 机器索取旧链接，这可能是一个耗时的过程，但自动化可以帮助简化它。
- 站内搜索 SEO（On-site search SEO）：最重要的是优化网站的知识图谱（Knowledge Graph），这涉及创建和训练一个定制的知识图谱，使站内搜索更加智能。通过回答用户的热门搜索查询，辅以网站用户相关的受众信息，可以构建类似于着陆页的结果页面，包括常见问题和相关内容，可以帮助增加网站的自然流量。
- SEO 策略（SEO strategy）：涉及流量模式分析、A/B 测试和未来预测。机器学习在这个领域也非常有帮助，因为它可以用于时间序列预测。Facebook 的 Prophet 库或 Google 的因果影响分析是很好的工具。通过预测未来趋势并突出一个网站最有可能成功的主题，可以制定更有效的 SEO 策略。

6.4.2　AIGC 对 SEO 全链路升级

AIGC 可有效地协助完成整个 SEO 工作流程，但没有放诸四海皆准的东西，根据每个网站的特点，可能有不同的成功秘诀。以下简单介绍一下各个垂直领域的可快速复用的实践思路。

1. 结构化数据标记的自动化

结构化数据是 SEO 中的一个领域，可以自动化实现对网站流量的可扩展和可衡量的影响。谷歌越来越注重结构化数据，以推动其结果页面上的新功能。由此，推动额外的有机流量并计算投资回报变得更加简单。

2. 在 AI 的帮助下寻找新的未开发的创意内容

每天在搜索引擎上有几十亿次的搜索，找到合适的机会是一项艰巨的任务，但可以通过自然语言处理和自动化来减轻负担。在国外，WordLift 公司开发了一个意图发现工具，可以帮助客户使用谷歌的建议收集想法。该工具通过结合搜索量、关键字竞争力等指标，帮助客户了解现有内容是否涵盖了特定主题。

3. 内容创作自动化

这部分内容可能是最广泛采用 AI 的领域，随着快速增长的内容需求，AI 将成为内容生成的重要组成部分。以下列举一些例子，说明 AI 如何改善 SEO 内容项的工作流程。

第一步：创建 SEO 驱动的文章大纲。使用大规模语言模型，如 GPT-3，可以生成类似人类写作的文本。为了提高写作效率和趣味性，我们可以用它来创建内容大纲。编写有用的大纲有助于我们构建思路，规划文章的结构，这对于 SEO 非常重要。以下是一个实际操作的例子。我们提供了一个主题——"SEO 自动化"，并给出了以下大纲建议：什么是 SEO 自动化？如何使用 SEO 自动化？SEO 自动化与其他常用 SEO 技术的区别是什么？尽管你仍然需要写出高质量内容来获得排名，但使用类似的方法可以帮助你更快地构建思路。

第二步：为 SEO 制作出色的页面标题。制作一个出色的 SEO 页面标题可以做到两点：

帮助你在搜索结果中排名靠前，同时吸引用户点击进入你的页面。这是营销人员通过时间和经验逐渐掌握的一项神奇技能，同时，这也是 SEO 自动化的任务，我们可以通过查看网站上最佳标题，将这些语句输入机器中使用。同时，如 GPT-3 类的模型推断方法，我们多次尝试相同的主题组合，每次模型都可以生成一个新标题。

　　第三步：优化标题以提高谷歌搜索排名。为了在谷歌和其他搜索引擎上获得更好的排名，可以为现有内容提供目标关键字并优化标题。

　　第四步：生成有效的元描述。可以运用深度学习，制作适合我们页面的片段，或者至少为元描述提供一个初稿，再来进行编辑。

　　第五步：批量创建 FAQ 内容。通过分析搜索引擎谷歌和 Bing 上的热门问题，运用深度学习技术提供初稿，可以部分自动化 FAQ 内容的创建。

6.5　营销创意案例：阿里鹿班（鲁班）

6.5.1　鹿班创意工具介绍

　　2018 年的阿里巴巴 UCAN 用户体验设计论坛上，阿里巴巴智能设计实验室负责人乐乘向在场观众展示了"鹿班"的设计能力，获得了热烈的掌声。这场论坛主要面向设计师，对于他们来说，工作中经常需要进行许多重复性的体力劳动，例如裁切素材、调整图片大小、修正白平衡等，而"鹿班"基本上能够涵盖这些工作的大部分内容，从而大大解放了设计师的双手，如图 6-10 所示。

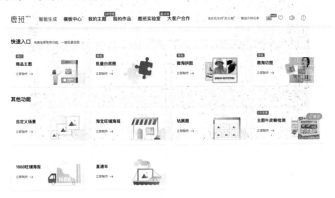

图 6-10　鹿班官网界面

　　"鹿班"是阿里巴巴自主研发的一款用于设计的人工智能产品，目前已经累计设计了10 亿次海报。在 2017 年"双 11"期间，"鹿班"一天制作了 4000 万张海报，并且每张海报都是根据商品图像特征专门设计而成。"鹿班"的设计能力已经接近高级设计师的水平，阿里巴巴未来将会开放"鹿班"的四个核心能力：一键生成、智能创作、智能排版和设计拓展。乐乘表示，在未来即使是设计初学者，也可以通过"鹿班"一键生成自己的海报。

　　"鹿班"的出现，将会使设计师的工作更加高效，他们可以更专注于创意思维和创意设计，而不必浪费时间在重复性的体力劳动上。随着人工智能技术的不断发展，乐乘相信"鹿班"将会为设计领域带来更多的创新和突破。

6.5.2 鹿班的核心技术

"鹿班"的核心算法技术由阿里巴巴达摩院机器智能技术实验室研发，联合伦敦大学学院、清华大学、浙江大学团队进行强化学习、平面设计美学量化评估和知识图谱方面的研究。借助深度学习、增强学习、蒙特卡洛树搜索、图像搜索等技术以及大量的设计数据，"鹿班"可以通过自学获得设计能力。

"鹿班"包括规划网络、行动器和评估网络三大核心部分。规划网络的基础来源于设计师的创意设计模板和基本元素素材，设计师将大量设计素材进行结构化数据标注，最后经由一系列人工智能网络学习，输出"空间＋视觉"的设计框架，如图 6-11 所示。

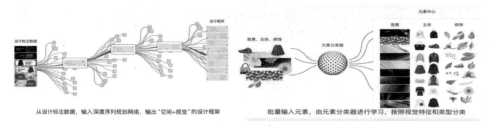

图 6-11　鹿班规划网络示意图

行动器根据"鹿班"收到的设计需求，从学习网络中抽取设计原型，并从元素中心选取元素，规划输出多个最优生成路径，完成图片设计，如图 6-12 所示。

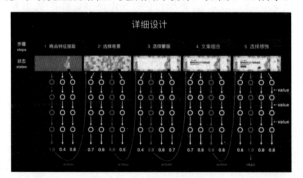

图 6-12　鹿班详细设计流程

评估网络的工作原理是输入大量的设计图片和评分数据，训练鹿班学会判断设计的好坏，如图 6-13 所示。

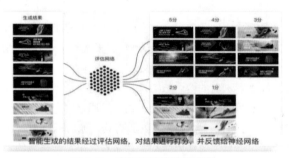

图 6-13　鹿班的评估网络模型

6.5.3　鹿班的商用案例

1. 小蚁旗舰店

使用鹿班创作钻展图，操作简单，生成图片迅速，支持多尺寸。可根据不同场景风格生成图片，且能根据大数据对模板进行优化，生成的部分图片点击率非常高，符合消费者点击喜好，如图 6-14 所示。

图 6-14　鹿班生成的文案——小蚁

2. 盒马鲜生文案

通过鹿班平台能够释放更多的设计师资源，总部上传设计首发后，各区域运营可直接修改上线，大大缩减了对接流程，提高工作效率，如图 6-15 所示。

图 6-15　鹿班生成的文案——盒马鲜生

3.1688 电商推广

1688 的图片经常需要生产上千种颜色和尺寸，之前都需要雇用外包设计师手工 P 图。通过鹿班智能化设计，既能确保内容的丰富性，又大幅提高设计效率，节省设计费用，如图 6-16 所示。

图 6-16　鹿班生成的文案——1688 推广

第 7 章 AIGC × 客户服务

7.1 客户服务——筑牢盈利基本盘的护城河

客户服务是用户留存的关键一环。高质量的客户服务不仅可以快速、有效解决客户的问题和需求，提升客户满意度，同时也让客户感受到企业的关注和重视，提高客户忠诚度，通过良好服务的口碑保持回头客。在此基础上，客户服务在拓展新客户方面也具有明显的杠杆作用，优质的客户服务能够为企业树立良好的口碑和品牌形象，从而能更容易地进行口碑营销，不断吸引新客户。

说起客户服务的标杆式代表，有两个代表相信是大多数人耳熟能详的。一个离我们虽然稍微远点，但也是大名远扬，就是"日式服务"。日式服务的核心是"おもてなし"（omotenashi），中文意思大致是"用心招待"，"款待"或者"极致关怀"。这个词是 2013 年东京申请 2020 年奥运会进行最终演讲时，著名播音员泷川克里斯汀讲的一句话。之后，这句话成为了宣传 2020 年东京奥运会主旨的标语，也一跃成为了 2013 年的流行语。这种理念在一些老牌百货店、餐饮店、旅馆等表现得更加淋漓尽致。比如在高级的温泉旅馆里，服务生统一穿和服，并且对服装、仪态、举手投足的动作进行严格训练。而且你会发现老牌温泉旅馆的服务模式基本都是一样的，比如什么时候需要跪下服务宾客，说话的时候手上如何动作，笑容的幅度、表情如何，可以在不同的店里找到相同的影子。就连客人上车离去时，全体服务生列队向着车招手也是同样的套路。同样，你去观察高级百货店里售货员的装扮，也可以看出是走类似路线。如果你熟悉日本一定规格以上的服务，就会发现他们追求的是"细"，考虑到每一个细节，将客户照顾得周全舒服，包括高级餐饮中给你提供的料理，也是求"细"，追求摆盘的精致与感性。总结起来，"日式服务"最大的两个特点：一是注重细节；二是想顾客之未想。如图 7-1 所示。

图 7-1　日本老牌温泉旅馆的服务人员、日本服务业的基本姿势、某日本餐饮店的暖心贴纸

另一个离我们更近一些，可能大多数读者都亲身经历过，那就是"海底捞"的服务。说起"海底捞"，相信你的第一反应不会是什么特色菜品，而是它的一些特色服务，比如免费美甲服务、热情的生日庆祝节目等。而海底捞也正是靠着这些远超同行的热情优质服务，在已经是竞争"红海"的餐饮业中杀出一条血路，成长为中国火锅行业的领军品牌，进而在全球范围内拥有超过 1000 家分店。如图 7-2 所示。

图 7-2　海底捞美甲服务、海底捞特色扯面、一个人来吃海底捞的"陪餐员"

客户服务在不同行业的具体内容和形式均有不同。除了上述传统的服务行业和餐饮行业，一般而言，客户服务的内容涵盖以下方面：

● 咨询服务：为客户提供产品或服务相关的信息，如价格、功能、使用方法等。

● 技术支持：解决客户在使用产品或服务过程中遇到的技术问题。

● 售后服务：为客户提供退/换货、维修、保养等服务。

● 客户关系管理：通过客户调查、反馈处理、活动邀请等方式，维护与客户的良好关系。

● 个性化服务：根据客户的需求和喜好，提供定制化的产品或服务。

而随着消费者对产品和服务质量的要求越来越高，客户服务热线（Customer Service Hotline）成为企业日常运营中至关重要的一环。客户服务热线是一种联系和沟通机制，它为客户提供了便捷的途径，使得企业能够及时地响应客户反馈并提供优质的客户服务。从沟通渠道上来看，客户服务热线主要包括三种方式：电话沟通、在线客服、社交媒体客服。

电话沟通是传统的客户服务热线方式，根据行业和企业的不同，设立热线的形式也有所不同。一些大型企业会在其网站上注明相关电话号码，供客户随时拨打，也有一些企业会在产品包装或说明书上印上热线电话等联系方式。通过电话沟通，客户可以直接和企业的客户服务代表进行沟通，从而得到相应的解答和支持。这种方式简单易行，且能够及时响应客户反馈，是许多企业不可或缺的一部分。

在线客服是信息化时代的一种新方式。通过在线客服，客户可以在企业的网站上与客服代表进行实时对话，获得即时反馈和支持。这种方式操作简单、快捷，并且能够用文字、图片、表情包等形式进行沟通，方便客户更准确地表达问题。同时，由于在线客服代表可同时服务多个客户，使得企业能够处理更多的客户请求。

社交媒体客服是企业为了适应移动互联网的发展趋势而设置的一种方式。通过微博、微信、Facebook、Twitter 等社交媒体平台，客户可以直接向企业提出问题并得到回应。这种方式在信息传播速度、互动性和体验上都有独特的优势。由于社交媒体具有极高的曝光率和分享度，企业可以借助社交媒体客服来快速响应客户的诉求，提高用户满意度，增强品牌形象。

客户服务对任何企业都至关重要。满足客户需求、回答问题和解决问题对于企业的成功和竞争优势非常重要。然而，如何正确地理解客户需求，制订合理的方案，及时地回复并满足客户的需求并提供有效的支持，最后高效地管理这些流程并不总是那么容易。

在这个章节中，我们将从客户服务发展的最新前沿出发，介绍当前客户服务领域中最新的行业走向与趋势，并着重介绍企业如何利用 AI 技术推动客户服务自动化，以及其常见的七种应用。进而引出本章内容的核心主题，即在 AIGC 浪潮下，在客户服务板块

ChatGPT 如何协助提升生产力，实现降本增效，以及 ChatGPT 在商业中的实际应用案例分析。最后，我们会在 ChatGPT 驱动客户服务自动化的基础上，探讨如何更进一步构建下一代的全智能化客户服务系统。

7.2 客户服务的发展新趋势

在客户服务领域的不断发展中，重视客户成功已成为关键所在。根据微软公司的研究数据显示，55% 的客户期望每年获得更好的服务，58% 的客户会因糟糕的客户服务而选择与企业断绝联系。然而值得一提的是，63% 的客户认为他们接收到的客户服务已经在改善（Microsoft，2020）。

根据 2023 年 5 月 Finances Online 提供的最新客户服务趋势和预测报告与 AIMultiple 的首席分析师 CEM 的研究分析，我们可以明显看到客户对客服的要求正在发生日新月异的变化，如图 7-3 所示。

图 7-3　客户对客户服务的看法

7.2.1　优化客户服务的移动端体验

全球移动设备用户数量正在快速增长，人们在手机上花费更多时间在线完成各类任务。根据 Datareportal 于 2021 年发布的数据显示，全球移动用户达到 52.2 亿，占全球移动用户总数的 66.6%，活跃互联网用户达到 46.6 亿，占全球活跃互联网用户总数的 59.5%（Datareportal，2021）全球用户中 92.6%（近 43.2 亿人）通过移动设备访问互联网，证明了移动设备已经成为客户服务的主要渠道之一（Statista，2021）。此外，在客户服务渠道的首选方面，数据分析显示，所有年龄段的客户中有 50% 在需要联系客户支持时会使用手机（Zendesk，2020 年）。这证明了移动设备成为提供客户服务的最常用渠道之一，因此，在任何客户服务策略升级战略中，都应该优化移动设备的客户服务。

7.2.2　全渠道即时响应成为新标准

提供优质的客户服务至关重要。高水平的客户服务可以说服 71% 的客户进行购买，91% 的客户表示只要服务质量好，就更有可能再次购买。此外，根据 Salesforce 的数据显示，78% 的受访者表示在获得优质服务后，他们会原谅公司的错误。为了提供高质量的客户服务，企业必须整合和简化多种渠道（例如电话、电子邮件、短信等），以提高响应率和整体的客户服务体验。同时，即时响应客户服务请求也至关重要。根据 Hubspot 于 2020 年发布的数据显示，90% 的消费者认为即时响应对于提升客户服务质量至关重要，60% 的消费者将"即时"定义为 10 分钟或更短时间（Hubspot，2020）。无法提供优质的客户服务可能会导致客户流失和业务损失。据 Zendesk 于 2020 年的数据显示，50% 的客户可能因一次糟糕的服务体验转向竞争对手，而另外 80% 的客户则会在多次糟糕的服务体验后离开。因此，在任何客户服务升级战略中，优化移动设备的客户服务一定得到足够的重视（Zendesk，2020），如图 7-4 所示。

图 7-4　客户服务重要的原因

7.2.3　个性化的客户体验期望

利用大数据分析，企业可以更好地了解客户并设计个性化的客户体验。企业可以通过最简单地从电子邮件营销信息中获取客户姓名及基本信息，到收集来自社交媒体、浏览习惯和购买历史等多个来源的多维度客户数据，以提供更精准的产品推荐或更有互动性的对话内容。

个性化是客户服务的强劲趋势，这不仅因为企业拥有技术和数据，而且因为客户确实在个性化服务中收获了附加价值。以电子商务行业为例，75% 的消费者表示喜欢品牌个性化的信息和产品推荐，而另外 74% 的人表示当内容与他们无关时会感到沮丧。总体而言，统计数据显示，投入时间、精力和资金来设计个性化的客户旅程可以将转化率提高近 8%（Trustpilot，2020）。

客户对个性化体验的期望不断提高，这说明了客户对根据个人需要和偏好量身定制的服务和交互确实是存在客观需求的。在当前的市场竞争环境下，客户希望服务公司将他们的需求和利益置于首位，他们期望品牌关注并理解他们的需求。这促使企业进行战略转变，转向更加以客户为中心的设计、营销与服务。客户更喜欢接收与他们密切相关的信息和优惠推送，他们想要感受到收到的信息是专门为他们量身定制的，而不是大量通用的标准化信息，如图 7-5 所示。

图 7-5　个性化客户体验的影响

7.2.4　自助式服务需求增加

在全球新冠疫情期间，客户服务软件的趋势表明客户已经改变了他们过往的行为模式，现在有 45% 的客户更倾向于使用自助服务，这比疫情大流行前要高（Destination CRM，2021）。由于社交封锁，线下消费的频率在新冠疫情期间大幅降低，客户希望公司能够提供更多更简单直接的客服联系方式，而不是通过电话和电子邮件等传统方式进行交流。然而，一项调查显示，只有不到 30% 的公司提供自助服务平台，例如知识库、常见问题解答、人工智能聊天和社区论坛。尽管在龙头企业中，有 76% 的企业提供自助服务支持平台（Zendesk，2020），但自助服务平台仍然面临很多挑战。然而，随着技术的发展和客户渐渐熟悉移动端，线上的沟通方式、自助服务将逐渐成为客户首选的客服联系方式。

自助服务可以在无须与客户服务代表联系的情况下帮助客户解决问题或提供所需信息，如检查账户余额、更改订单、更新账户信息和在常见问题解答中查找答案等。自助服务工具越发受到客户，尤其是年轻客户的青睐，因为它们通常能够提供即时解决方案，而无须等待与传统客户服务渠道相关的时间。据麦肯锡表示，在自助服务选项得到改善时，65% 的客户服务代表表示呼叫量会减少。因此，企业通过构建自助服务平台可以实现降本增效，如图 7-6 所示。

图 7-6　自助服务

为了改善客户服务，不少公司也在推动新兴分析技术的运用，例如人工智能和机器学习。其中一种方法是使用 AI 聊天机器人，带有自然语言处理（NLP）功能的智能聊天机器人可以提供 7×24 小时不间断服务，并能够对近 80% 的标准问题提供即时回复。它们帮助企业大幅提升了客户服务的效率，同时也能够让人工客服来解决确实需要人工处理的案例。银行、金融、医疗保健和零售等行业都已经广泛运用了 AI 聊天机器人技术，据统计数据显示，当前市场客户中有 40% 使用聊天机器人联系零售企业，22% 的客户使用机器人提供医疗保健服务（Statista，2020），如图 7-7 所示。

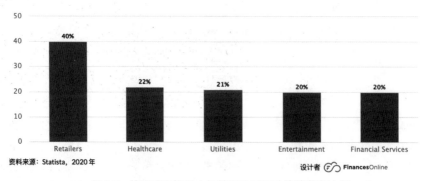

图 7-7　使用聊天机器人与美国公司互动的消费者比例

7.2.5　社交媒体互动和其他消息渠道越来越受欢迎

在 2022 年，通过社交媒体渠道提供客户服务在市场中非常流行。这是因为数十亿人在其移动设备上安装并深度使用社交应用程序，从而倒逼企业必须将社交应用程序的客户服务视为日常客服的重要接口。据 Hootsuite（2021）的报告显示，70% 的人希望未来能够更多通过社交软件解决客户服务问题。

更重要的是，通过社交媒体展开客户服务非常适合客户现在所关注的客服及时性和便利性。当客户在社交媒体上向品牌发送消息时，他们认为社交媒体渠道的响应速度比传统渠道反馈更快。根据调查，32% 的客户希望在 30 分钟内得到答复，42% 的客户希望在 60 分钟内得到答复，57% 的客户希望在晚上和周末的响应时间与工作日的响应时间相同，如图 7-8 所示。

图 7-8　预测相应时间：社交媒体客户支持

此外，社交媒体客服的消息传递渠道符合当前客户的使用趋势。在最近十年，人们使用即时通信应用程序的时间已经快速上升，例如国内的微信、QQ、抖音，海外的 WhatsApp、Facebook Messenger 和 Slack 等，用于个人交流和与企业互动。这些平台为客户提供了一种熟悉且方便的沟通方式，并且通常支持富媒体（例如照片和视频）以增强对话的丰富度与质量。

按照客户体验趋势显示，基于社交软件，客户服务的聊天质量和消息传递的丰富程度都在增加，而 WhatsApp 是海外被最广泛使用的渠道（参考图 7-9）。

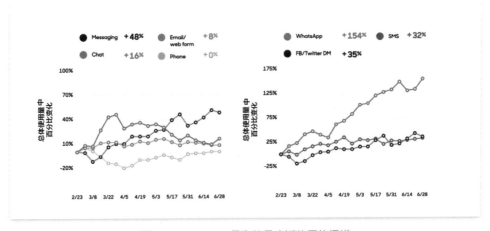

图 7-9　WhatsApp 是海外最广泛使用的渠道

7.2.6 主动式客户服务

主动式客户服务正成为当前企业客服发展的最前沿趋势之一。主动式客户服务与反应式客户服务形成截然不同的对比：在反应式客户服务中，企业仅在问题出现后才做出响应。而在主动式客户服务中，企业使用数据分析和客户行为预测来预测问题，从而在问题发生之前主动寻找转变与解决方案。这种转变一方面基于企业提高客户满意度和忠诚度的愿望，另一方面也受益于数据分析预测潜在问题的技术不断发展。

数据显示，68%的消费者在收到主动推送的客服通知时印象深刻。这意味着企业的主动沟通和快速解决问题的能力对于提高客户满意度和忠诚度至关重要。主动式客户服务还可以向客户介绍即将推出的更新、更改或可能影响他们体验的内容变动，从而做到防患于未然。

例如，如果某个产品在特定时期后频繁出现缺陷，公司可以在客户遇到任何问题之前联系客户，解决潜在问题并主动提供解决方案。如果网站或服务预计会因维护而停机，提前让客户知道就可以降低客户的失望程度，管理客户的心理预期。这种方式可以让客户感到被重视，从而增强客户的忠诚度和满意度。

7.3 客户服务自动化——企业降本增效的必然趋势

请您回忆上一次拨打客服热线的经历，是否曾经历过在一大堆令人困惑的选项中跳转，并且最终被迫等待数分钟，才能听到这句话："您好，我能为您提供什么帮助吗？"。这种经历我们都有过，但是否曾经想过反过来作为客服，他们的经历是怎么样的呢？可以尝试想想，假如你每天要面对100位不同客户，被问100次相同的问题，甚至其中你自己并不知道答案，会是什么样的心情。这就是客服团队日复一日所需要面对的工作挑战。

传统的人工客户服务虽然能涌现出上文提到的如海底捞那样的优质标杆服务，但它离不开高成本严要求的员工培训。这意味着高质量的客户服务对企业在文化宣传和管理能力等都有着比较高的门槛要求。此外，完全依靠人工的客服还存在以下不足：

（1）服务效率低：由于主要依靠人工服务，响应速度和处理能力有限。

（2）服务时间受限：传统客户服务往往受制于企业的工作时间，难以满足客户7×24小时的需求。

（3）服务质量不稳定：受人力素质和服务标准的影响，服务质量可能存在波动。

（4）客户满意度低：由于信息传递不畅和服务水平参差不齐，客户满意度可能难以达到较高水平。

同时由于客户服务作为运营成本的主要组成部分，如何通过优化客户服务流程，提高服务效率、降低客户服务的运营成本，成为现代企业的新课题。由此，越来越多的自动化程序和设备开始应用于一些简单的客户服务工作，节约人力成本。最常见的一个例子是，银行通过推出ATM机和在线客户服务，提供取款、查询等基础服务，大大减少了柜台人员的压力，同时也降低了人力和场所成本。

随着信息化时代的到来，企业的客户服务也发生了一些重大变化。首先是服务渠道更多元化，企业可以通过电话、邮件、在线聊天、社交媒体等多种渠道为客户提供服务。其次是自动化和智能化，利用 AI 技术，企业可以实现客户服务的自动化和智能化，提高服务效率，降低成本。再次就是个性化体验，企业可以通过大数据分析，更好地了解客户需求和喜好，为客户提供个性化的服务。最后，有更多的手段进行实时监控与持续优化，企业可以实时收集和分析客户服务数据，发现问题，不断优化服务流程和策略。

而在信息化时代下，企业的客户服务也更加注重客户参与，鼓励客户通过评论、评分、反馈等方式参与服务改进。让我们来看看 AI 改善客户服务体验的几种常见应用。

7.3.1 图文聊天机器人

聊天机器人作为自动化客服的一种应用，主要通过自然语言处理（NLP）技术来理解用户输入的问题，并根据预先设定的知识库和回答规则为用户提供实时响应和解决方案。聊天机器人在客户支持和服务自动化方面的具体作用包括以下几点。

- 问题解答：聊天机器人可以根据用户输入的问题，在企业的知识库中查找相关信息，为用户提供快速、准确的回答。例如，用户向某电商平台的聊天机器人咨询关于退货政策的问题，机器人可以在知识库中找到退货政策的相关信息，并为用户提供详细说明。
- 操作指导：聊天机器人可以根据用户的问题，提供操作建议和教程。例如，当用户询问如何修改账户密码时，聊天机器人可以为用户提供具体的操作指南，帮助用户完成密码修改。
- 推荐服务：聊天机器人可以根据用户的需求和喜好，为用户推荐合适的产品或服务。例如，用户向旅行社的聊天机器人询问度假产品，机器人可以根据用户的预算、出行时间等信息，为用户推荐合适的度假套餐。
- 转接人工客服：当聊天机器人无法解决用户的问题时，可以将用户转接到人工客服，以提供更专业、更细致的帮助。例如，当用户向银行聊天机器人咨询复杂的金融产品问题时，机器人可以将用户转接给金融顾问，以便提供更详细的解答。
- 业务办理：聊天机器人可以帮助用户完成一些简单的业务办理，提高办理效率。例如，用户可以通过与航空公司聊天机器人交互，完成机票预订、选座、退票 / 改签等操作。
- 数据收集：聊天机器人可以收集用户在交互过程中产生的数据，帮助企业了解客户需求，优化产品和服务。例如，通过分析用户向聊天机器人咨询的问题，企业可以发现某个产品的使用说明不清晰，从而对使用说明进行完善。

相比于人工的客服，聊天机器人主要有以下几个优点：

- 自动回复：聊天机器人通过预设的规则和知识库，能够自动回复一些简单、常见的问题，比如产品介绍、价格咨询、售后服务等。这种方式可以提高企业的工作效率，缩短客户等待时间，增强客户体验。
- 24 小时在线：借助聊天机器人，企业可以实现 24 小时在线服务，满足全天候的客户咨询和服务需求。这种方式可以提高企业的服务质量和效率，增强客户黏性。

- 提高客户满意度的下限：对于客户的问题和需求，聊天机器人给出的回答都是标准化、规范化的，能够确保回答的准确性和一致性，不会出现因为个别人工客服的能力或态度原因导致极端负向的用户体验。

7.3.2 语音助手

语音助手作为另一种自动化智能应用，是图文聊天机器人之外的一个重要补充，主要通过语音识别和自然语言处理技术来理解用户的语音指令，并通过语音合成技术为用户提供实时响应。在客户支持和服务自动化方面，语音助手可以发挥以下作用。

- 查询服务：语音助手可以根据用户的语音指令查询相关信息，如账户余额、产品信息等。例如，用户可以通过语音助手查询电话费余额，语音助手会在后台获取用户的余额信息并用语音播报给用户。
- 功能性操作：语音助手可以帮助用户完成一些功能性操作，如预约服务、设定提醒等。例如，用户可以通过语音助手预约家电维修服务，语音助手会根据用户的要求为用户安排合适的维修时间。
- 语音导航：语音助手可以为用户提供语音导航服务，引导用户完成某些操作。例如，用户需要在智能家居系统中设置定时开关灯功能，语音助手可以为用户提供操作指南，引导用户完成设置。
- 情感交流：语音助手可以通过情感识别技术理解用户的情绪，并提供相应的情感支持。例如，当用户情绪低落时，语音助手可以播放舒缓的音乐、讲述轻松的笑话或提供心理建议，帮助用户缓解情绪。
- 个性化推荐：语音助手可以根据用户的喜好和需求为用户推荐合适的产品或服务。例如，用户向语音助手询问附近的餐厅推荐，语音助手可以根据用户的口味偏好为用户推荐合适的餐厅。
- 人工服务转接：在语音助手无法解决用户问题时，可以将用户转接至人工客服。例如，用户向保险公司的语音助手咨询复杂的理赔问题，语音助手可以将用户转接给理赔专员以提供更详细的解答。
- 语音购物：语音助手可以帮助用户实现语音购物，提高购物体验。例如，用户可以告诉语音助手想购买的商品名称和数量，语音助手会在后台完成下单操作，并确认订单信息。

7.3.3 情感分析

情感分析是一种自然语言处理技术，用于识别和分析文本或语音中表达的情感。在客户支持和服务自动化方面，情感分析可以帮助企业更好地了解客户需求，提高客户满意度。以下是一些具体应用。

- 优先级排序：通过情感分析识别出客户的情感状态，智能客服可以根据客户的情绪为问题设定优先级。例如，当识别到客户表现出挫败或愤怒情绪时，智能客服可以优先处理该客户的问题，以避免进一步升级。
- 个性化回复：情感分析可以帮助智能客服生成更具针对性和个性化的回复。例如，当识别到客户处于焦虑状态时，智能客服可以采用更加温柔、耐心的语气回复客户，帮助缓解客户的情绪。

- 转接人工客服：情感分析可以帮助智能客服判断何时需要将客户转接给人工客服。例如，当识别到客户的问题涉及复杂情感问题或客户对智能客服的回复不满意时，可以将客户转接给人工客服进行更深入的沟通。
- 客户满意度评估：企业可以通过情感分析对客户的反馈进行评估，了解客户满意度。例如，企业可以分析客户在社交媒体上的评论，从中挖掘出客户对企业产品或服务的情感态度，以便更好地改进产品和服务。
- 情感驱动的产品推荐：通过对客户的情感分析，企业可以根据客户的需求和情感状态为客户推荐合适的产品或服务。例如，当识别到客户处于疲劳状态时，智能客服可以主动推荐一款舒缓疲劳的按摩器械。

举个简单例子：一家电信运营商的智能客服采用情感分析技术。当用户向智能客服反映网络问题时，智能客服会分析用户的语言表达，识别出用户的情绪。如果用户表现出强烈的挫败感，智能客服会优先处理该用户的问题，并尝试通过更加耐心、详细的解答来缓解用户的情绪。同时，智能客服会记录用户的情感数据，帮助企业了解客户满意度，从而不断优化服务质量。

7.3.4　工单分配和优先级管理

在客户支持和服务自动化方面，工单分配和优先级管理对于提高客户满意度和提升服务效率至关重要。自动化客服可以根据问题的紧急程度、类型、客户价值等因素为工单分配优先级，并将工单自动分配给相应的团队。以下是工单分配和优先级管理在客户支持和服务自动化中的具体应用。

- 自动分类：可以对客户请求进行自动分类，识别问题类型。例如，当客户提交一个关于技术问题的请求时，系统会自动将其归类为技术问题。
- 优先级分配：可以根据问题的紧急程度、客户价值等因素为工单分配优先级。例如，针对 VIP 客户的请求可以被分配更高的优先级，以确保他们得到更快的响应。
- 自动分配：根据工单分类和优先级，会将工单自动分配给相应的团队。例如，将技术问题分配给技术支持团队，将账户问题分配给财务团队。
- 实时追踪：可以实时追踪工单状态，确保问题得到及时解决。例如，当某个问题长时间未得到处理时，系统可以自动提醒相应团队或将其优先级提升。
- 数据分析：可以分析工单数据，帮助企业优化客户支持流程。例如，通过分析工单处理时间、客户满意度等指标，企业可以找出客户支持中的瓶颈，并采取措施改进。

举个例子：一家软件公司使用自动化工单分配和优先级管理。当客户提交关于软件安装问题的请求时，会自动将其归类为技术问题，并根据客户的会员等级为工单分配优先级。接着，系统会将工单自动分配给技术支持团队进行处理。在整个过程中，系统实时追踪工单状态，确保客户问题得到及时解决。

7.3.5 自动化流程和任务管理

在客户支持和服务自动化方面，自动化流程和任务管理可以提高企业的工作效率，减轻员工负担，并为客户提供更快速的响应。智能化技术可以帮助企业自动化处理客户请求中的一些流程和任务。以下是自动化流程和任务管理在客户支持和服务自动化中的具体应用。

（1）自动验证：当客户提出请求时，可以自动验证相关信息，如订单号、客户身份等。这有助于确保客户请求的准确性，并防止欺诈行为。

（2）自动计算：可以根据预设的规则自动计算相关数据，如退款金额、优惠券抵扣等。这有助于减少人工计算错误，并提高处理速度。

（3）自动生成工单：根据客户请求，可以自动生成相应的工单并分配给相应部门。这有助于提高工作效率，确保问题得到及时处理。

（4）自动执行任务：可以自动执行一些简单的任务，如发送确认邮件、更新客户信息等。这有助于减轻员工负担，让他们能够专注于处理更复杂的问题。

（5）自动化流程监控：可以实时监控自动化流程的执行情况，及时发现并解决问题。这有助于确保流程的顺利进行，避免影响客户满意度。

举个例子：一家电商平台行自动化流程和任务管理。当客户申请退款时，系统会自动验证订单信息和客户身份，计算退款金额，然后生成相应的退款工单。接着，系统会自动将工单分配给财务团队进行处理。在整个过程中，会实时监控自动化流程的执行情况，确保退款请求得到及时处理。通过自动化流程和任务管理，该电商平台提高了工作效率，提升了客户满意度。

7.3.6 数据分析和持续优化

在客户支持和服务自动化方面，数据分析和持续优化可以帮助企业发现问题、优化服务流程和提升客户满意度。可以收集并分析客户支持数据，发现问题症结，并为企业提供改进客户服务的建议。以下是数据分析和持续优化在客户支持和服务自动化中的具体应用。

（1）收集数据：可以收集各种客户支持数据，如客户咨询记录、工单处理时间、客户满意度等。

（2）分析数据：可以对收集到的数据进行深入分析，发现潜在问题和改进机会。例如，通过对客户咨询记录的分析，找出常见问题和痛点。

（3）生成报告：可以根据分析结果生成详细的报告，为企业提供有关客户支持的关键指标和趋势信息。

（4）提供建议：根据分析结果，可以为企业提供改进客户服务的建议。例如，针对发现的普遍性问题，企业可以改进产品设计或完善售后服务。

（5）持续优化：可以持续收集和分析数据，监控改进措施的效果，确保企业不断优化客户支持服务。

举个例子：一家智能家居公司通过收集并分析客户咨询记录，发现某款智能灯具存在普遍性的安装问题。于是，该公司针对此问题，优化了安装指南，并提供了更详细的视频教程。同时，公司还加强了售后服务，确保客户在安装过程中遇到问题时能够得到及时支持。通过数据分析和持续优化，该智能家居公司改进了产品设计，提升了客户满意度。

7.4　AIGC——让自动化客服更智能

随着 AIGC 时代的到来，客户服务将再一次迎来重大发展，尤其在自动化客服的智能化方面。7.3 节提到的聊天自动化客户服务系统，也就是聊天机器人为例，它仍存在一些比较大的局限性和弊端，只能作为企业客户服务的一种辅助工具，主要是通过预设的规则和知识库来回答用户的问题和需求。这种方式虽然可以解决一些常见和简单的问题，但是对于复杂、多样化的用户需求和沟通，聊天机器人的应用局限性较大。

首先，传统聊天机器人只能根据事先定义的规则和知识库来回答问题，这种方式的局限性主要表现在以下两个方面。其一，规则和知识库缺乏灵活性，无法满足用户多变的需求，尤其是对于特殊情况的处理能力比较有限。其二，由于规则和知识库需要专业人士设置和更新，因此维护成本较高，而更新不及时会导致聊天机器人的回答失效，影响用户体验和满意度。

其次，传统聊天机器人无法进行自然语言理解和情感分析，这主要表现在以下两个方面。第一，现实生活中，用户提出的问题可能包含了复杂的语言和交际因素，例如方言、口语、上下文等。没有 AI 技术的聊天机器人无法理解这些信息，难以精准地回答用户的问题。第二，情感因素对于服务质量和用户体验非常重要。如果聊天机器人无法理解用户的情感，可能会给用户留下不专业、冷漠的印象，影响用户满意度。

另外，传统聊天机器人无法进行自适应学习和智能化回答，这主要表现在以下两个方面。第一，聊天机器人需要处理的任务非常复杂和多样化，这就需要算法和模型能够自适应地学习和优化自身，以更好地适应用户需求和沟通。第二，在回答问题的过程中，聊天机器人需要根据用户提出的问题进行推理和决策，这就需要算法和模型具备智能化回答的能力。没有 AI 技术的聊天机器人无法满足这个要求，难以提供高效、准确的服务。

那么，随着 AIGC 技术的发展，上述的这些缺陷都将被一一克服，借以提高服务质量和用户体验。概括地说，AIGC 的技术主要有以下优点。

（1）更好的自适应学习：AIGC 技术让聊天机器人通过学习和迭代分析用户的反馈和行为，能够不断地优化自身的回答和服务质量，从而更好地满足客户的需求。

（2）更好的自然语言理解：AIGC 技术使得聊天机器人可以更好地理解用户提出的问题和需求，同时也可以更加准确地进行情感分析和语义处理，实现更为细致、精准的服务。

（3）更好的情感化交互：大语言模型的聊天机器人能够与使用者进行更为自然且人性化的交互，继而产生的亲近感能帮助用户更容易接受产品和服务，从而提高其满意度和口碑等级。

7.4.1　ChatGPT——真正智能的 Chatbot

多年来，聊天机器人一直是公司寻求帮助客户获得所需的工具。同时，它也是 AI 研究人员试图解决图灵测试的方法之一。图灵测试是计算机科学家艾伦·图灵在 1950 年提出的著名的"模仿游戏",用于衡量智能:一个人与一个人和一个计算机交谈,可以分辨哪一个是人哪一个是计算机。但聊天机器人一直存在着很多问题,许多公司一直试图使用它们来处理客户服务工作,不过成功的情况却有限。一项由 Ujet 公司赞助的 1700 名美国人的研究发现,72% 的人认为聊天机器人是浪费时间。由此可见,传统聊天机器人始终无法真正替代人工客服。而几乎所有聊天机器人都有最后一个防线,那就是转人工客服。

当 ChatGPT 出现后,真正能替代人工客服的聊天机器人看上去成为了可能。ChatGPT 是一种生成式的人工智能技术,是一个由 OpenAI 在 2022 年 11 月发布的 AI 聊天机器人系统,是其兄弟模型 InstructGPT 的升级版,它能够在提示中遵循指令并提供详细的回答。无论你问什么问题,它通常都能给你一个有用的答案。与简单的聊天机器人不同,ChatGPT 可以理解上下文中的语言,记住过去的对话并快速生成诗歌、短篇小说、散文、文章和电子邮件回复等创意内容。许多人将免费工具用于娱乐目的,但商务人士也可以使用它来自动执行工作任务。但需要注意的是,ChatGPT 并不确切地知道任何东西。它只是一个经过训练的 AI,能够在大量的文本中识别模式,并在人类的协助下提供更好的对话。它的答案可能听起来合理,但也可能是错误的。

于此同时,ChatGPT 已经迅速成为互联网上广泛使用的工具。据瑞银分析师估计,2023 年 2 月,ChatGPT 已经达到了 1 亿月活用户,而这仅仅用了两个月的时间,TikTok 达到此成绩用了约 9 个月,Instagram 用了 2 年半的时间。据《纽约时报》估计,每天有 3000 万人使用 ChatGPT。它的成功背后有很多原因,其中最重要的原因是它的便利性。ChatGPT 可以随时随地为人们提供帮助,回答几乎所有被询问的问题,并且它的反应速度非常快,可以在几秒钟内给出答案,而回答通常能够满足人们的需求。

OpenAI 的基于 LLM 的 GPT-3.5 是一种智能化的服务解决方案,开发人员为其提供数十亿页的网络文本进行大数据训练。然而,开发者在 2021 年 9 月停止对其进行训练,因此该模型无法回答有关此日期之后的问题。

那么,ChatGPT 是如何真正智能化改善客户服务的呢?

ChatGPT 旨在模拟人类对话、回答客户查询、提供产品推荐,甚至处理交易。与传统的客户支持聊天机器人不同的是,生成式 AI 机器人 ChatGPT 具有深刻的上下文理解和从以前的交互中学习的能力。它利用广泛的训练数据和语言分析技术,学习人类语言的细微差别并快速调整其反应。ChatGPT 类似于自然人类会话的反应机制,提供引人入胜、信息丰富且上下文准确的回复。其潜在客户支持帮助企业提高客户满意度和品牌忠诚度,具体包括:

● 缩短响应时间,让客户得到及时的帮助;
● 减轻支持团队的工作量,让他们能够更好地专注于解决更复杂或高优先级的问题;
● ChatGPT 的个性化和准确响应能提升客户体验,特别是针对多语言的客户。

1. 基于 ChatGPT 的多语言服务支持

在多语言支持方面,ChatGPT 可以使用大型的语言模型功能来为使用不同语言的客户提供服务。ChatGPT 可以通过接受多种语言的训练,实时翻译一种语言的消息到另一种语

言（如图 7-10 所示），这使得 ChatGPT 能
够支持全球的客户服务需求。特别是对于
拥有全球客户群或正在拓展到使用不同语
言的新市场的企业而言，ChatGPT 可能更
是一种十分有用的工具。

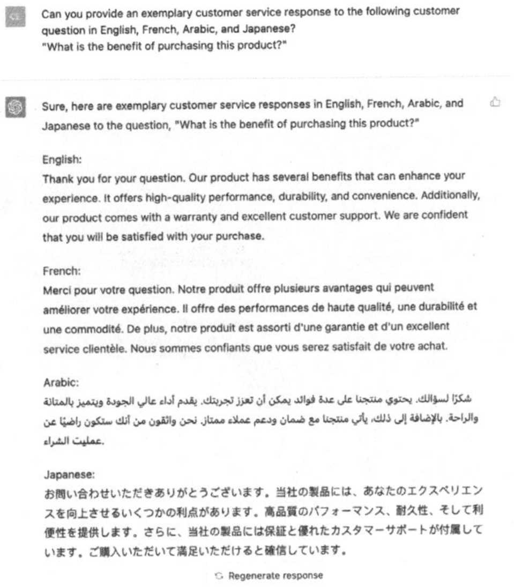

2. 基于 ChatGPT 的客户情绪分析

情绪分析是一种通过识别对产品或服
务不满意的客户情绪，从而在客户投诉升
级之前采取措施解决问题的有效工具。情
绪分析也被称为意见挖掘，它使用自然语
言处理（NLP）和文本挖掘技术来解读书
面材料的情感背景。

经过大规模数据专业培训的 ChatGPT
可以识别各种情绪，例如快乐、悲伤、愤
怒和沮丧。当客户发送消息时，ChatGPT
可以分析客户的情绪状态，并提供相应的回复。

图 7-10　ChatGPT

除了实时客户服务，ChatGPT 的情感分析还可用于识别客户情绪随时间变化的模式和
趋势。通过分析数周或数月内的客户消息，公司可以确定他们需要改进的产品或服务的领
域。此外，ChatGPT 可以生成合成的情绪文本数据，以缓解情绪分析数据不平衡的问题，
这在教育和客户服务等许多生产环境中都得到了广泛应用。如图 7-11 所示。

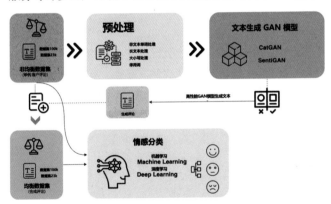

图 7-11　基于 ChatGPT 的客户情绪分析

3. 基于 ChatGPT 的个性化回应

ChatGPT 还可以利用当前的客户数据进行训练，例如过去的购买订单、聊天记录、客
户反馈等，为每位客户创建个性化档案。当客户发送消息时，ChatGPT 根据客户的特定需
求和偏好提供个性化响应。例如，如果客户以前购买某种特定产品，ChatGPT 可以推荐
补充产品或提供使用该产品的有用提示。如果客户过去对产品或服务的某个方面表示不满
意，ChatGPT 可以提供类似人类的响应解决其顾虑并提供潜在的解决方案。

ChatGPT 可整合到多种社交媒体软件或其他渠道中，例如微信或者是 WhatsApp，使企业能够快速解决客户的关键问题，如订单状态、交货更新、付款提醒、产品使用教程、常见问题回答、服务延迟等，如图 7-12 所示。

图 7-12　基于 ChatGPT 的个性化回应

4. 基于 ChatGPT 快速响应客户查询／投诉并提供自动回复

ChatGPT 熟练掌握理解和回答常见问题的技能，这些 AI 聊天机器人可以提供即时、准确的信息，以满足客户查询的需求并大大缩短等待时间。

以在线服装及饰品网店零售商为例，他们收到的最常见客服问题之一可能与订单状态有关。客户想知道他们订单何时发货、何时到达，以及是否会有任何的延误。例如，客户可能会问：“我的订单何时发货？”聊天机器人可以轻松提取数据库中的相关信息并快速回答，如“您的订单定于明天发货，您将收到一封包含跟踪信息的发货确认电子邮件，或在聊天框中直接提供物流追踪的链接”。

ChatGPT 可以接受进一步的定制化培训，以识别和响应常见的客户投诉，例如产品质量问题、运输延迟或计费错误等。当客户发送带有投诉的消息时，ChatGPT 可以分析该消息并提供响应以解决客户的顾虑并提供潜在的解决方案。来自 ChatGPT 的 AI 生成的善解人意、符合上下文的回复可以有效地解决客户的不满。AI 聊天机器人可以对客户投诉做出类似人类的信息回复，表明已经收到客户的反馈，并将迅速采取解决方案，如图 7-13 所示。

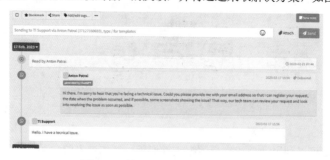

图 7-13　基于 ChatGPT 的自动回复

ChatGPT 的快速响应可以通过为遇到问题的客户提供及时有效的支持，从而帮助提高客户满意度。通过快速响应投诉，公司可以减少负面评论发生的可能性，并提高整体声誉和品牌形象。

5. 基于 ChatGPT 自动 / 辅助生成客户电子邮件

ChatGPT 可以利用客户信息为特定客户创建定制的电子邮件模板。当公司需要发送电子邮件时，ChatGPT 可以根据客户的个人偏好和需求生成一封个性化电子邮件。

例如，如果客户最近购买了产品，ChatGPT 可以生成附加信息的电子邮件，附上使用技巧或产品相关信息。如果客户遇到产品或服务问题，ChatGPT 可以生成电子邮件回复他们的顾虑并提供潜在的解决方案（如图 7-14 所示）。

6. 基于 ChatGPT 回复客户评论、回答常见问题等

当客户在在线评论平台或公司的网站上发表评论时，ChatGPT 可以生成回复以解决客户的问题或提供潜在的解决方案或帮助。及时有

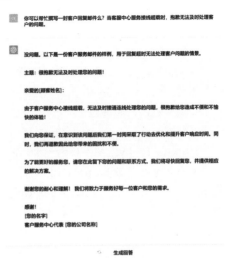

图 7-14 回复电子邮件

效地回应负面评论或反馈可以减少负面影响并提高整体声誉和品牌形象。

ChatGPT 可以接受培训以识别和回答常见的客户问题，并可以用于公司的 FAQ 页面或知识库。当客户发送问题消息时，ChatGPT 可以分析并提供答复或将其引导至其他已有的信息资源。

使用 ChatGPT 回答常见问题可以提高客户满意度，并减少客户服务代表的工作量，因此在客户服务领域中使用 ChatGPT 的优点显而易见。ChatGPT 具有自动化、可扩展性和全天候即时响应的特点，是客户服务行业的颠覆性工具，如图 7-15 所示。

图 7-15 回复客户评论

7.4.2 基于 ChatGPT 的商业应用案例

1. Snapchat

Snapchat 在 2023 年 2 月 28 日推出了一个名为"My AI"的实验性功能，该功能在

ChatGPT API 上运行。这个功能将被置顶在应用程序的聊天标签上，供 Snapchat Plus 订阅者使用。尽管该功能目前仅限于 Snapchat Plus 订阅者使用，但该公司的最终目标是将"My AI"提供给 Snapchat 的 7.5 亿月活跃用户。

"My AI"本质上只是 Snapchat 内部的移动友好版本，其主要区别在于回答问题时更加受限。Snapchat 的员工已经训练过"My AI"，遵守公司的信任和安全指南，不会给出包含脏话暴力、色情内容或政治等危险话题的答复。同时，"My AI"也不会回答一些被禁止的问题，比如询问关于各种主题的学术论文。当更多人开始使用该功能并向其报告不当的回答时，Snapchat 计划继续调整"My AI"。

Snapchat 将"My AI"视为一个新的角色，而不是一个搜索引擎。"My AI"的个人资料页面看起来和其他 Snapchat 用户的个人资料一样，旨在成为 Snapchat 中的另一个朋友，供用户与之交流。这种设计为 Snapchat 省去了一些麻烦，因为支持聊天机器人的模型可能会存在道德问题，给出错误的答案或幻觉。这可能会阻止较大的竞争对手（如谷歌和Meta）进入这个领域。Snapchat 处于不同的位置，它有一个年轻且看似庞大的用户群，但其业务正在苦苦挣扎。"My AI"在短期内可能会让公司付费订阅者数量提升，并最终为公司开拓新的赚钱方式。

Snapchat 是 OpenAI 新企业方案级别"Foundry"的首批客户之一，这意味着该公司能够使用专用计算运行最新的 GPT-3.5 模型，以获取更好的回答和更好的用户体验。"My AI"的推出表明 Snapchat 正在不断努力提升其技术以支持市场需求，并致力于为用户提供更好的服务。然而，"My AI"功能在道德、法律和隐私方面面临着困境，因此，Snapchat 必须谨慎并遵守相关规定，如图 7-16 所示。

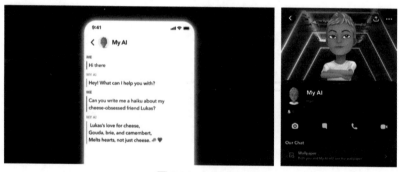

图 7-16　Snapchat

2. Instacart

Instacart 是一家美国生鲜电商公司，以提供在线生鲜杂货配送服务为主。公司近期计划将 OpenAI 的 ChatGPT 聊天机器人技术整合进其配送 App，以提升顾客服务水平、营销效果和公司的自动化任务能力。据相关负责人表示，该新技术预计将于今年后半年推出。JJ Zhuang 是 Instacart 的首席架构师，其表示"购物可能需要很大的心智负担，需要考虑很多因素，如预算、健康和营养、个人口味、季节性、烹饪技巧、准备时间和食谱灵感。如果 AI 能承担这种心理负担，我们就可以帮助通常负责购物、计划餐食并将食物放在餐桌上的家庭成员，并使购物变得真正有趣。"这项全新 AI 技术的整合是 Instacart 公司在尝试让智能科技更好地服务客户方面的又一举措。

ChatGPT 服务将通过整合公司自主研发的 AI 技术和产品数据与在 80000 多个零售合作伙伴店铺的数据一起使用。具体而言，ChatGPT 技术将在超市店铺中与其他数据一起让消费者更好地了解店铺产品和位置，并提出特定的需求，例如，"我应该为家人做什么早餐？""我的最爱食谱有什么健康的替代品？""我如何做出美味的玉米饼？"这些问题可以在 App 中得到很好的回答和处理。

对于消费者来说，这项新技术会让购物变得更加简便。通过在 App 搜索框中输入关键词，例如"午餐"，系统会自动弹出更具体的搜索选项，例如"我应该吃什么午餐？""有哪些实惠的午餐选择？""我孩子的午餐应该选什么？"经过用户的选择，App 将自动查询相应的商品，并让用户直接添加到 Instacart 订单中，减轻了用户的购物负担，提高了用户的购物习惯和购物体验。

这项新技术整合不仅对消费者有利，对 Instacart 公司来说，也很有益。在延续"为顾客服务"这一公司价值观的同时，Instacart 公司还将通过这项技术整合实现更高效、更智能的自动化任务。根据一份调查显示，有 49% 的用户称感到疲惫是阻碍他们去商店购物的主要因素，在这种情况下，通过这项技术整合，消费者可以借由 AI 的帮助来进行百货购物，从而减轻他们的心理压力。

由此可见，该项新 AI 技术的整合不仅符合消费者的需求，而且有望提高整个杂货市场的智能化水平。该技术整合也标志着零售业在利用人工智能和自然语言处理技术来增强用户购物体验方面的趋势。目前，这项技术正在全球许多不同的地方得到广泛的应用，例如在欧洲的生鲜电商 Supermercato24 公司、亚马逊的超市 Amazon Go 等。在未来，AI 及相应的技术还将在提高供应链效率、降低获客成本等方面发挥重要作用，如图 7-17 所示。

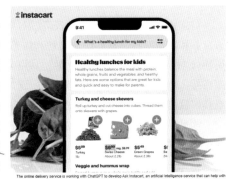

图 7-17　Instacart

3. Shopify

Shopify 也是近期将 ChatGPT 助手添加到其产品中的公司，在 SHOP 应用程序中，推出了一款新的 AI 动力购物助手。在 SHOP 发布的演示中，用户会收到一条消息，上面写着"还不知道要找什么？试试向我们的购物助手寻求帮助"。

之后，通过一系列交互，例如用户说他们想学习如何制作肥皂，购物助手会问他们是想要寻找特定类型的肥皂制作方法，还是想要一份关于肥皂制作的通用指南，并询问用户是否曾经制作过肥皂还是初学者。基于用户的输入，购物助手随后建议从 SHOP 应用程序中的各个商家中挑选相关产品。

SHOP 是一款注重缩小商家与顾客之间差距的 Android 和 iOS 消费购物应用程序。这个应用程序实际上是 Arrive 的升级版本，Arrive 本来是 Shopify 商家的包裹跟踪工具。

SHOP 旨在处理购物中的小事，使客户的体验更加顺畅和方便，同时，该程序对商家及客户均保持免费。

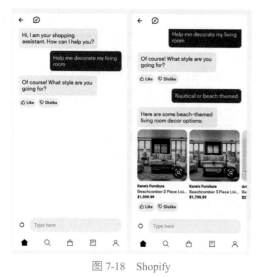

图 7-18　Shopify

商家可以在其 Shopify 商店中启用 SHOP 功能。这有助于加速结账流程，它会保存客户的信息，以便下次可以一键完成购买。

此外，使用 SHOP 应用程序，顾客可以跟踪订单、浏览推荐产品、关注商店等。顾客可以获得订单详细信息并收到有关放弃购物车的通知。

SHOP 应用程序列出客户所有曾经接触过的 Shopify 商店资料，甚至可以关注应用程序上的未知商店并得到其产品推荐。同时，它还帮助小企业通过展示客户附近的业务和是否有取货功能等来扩大业务，如图 7-18 所示。

7.4.3　ChatGPT+RPA：下一代全智能化客户服务系统

前文所述的 ChatGPT 技术，可以对自然语言进行处理和分析，使机器可以理解和生成语言并和客户对话，帮助快速理解和解答问题。但在实际满足客户需求的情景中，ChatGPT 更加倾向于理解客户的需求，并生成面对客户的文字类回复，对于完成实际操作的任务，或者接入对应的功能方面，则具有一定的短板。简而言之，ChatGPT 技术更像是一个诊断工具，拥有强大的沟通与判断能力，但缺乏接入实际应用场景实现直接解决问题的能力。

因此，在未来可以预见的是随着 ChatGPT 的风行全球，智能客服"理解需求"方面的能力出现大幅上升，随之而来的就是"解决问题"的客户需求将逐渐成为新的竞争焦点。在当前的技术背景下，采用 Robotic Process Automation（RPA）与 ChatGPT 类模型的结合，其实就能较好地满足客户的需求。

RPA 是一种自动化技术，可以利用预定义的程序和算法，自动完成重复性和简单的工作。通过 RPA，ChatGPT 驱动的 AI 机器人可以模拟人类的操作，与软件系统进行交互并执行任务。这种自动化技术可以大大提高企业的效率和效果，减少错误率和成本。

通过将 RPA 与 ChatGPT 集成，公司可以通过自动化重复性任务来增强客户体验。比如，当客户联系客户服务要求重置密码时，ChatGPT 可以提示客户输入电子邮件地址。使用 RPA，系统可以自动验证电子邮件地址，检索客户的账户信息并重置密码。

除了自动化重复性任务外，RPA 还可以使 ChatGPT 访问客户与公司的历史记录。通过这种方式，ChatGPT 可以根据客户以往的互动提供个性化建议，并推荐可能感兴趣的产品链接。这种个性化的方法可以帮助提高客户的参与度和忠诚度，并增加销售额。

此外，RPA 还可以提高响应时间，因为 ChatGPT 的驱动可以同时处理更多的客户查询。这意味着客户不再需要等待很长时间才能得到解答，而基于 RPA 技术，客户可以在聊天界面实现一键解决通用需求，从而可以获得更令人满意的客户体验。通过将 RPA 与聊天机器人相结合，公司可以提高客户满意度，提高效率，进而推动业绩的增长。

技术篇

人工智能的目标，不是要让机器模仿人类，而是要让机器拥有人类智慧的能力。

——约翰·麦卡锡（John McCarthy）

第 8 章　AI 技术入门

8.1　机器学习基础

自从计算机被发明以来，人们一直在试图让计算机帮助人类完成一些工作，从简单的数学计算到复杂的自然语言处理和图像识别，这些尝试的推动力是人工智能技术的发展。人工智能是一种模拟人类智能的技术，它使得计算机能够像人类一样思考、学习和做出决策。其背后有许多不同的原理和技术，本章将从简单的例子出发，阐述一些基础的人工智能技术与工作原理。

8.1.1　从统计说起——概率论

1. 认识概率

概率论是数学的一个分支，它研究随机现象的数量规律。在自然界和现实生活中，一些事物是相互联系和不断发展的。根据现象与结果是否有必然的因果联系，可以分成两大类：确定性现象和不确定性现象。确定性现象指在一定条件下，必定会导致某种确定的结果，这种联系是必然性的。不确定性现象在一定条件下的结果是不确定的，即人们在未做观察或试验之前，不能预知其结果。例如，向桌上抛一枚硬币，我们不能预知向上的是字面还是花面；随机找一户家庭调查其收入情况，我们不能预知其收入是多少。因此，在日常生活中，概率论的知识无处不在。

概率，简单地说，就是一件事发生的可能性的大小。比如太阳从东方升起，水从高处流往低处，物体热胀冷缩，在力的作用下运动的物体产生加速度……都是确定性事件，这件事发生的概率就是 100% 或者说是 1，因为它肯定会发生；而太阳从西方升起的概率就是 0，因为它肯定不会发生。但生活中的很多现象是既有可能发生，也有可能不发生的，比如某天会不会下雨、一篇文章开头的字是什么等，这类事件的概率就介于 0 和 100% 之间，或者说 0 和 1 之间。那么，我们应该如何确定这类事件的概率呢？比如明天会不会下雨，我们经常从天气预报里获知到这个信息，天气预报局通过历史的天气情况，运用许多概率论相关的知识统计分析得出了明天下雨的概率。为了更好地理解相关知识。

这个时候可能会有很多人联想到频率，频率是指在相同的条件下，进行了 n 次试验，在这 n 次试验中，事件 A 发生的次数 m 称为事件 A 发生的频数，次数 m 与试验总数 n 的比值即为频率。随着试验次数 n 的增加乃至趋于无穷，事件 A 出现的频率逐渐稳定于某一个常数，这个数值即为事件 A 的统计概率。概率和频率之间的关系是：通过经验频率得到在未来发生某一事件的可能性概率。因此，如果我们能够得到事件发生的频率，那么就可以预估在相同条件下，事件在未来的一次中发生的概率。

但是在现实生活中，我们不可能把一个试验重复执行无数次来得到统计概率。比如我们都知道抛硬币字面朝上的概率是 0.5，英国著名的数学家卡尔·皮尔逊在 20 世纪早期通过大量的投硬币实验来验证硬币的公正性，他抛了 24000 次硬币，字面朝上的次数为 12012，频率为 12012/24000 = 0.5005。显然，再硬核的数学家也不可能无限地抛硬币，实验得到的频率只能接近于概率。那么，为什么我们能确信抛硬币字面朝上的概率是 0.5 呢？这就需要引入一个新的概念：古典概型。古典概型是一种特殊的概率模型，它适用于试验样本空间只有有限个样本点且每个样本点出现的可能性相同的等可能随机试验。具体来说，对于一个古典概型的试验，它满足以下两个条件：试验的所有可能出现的基本事件只有有限个；每个基本事件出现的可能性相等。回顾我们前面所举的例子，从一句话中随机选取一个汉字，这句话中的汉字只有 6 个（有限个），随机选取 6 个中的某一个是等可能的，显然是符合古典概型的两个条件的。

根据古典概型计算概率：古典概型中各个基本事件发生的概率相等，而所有事件均是囊括了一定数量基本事件的"复合型事件"。那么以基本事件为基数 1，"复合事件"包含的基本事件数为 m，样本空间包含的基本事件数为 n，那么每个"复合事件"发生的概率为 m/n。还是拿上面的例子来计算，这句话一共有 6 个汉字，随机选到某一个汉字就是所谓的基本事件，即 6 个基本事件，以奥运口号"更快更高更强"为例，我们将随机选取汉字记为事件 A，事件 A 只有 4 种结果，分别是"更""快""高""强"。我们将选到"更"的概率记为 P（A="更"），已知"更"在句子中有 3 个，即选到"更"所包含的基本事件数量为 3，所以"复合事件"的概率 P（A="更"）= 3/6 = 1/2，同理我们可以知道选到其他几个汉字的概率，如表 8-1 所示。

表8-1　选中字的概率

事件 A	"更"	"快"	"高"	"强"
概率 P	1/2	1/6	1/6	1/6

从这个例子中我们知道了应该如何计算古典概型的概率，生活中有不少例子都符合这个定义，比如之前提到的抛硬币、掷骰子、计算一群人中至少 2 个人生日相同的概率等。然而，生活中还有更多情况是不满足古典概型的，比如天气预报，虽然只有下雨、晴天、多云等有限种情况，但每种天气的出现可能性并不相等，不能当成基本事件去简单计算。面对这种问题，我们可能会想到之前提到的频率：通过进行大量试验，得到在大量试验中某一具体试验的发生次数占总体试验次数的比率，以经验频率来代替下一次事件发生的概率。也就是通过统计历史数据，比如 10 年内每种天气的出现频率，来作为明天的天气预估。实际上，这种想法就是统计学中的频率学派。

2. 频率论和贝叶斯方法

对于不确定性的度量，统计学里至少有两种不同的考虑方式，这导致了两种不同类型的推理 / 决策方法，我们称为频率论（Frequentist）和贝叶斯方法（Bayesian methods）。频率学派与贝叶斯学派的最主要区别：是否允许先验概率分布的使用。频率学派不假设任何的先验知识，不参照过去的经验，只按照当前已有的数据进行概率推断；贝叶斯学派会假设先验知识的存在，然后再用采样逐渐修改先验知识并逼近真实知识。这里我们提到了一个新的概念：先验知识或者说先验概率。先验概率的定义是根据以往经验和分析，在实验或采样前就可以得到的概率。比如大家都知道太阳从东边升起的概率是 1，抛质地均匀的硬币字面朝上概率是 0.5。这些都是我们根据日常生活中的经验，在实验之前给出的一个估计。与之相对的还有一个后验概率，它的定义是在已经得到新的信息或数据后，对事物发生概率重新估计得到的概率，也就是在先验概率的基础上，根据新的观测数据计算出来的概率。在贝叶斯推论中，前一次得到的后验概率分布可以作为后一次的先验概率。对于频率学派，先验知识并不存在，只有当前数据能用来统计概率。但实际上，在数据量趋近无穷时，频率学派和贝叶斯学派得到的结果是一样的，也就是说频率方法是贝叶斯方法的极限。当考虑的试验次数非常少的时候，贝叶斯方法的解释非常有用。

频率论和贝叶斯方法都是统计学中常见的方法，每种方法都有其独特的优点和缺点。频率论的优点在于不需要假设一个先验分布，因此更加客观和无偏。在某些保守领域，如医药和法律，频率论方法比贝叶斯方法更受信任，因为其不会受到主观因素的影响。虽然频率论方法易于实施，但难以解释其结果。相比之下，贝叶斯方法中的所有参数都是随机变量且都有分布，这使得使用基于采样的方法如 MCMC 算法更容易构建复杂模型。因此，贝叶斯方法在某些领域中更受欢迎，如机器学习等需要处理大量数据和构建复杂模型的领域。

抽象地说，频率学派和贝叶斯学派对于现实世界的认知存在本质差异。频率学派主张世界是确定的实体，其真实值是不变的。因此，我们的目标是要找到这个真值或者真值的范围。贝叶斯学派则认为世界是不确定的，人们在观测数据之前会有一个先验预测，然后通过观测数据对这个预测进行调整，以期找到最佳的概率分布来描述这个世界。综上所述，频率学派注重数据的抽样和假设检验，而贝叶斯学派则更注意先验知识的建模和更新，以及对未知参数的后验推断。这种基本认知方式的不同，导致了频率学派和贝叶斯学派在统计推断、参数估计和模型选择等方面所采用的方法和工具也有所不同。

在对事物建模时，我们用参数 θ 表示该模型的特征。需要注意的是，解决问题的核心在于求解 θ。

基于频率论的方法，可使用简单的 z-test 进行假设检验。统计假设检验允许在数据不完整的情况下做出决策，但这些决策通常是不确定的。虽然统计学家制定了方法来评估风险，但在决策过程中仍存在主观性。理论只是帮助我们在不确定的世界中进行决策的一种工具。

频率学派认为，存在唯一的真值 θ。例如，抛硬币字面朝上概率可以用 P（head）表示，抛 100 次硬币，有 30 次字面朝上，则硬币字面朝上的概率 P（head）=θ=30/100=0.3。在数据量趋于无穷时，该方法能够给出精确的估计，但数据量不足时可能会产生偏差。例如，对于一枚均匀硬币，即真正的 θ=0.5。我们抛掷 5 次硬币，有可能出现 5 次硬币字面朝上，这时频率学派会估计该硬币的 θ=1，这是一个严重的错误。

以贝叶斯理论为基础的方法将未知参数视为随机变量，类似于实验中使用的变量。关于参数变量的先验知识被整合到模型中，随着观测到的数据不断增加，这些知识会被不断更新。频率论方法认为概率是在样本数量趋于无穷时频率的极限，与频率论方法不同，而贝叶斯方法将概率解释为一种信念，这种信念会随着观测数据的增加而不断更新。

之前的频率学派认为 P（head）是一个固定的值，但在贝叶斯理论中，我们将硬币字面出现的概率 P（head）视为随机变量。初始时，这个变量服从先验分布，这个分布表示我们在投掷硬币之前对 P（head）的了解。我们将在每次试验后更新这个分布，得到后验分布。

对事物建模时，贝叶斯学派认为参数 θ 是一个随机变量，服从某种概率分布。贝叶斯

学派的输入有两个，即先验分布和似然函数，输出则是后验分布。先验分布 $P(\theta)$ 代表在没有观测到数据前，我们对参数 θ 的初始看法。例如，对于一枚硬币，我们可能会先验认为这个硬币是均匀的。似然函数 $P(x|\theta)$ 则是在假设 θ 已知的情况下，观测到数据应该呈现的样子。后验分布 $P(\theta|x)$ 则是最终的参数分布。以抛硬币为例，如果我们认为这个硬币是均匀的（例如服从最大值在 0.5 处的 Beta 分布），并同样抛了 5 次硬币得到 5 次字面，那么 P（head）（即后验概率）将是一个分布，最大值不会是 1，而是介于 0.5 到 1 之间。

实际上，随着数据量增加，参数分布将逐渐向数据靠拢，先验的影响力将逐渐减小，频率学派和贝叶斯方法也将殊途同归。而如果先验分布是均匀的，则贝叶斯方法等同于频率方法。因为均匀先验本质上表示对事物没有任何先验知识。

3. MAP 和 MLE

MLE（最大似然估计）和 MAP（最大后验概率）是用于估计概率分布的方法。它们都使用单一逼近来估计概率分布，而不是获得完整的概率分布。在机器学习中，MLE 更为普遍，有时我们甚至会在不知情的情况下使用它。例如，当我们用数据集来拟合高斯分布时，可以使用数据集样本均值和样本方差作为高斯分布的参数，这就是 MLE。机器学习和深度学习中的大多数分类问题也可以解释为 MLE。相比之下，MAP 的核心思想是利用先验知识，将概率密度函数中的参数估计问题转化为一个后验概率最大化的问题。例如，在手写数字识别任务中，我们可能已经知道一些数字的样本数据，可以将这些数据用作先验知识，以此来识别新的数字样本数据中与之相似的特征。

MAP 方法的优点在于，它可以利用关于参数的先验信息来提高参数估计的准确性。特别是在数据量较小或噪声较大的情况下，MAP 方法可以更好地避免过度拟合数据。而且 MAP 方法也可以用于估计分布的未知参数，例如高斯分布的均值和方差等。当然，MAP 方法也存在一些缺陷。首先，它需要先验分布的先验知识，而这个先验知识的选择可能会对估计结果产生显著影响。其次，MAP 方法可能导致估计值偏向先验分布的中心，而无法准确反映数据的真实情况。另外，MAP 方法在计算上也有一定的复杂度，例如需要求解多维积分或优化问题。

相比之下，MLE 提供了一种给定观测数据来评估模型参数的方法。简单地说，对于给定的一组观测数据，我们可以找到一个概率分布来描述它们，但分布的参数是未知的。这时，MLE 可以用来求解这个分布的参数。或者可以说给定已知事件（例如抛硬币 n 次的结果），MLE 可以用来求解在什么条件下该事件最可能发生（例如硬币字面朝上的概率）。理想情况下，对于少量的样本观测，我们观测到的样本很可能就是最可能发生的。

MLE 是一种参数估计方法，其目标是找到一组参数，使得在这个参数组下，观测数据出现的概率最大。类比于射箭，MLE 的任务就是找到一个能够命中已知箭靶位置的射手。假设我们有一组身高数据，想要估计这个群体的平均身高，那么 MLE 就是寻找一个平均身高，使得这个平均身高下，这些数据出现的概率最大。

而 MAP 则是在 MLE 的基础上，加入先验概率的信息。同样类比于射箭，假设我们知道这个射手在以前的射击中，打中靶心的概率是多少，那么我们就可以利用这个信息来更好地估计他的箭落点。在实际应用中，由于 MLE 需要大量的数据来支持，而且可能会造成过拟合，因此 MAP 通常在缺乏足够数据或需要引入先验知识的情况下使用。

　　总的来说，最大似然估计和最大后验概率估计都是常见的参数估计方法。它们的主要区别在于是否考虑先验知识。MLE 可以被视作 MAP 的一种特例，即当先验概率为均匀分布时，MLE 和 MAP 是等价的。在实际应用中，我们通常会根据数据的情况来选择使用哪种方法进行参数估计。如果我们缺乏先验知识或者相信先验知识对估计结果的影响不大，那么 MLE 是一个很好的选择。而如果我们有足够的先验知识或者需要更加准确地估计参数值，那么 MAP 可能更适合我们的需求。需要指出的是，选择哪种方法进行参数估计还取决于所需的计算资源、数据规模以及模型复杂度等因素。因此，在实际应用中，我们需要综合考虑多个因素来做出最佳选择。

8.1.2　试图让机器学习（机器学习）

1. 机器学习的定义和分类

　　1956 年，阿瑟·萨缪尔（Arthur Samuel）编写的西洋跳棋程序战胜了他自己，3 年后萨缪尔提出了机器学习的概念：机器学习是这样的一个研究领域，它使计算机无须明确编程即可自主学习。换句话说，机器学习研究和构建的是一种特殊算法（而非某一个特定的算法），能够让计算机自己在数据中学习从而进行预测。

　　机器学习其实是很多种算法的统称，大众熟知的深度学习就是其中之一，其他方法还包括决策树、贝叶斯分类、聚类等。深度学习可以自动执行大部分特征提取过程，消除某些必须的人工干预，并且可以使用更大的数据集。常规的机器学习更依赖人工干预进行学习，需要人类专家确定一组特征，以了解数据输入之间的差异，通常需要更为结构化的数据进行学习。机器学习的灵感来自于人类的学习行为，依赖人工智能（AI）的发展和计算机科学的进步，尤其是数据处理和算法优化方面的技术发展。其中，统计学、优化理论、信息论等学科的理论基础为机器学习的发展提供了坚实的基础。

图 8-1　深度学习

　　机器学习是人工智能的子领域，而深度学习又是机器学习的一个子领域。所以人工智能、机器学习、深度学习的关系可以用图 8-1 来表示。

　　从机器学习的概念诞生至今，机器学习的发展历程可以分为以下几个主要阶段。

　　（1）20 世纪 50 年代到 70 年代：推理阶段。人们认为只要给机器赋予逻辑推理能力，机器就能具有智能。这一阶段的代表性工作主要有 A. Newell 和 H. Simon 的"逻辑理论家"程序以及此后的"通用问题求解"程序等。然而，随着研究向前发展，人们逐渐认识到，仅具有逻辑推理能力是远远实现不了人工智能的。E.A. Feigenbaum 等人认为，要使机器具有智能，就必须设法使机器拥有知识。

　　（2）20 世纪 70 年代到 80 年代：知识阶段。在这一时期，有大量的专家系统问世，在很多领域应用并取得了重大成果。E.A. Feigenbaum 作为"知识工程"之父还在 1994 年获得了图灵奖。但是，人工将大量知识总结后再教给计算机是相当困难的，所以专家系统面临知识获取的瓶颈。于是，有学者想到能否让机器自己学习知识。

（3）20 世纪 80 年代到 90 年代：归纳学习阶段。这一阶段被研究最多、应用最广的是"从样例中学习"，即从训练样例中归纳出学习结果，它涵盖了监督学习和无监督学习。"从样例中学习"的一大主流是符号主义学习，其代表包括决策树和基于逻辑的学习。另一主流技术是基于神经网络的连接主义学习，著名的反向传播算法就诞生于这一阶段（1986 年），对后续机器学习的发展产生了深远的影响。到了 90 年代中期，统计学习出现并迅速占据主流舞台，代表性技术是支持向量机（SVM）以及更一般的"核方法"。

（4）21 世纪初至今：深度学习阶段。21 世纪初，连接主义学习又卷土重来，掀起了以"深度学习"为名的热潮。这个阶段的机器学习方法主要基于深度神经网络，通过多层次的非线性变换来实现智能。这个阶段的代表性算法有卷积神经网络、循环神经网络等。

可以看到，机器学习的研究发展有着一条自然且清晰的脉络：从以"推理"为研究重点，到以"知识"为研究重点，再到以"学习"为研究重点，如图 8-2 所示。

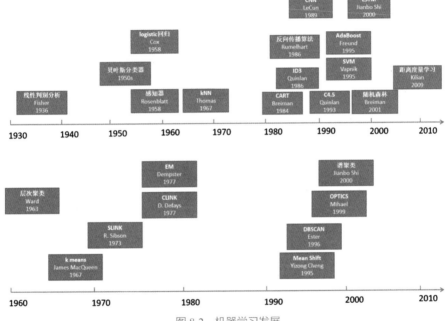

图 8-2　机器学习发展

关于机器学习的定义，机器学习"教父"Tom Mitchell 的一句话也被广泛引用：对于某类任务 T 和性能度量 P，如果一个计算机程序在任务 T 上以 P 衡量的性能随着经验 E 而自我完善，那么我们称这个计算机程序在从经验 E 学习。简单来说，机器学习是一个能从输入的经验（训练数据）中学习，从而表现越来越好的计算机程序。总体而言，机器学习是围绕着任务、性能度量、经验展开的，如图 8-3 所示，下面对三者做进一步拆解。

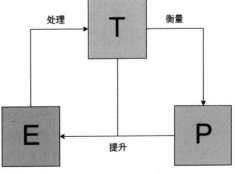

图 8-3　机器学习示意图

经验 E：

单说"经验"一词可能比较抽象，它既可以是文字、图像，也可以是日常交流的对话等，属于知识的范畴。而对于机器学习来说，经验必须被表示为计算机可以处理的形式——数据，或者说是能直接计算的数值，比如矩阵。所以，在机器学习的过程中，涉及大量的数据处理流程，例如对文字进行编码、将图像数字化等。为了能让机器学习到这些经验，还需要更进一步地提取数据中的特征和模式，以便进行分类、预测或决策。这其实跟人类的学习过程相似，我们会通过观察、实验和总结等方法来形成知识和经验，从而能够更好地理解世界和进行决策。

举个简单的例子，语文课上老师教学生认识汉字，老师在黑板上写了"一""二""三"，然后告诉学生"一是一条横线，二是两条横线，三是三条横线"，通过不断地口述、让学生书写等方法重复这个教学过程，学生的大脑就在这个过程中不断地学习、总结这些汉字的特点，当重复的次数足够多之后，学生就认识了这些汉字。放到机器学习中，老师写的"一""二""三"其实就是训练集，用"几条横线"来区分汉字就是特征，学生的识字写字过程就是建模，最后得出规律认识汉字就是模型训练完成了。机器学习的过程也是这样，通过不断建模所给数据的特征，最后形成各种任务中有效的模型，从而帮助我们更好地理解和应对现实世界中的问题。

任务 T：

经验或者说数据的形式在一定程度上决定了任务的形式，根据数据是否有标签以及标签的形式，引出机器学习的三种主要类别：有监督学习、无监督学习、强化学习。

有监督学习需要使用标记好的数据来训练模型，以便模型能够预测新数据的标签或值。简单来说，就是让机器学习一个"规律"，使它可以自动地对新数据进行分类或预测。举个例子，如果我们想要训练一个模型来自动识别照片中的猫和狗，需要给机器提供一些已经标记好的照片，告诉机器哪些是猫，哪些是狗。然后，我们就可以用这些数据来训练一个分类器，让它能够自动地对新照片进行分类，并判断出它们是猫还是狗。这种通过人工打标签来帮助机器学习的方式就是监督学习。这种学习方式效果非常好，但是成本也非常高，因为往往需要大量的人工标记数据才能让机器学得好。

无监督学习不需要使用标记好的数据来训练模型，而是通过对数据的统计分析、聚类、降维等操作，来挖掘数据中的隐藏结构和模式。还是以上面自动识别照片中的猫和狗为例，这次我们有一堆猫和狗的照片，但没有给这些照片打任何标签，机器在学习的过程中就会把照片分成两类，一类只有猫的照片，一类只有狗的照片。实际上机器并不知晓哪一类是猫，因为我们并没有告诉它，它只是根据照片中的特点分成了两类，这种学习过程一般称为聚类，顾名思义就是把相似的东西聚成一类。

显然，相比于有监督学习，无监督学习更具有灵活性和可扩展性，减少了人工标记的干预过程，能够在数据探索、预处理等各个环节发挥重要作用。当然，由于缺乏人工标记，在同等数据量的情况下，无监督学习的表现大多数是不如有监督学习的。但也是因为不依赖人工标记，我们可以用上更大规模的数据。比如我们有一个大型的客户数据集，里面包含了很多客户的信息，但是我们并不知道这些客户之间的关系。我们可以使用无监督学习的方法，如聚类算法，将这些客户分成若干个群体，每个群体内部的客户具有相似的特征，而不同群体之间的客户特征则有所不同。这样，我们就可以更好地理解这些客户，为他们提供更好的服务或产品。

强化学习通过试错来学习如何在一个复杂环境中做出最优决策。在强化学习中，模型不需要预先学习如何处理输入数据，而是通过与环境进行交互来学习如何做出正确的决策。举个例子，比如我们要训练一个机器人来从起点走到终点。在强化学习中，我们会让机器人进行多次尝试，每次机器人都会从起点出发，通过不断地试错来学习如何在地图上找到最短的路径。在每次尝试中，机器人会观察当前位置和周围的环境，然后根据当前状态选择一个行动，比如向前移动一格或者向左转。如果机器人选择的行动导致到达了终点，那么它将获得一个奖励，否则将受到惩罚。通过不断地尝试和调整，机器人最终能够学习到如何找到最优路径。

在强化学习中，通常会使用价值函数、策略网络、Q-learning 等算法来进行决策。相比于监督学习和无监督学习，强化学习更适合处理动态环境下的决策问题，例如自动驾驶、游戏智能等。强化学习的应用非常广泛，能够帮助我们解决很多实际问题，例如优化调度、资源管理、金融交易等。

性能度量 P：

此处的性能指的是学习任务通过数据学得的模型表现的优劣程度，也是有监督学习任务的评判方式（无监督学习无法直接评判），以此作为模型评价和模型选择的依据。性能评判过程既可能发生在模型训练阶段，也可能发生在模型训练后的模型选择阶段。

对于不同的任务，模型性能的评价指标也不同；而对于相同的任务，评价指标也有多种，甚至对于数据特性不同的任务，也可以选择特定的评价指标以关注特定的点，例如模型在不平衡样本中可以选用 PRC（Precision Recall Curve）作为一个评价指标。本质上，评价指标度量了模型预测和真实之间的差异。

在实践过程中模型性能的评估主要包括三个步骤：确定要进行衡量或比较的数据集；在确定后的数据集上使用模型进行预测或判别，选取适合问题的指标进行评价。

2. 判别式模型 VS 生成式模型

在机器学习领域中，有监督学习模型可以分为两类：判别式模型和生成式模型。简单来说，判别式模型建模的是条件分布，而生成式模型建模的是联合分布。假设我们有一个训练数据集 (X,Y)，其中 X 是属性的集合，Y 是类别标记。当我们遇到一个新的样本 x，我们的目标是预测它的类别 y，也就是计算最大的条件概率 $P(y|x)$。

判别式模型的做法是根据训练数据得到分类函数或分界面，例如使用 SVM 模型得到一个分界面，然后直接计算条件概率 $P(y|x)$，并选择最大的概率作为样本的分类。判别式模型是基于条件概率建模的，学习不同类别之间的最佳边界，无法反映训练数据本身的分布情况，只能告诉我们分类的类别。

生成式模型的做法是为每个类别建立一个模型，例如对于类别标签 { 汽车，狗，鸟 }，我们将先学习汽车的特征并建立一个汽车的模型，然后学习狗的特征并建立一个狗的模型，最后计算新样本 x 与三个类别的联合概率 $P(x,y)$，并根据贝叶斯公式计算条件概率 $P(y|x)$，选择最大的概率作为样本的分类。生成式模型为每个类别建立了一个模型，因此能够更好地反映训练数据本身的分布情况，可以学习到同类数据的相似度等，模型表达

能力更加综合。

无论是生成式模型还是判别式模型，在分类任务中它们的判断都基于条件概率 $P(y|x)$。不同的是，生成式模型首先计算联合概率 $P(x,y)$，然后使用贝叶斯公式转换为条件概率。因此，生成式模型可以反映更多数据本身的分布信息，更具有普适性。举个例子，假设我们需要确定一只狗是哈士奇还是泰迪。使用判别式模型，我们从历史数据中学习，然后通过提取这只狗的特征来预测这头狗是哈士奇的概率和泰迪的概率。然而，生成式模型是先学习出一个哈士奇的模型，然后学习出一个泰迪的模型，再根据这只狗的外形提取相应的特征，计算在哈士奇模型中的概率和在泰迪模型中的概率，哪个更大就是哪种类型。

判别式模型与生成式模型都是常用的机器学习模型。判别式模型直接建模决策函数 $y=F(x)$ 或条件概率 $P(x,y)$，其优点在于可以找到不同类别之间的最优分界面，从而反映异类数据之间的差异，因此在直接预测任务中通常具有更高的准确度。但缺点在于没有考虑训练数据本身分布的特点，因为它只关注不同类别之间的分界面。此外，判别式模型的学习成本较低，需要的计算资源和样本数也相对较少。

与之对应的生成式模型，其直接建模联合概率密度分布 $P(x,y)$，从而能反映同类数据本身的相似度，因此能够更好地反映训练数据本身的特点。但缺点在于学习成本较高，需要更多的计算资源和样本数。同时，生成式模型的推断性能较差。

在一定条件下，生成式模型能够转换成判别式模型，但反之并不成立。因此，在实际应用中需要根据任务特点选择合适的模型。

8.1.3　机器学习更复杂的隐含知识（深度学习）

深度学习是机器学习领域中一种非常重要的方法，它是实现人工智能的必经之路。其目的是让机器能够像人一样具有分析学习的能力，可以对文字、图像和音频等数据进行识别。深度学习的关键在于通过学习样本数据的内在规律和表示层次，形成更高层次的抽象特征和表示，这些信息对于对文字、图像和音频等复杂数据的解释非常有帮助。深度学习是一种复杂的机器学习算法，通过组合低层特征形成更加抽象的高层表示，以此来解决复杂的模式识别难题。深度学习是在传统神经网络的基础上发展而来，其概念源于人工神经网络的研究，其中含有多个隐藏层的多层感知器就是一种深度学习结构。

深度学习通过层层抽象和组合低层特征，形成更加抽象的高层表示，这些高层表示可以用于分类、回归和聚类等任务。其中深层神经网络是深度学习的核心，它可以通过多层非线性变换将输入数据映射到高维空间中，从而实现更加准确的分类和预测。

深度学习在语音和图像识别领域取得了重大的成功，并在网页搜索、广告系统、机器翻译、智能问答、新闻推荐等领域也得到广泛的应用。

1. 深度学习概览

深度学习这一概念起源于对人工神经网络的研究，但是它并非传统神经网络的简单延伸。尽管如此，深度学习算法通常会包含"神经网络"这一术语，例如卷积神经网络和循环神经网络。因此，可以将深度学习视为传统神经网络的进一步发展，或者说相当于对神经网络的升级。

在《人工智能》一书中,李开复教授用一个生动的比喻来解释深度学习的工作原理:我们可以将深度学习需要处理的数据比作信息的"水流",而处理数据的深度学习网络则类似于一个由管道和阀门构成的庞大水管网络。这个水管网络包含多个层级,每个层级都有多个调节阀,可以控制水流的流向和流量。水管网络的入口和出口都有若干个管道开口,以便数据进入和流出。水管网络的层数和每层调节阀的数量可以根据不同的任务需求进行变化和组合。水管网络中的每一层都有多个调节阀,这些调节阀通过水管与下一层所有的调节阀相连,形成了一个从前到后逐层完全连通的水流系统。那么,当计算机需要学习识别汉字时,它就会将组成汉字的所有数字(在计算机中,图像的每个颜色点都用"0"和"1"表示)转换成信息的水流,然后将其灌入水管网络的入口,通过涌入的水流不断地流淌、被调节、变化,最终得出正确的识别结果。

首先,我们先在水管网络的每个出口都标记上一个字牌,每个字牌对应一个汉字。以输入"王"为例,当水流通过整个水管网络时,计算机会检查每个出口的标记,找到标记为"王"的出口,然后检查通过该出口的水流量是否最大。如果是,那么该水管网络就满足要求;如果不是,我们就需要下达指令,调整每个流量控制阀,以确保标记为"王"的出口流出的水流量最大。

在学习"玉"字时,我们需要采用类似的方法。首先,将每个写有"玉"字的图片转换成数字水流,并将其灌入水管网络。接着,我们要检查所有的管道出口,找到写有"玉"字的那个出口,并且验证该出口的水流量是否最大。如果不是,我们需要再次调整所有的阀门。需要注意的是,这次我们不仅要保证之前学过的"王"字不受影响,还要确保新学习的"玉"字能够被正确处理。我们需要反复进行这个过程,直到所有汉字对应的水流都可以按照期望的方式流过整个水管网络。最终,当我们成功地训练了所有的汉字,就可以说这个水管网络已经成为一个训练有素的深度学习模型了。

当水管网络成功地处理了大量的识字卡片,并且所有的阀门都被调节到了最优状态,我们就可以将整套水管网络用来识别汉字了。在这个时候,我们可以将所有已经调节好的阀门"焊死",等待新的输入。类似于训练时的过程,未知的图片会被计算机转换成数据流,并灌入已经训练好的水管网络中。接下来,计算机只需要观察哪个出口流出的水流量最大,就可以判断这张图片所代表的字是哪个了。

深度学习是一种基于人类数学知识和计算机算法构建的复杂体系结构,它利用尽可能多的训练数据和计算机的大规模运算能力来调整内部参数,以半理论、半经验的建模方式尽可能地接近问题的目标。从数学本质上看,深度学习与传统机器学习方法并没有实质性的区别,都是希望在高维空间中,根据对象的特征将不同类别的对象区分开来。然而,深度学习的表达能力与传统机器学习相比,却有着天壤之别。

在数据准备和预处理方面,深度学习和传统机器学习具有很大的相似性,它们都可能对数据进行各种操作,如数据清洗、数据标签、归一化、去噪、降维等。然而,传统机器学习的特征提取主要依赖人工,对于特定的简单任务,手动提取特征可能是简单而有效的,但并不是通用的。相比之下,深度学习的特征提取不依赖人工,而是由机器自动提取。这也解释了为什么人们普遍认为深度学习的可解释性较差,有时候深度学习能够表现出良好的性能,但我们并不清楚其背后的原理。

2. 神经网络的主要类型

在深度学习领域中，神经网络有许多不同类型，每种类型都用于不同的目的，尽管无法完整介绍所有类型，下面会列举几个最常遇到的神经网络。

实际上，神经网络是对生物神经元的模仿和简化。在生物学中，生物神经元由树突、细胞体和轴突等部分组成。树突是神经元的输入端，接收周围神经冲动。轴突是神经元的输出端，用于传递神经冲动给其他神经元。生物神经元具有兴奋和抑制两种状态，当接受的刺激高于一定阈值时，神经元就会进入兴奋状态，并将神经冲动由轴突传出。反之，如果刺激低于阈值，神经元就不会产生神经冲动。

在神经网络类型上，可分为感知器、卷积神经、循环神经、注意力网络等结构类型。

感知器是最经典的神经网络之一，由 Frank Rosenblatt 于 1958 年创建。它是神经网络最简单的一种类型，仅包含一个神经元。基于生物神经元模型，我们可以得到多层感知器 MLP（Multilayer Perceptron）的基本结构。MLP 神经网络通常由三层组成：输入层、隐含层和输出层，如图 8-4 所示。这些层之间是全连接的，即上一层的任何一个神经元都与下一层的所有神经元相连。全连接的结构使得 MLP 可以学习到非常复杂的函数关系，因此在深度学习中得到了广泛的应用。除此之外，MLP 神经网络的隐含层可以有多个，而不仅限于一个，这使得 MLP 可以学习到更加复杂的特征表示，从而提高模型能力。

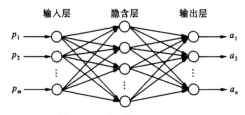

图 8-4　多层感知机网络结构

神经网络是由权重、偏置和激活函数三个基本要素构成的。

（1）权重：权重表示神经元之间的连接强度，权重的大小反映了连接的重要性和影响程度。

（2）偏置：偏置是神经网络中一个重要的参数，其设置是为了确保模型能够正确分类样本。在输入信号经过加权求和后，偏置相当于一个常数项，可以使得模型的输出值不会随意激活。

（3）激活函数：激活函数是神经网络中起到非线性映射作用的关键要素。它将神经元的输出幅度限制在一定的范围内，一般被限制在（-1～1）或（0～1）之间。一个常用的激活函数是 Sigmoid 函数，它能将（-∞，+∞）的输入映射到（0～1）的输出范围内。另外，tanh 和 ReLU 等函数也被广泛使用。tanh 是 Sigmoid 函数的变形，其均值为 0，在某些情况下比 Sigmoid 效果更好；ReLU 是近年来比较流行的激活函数，当输入信号小于 0 时，输出为 0，当输入信号大于 0 时，输出等于输入。在实际应用中，具体采用哪种激活函数需要根据具体情况进行选择。

卷积神经网络是一种前馈神经网络，其特点在于人工神经元具有局部连接和共享权重的特性，这使得它在大型图像处理方面表现出色。卷积神经网络通常由一个或多个卷积层和顶部的全连接层组成，同时包括关联权重和池化层。这种结构使得卷积神经网络能够利用输入数据的二维结构，相对于其他深度学习结构，其在图像和语音识别方面具有更好的表现。该模型可以使用反向传播算法进行训练。与其他深度、前馈神经网络相比，卷积神经网络对稠密数据（如图片）的处理非常高效，因此成为一种受欢迎的深度学习结构。

卷积神经网络的灵感来自动物视觉皮层组织的神经连接方式，其中单个神经元只对有限区域内的刺激做出反应，不同神经元的感知区域相互重叠，从而覆盖整个视野。这种特点使得卷积神经网络在图像处理方面表现优异。

卷积神经网络的结构由输入层、隐藏层和输出层三部分组成，如图 8-5 所示。其中，隐藏层由卷积层、池化层和全连接层三个部分构成。池化层的作用是缩小数据空间，由于其能减少维度，从而减少后续层中的计算量。全连接层中的神经元与前一层中的所有激活都有联系，因此，它们的激活可以作为仿射变换来计算，即先乘以一个矩阵，然后加上一个偏差偏移量（向量加上一个固定的或学习来的偏差量）。卷积层可以生成一组平行的特征图。它通过在输入图像上滑动不同的卷积核并执行一定的运算来产生。在每个滑动的位置上，卷积核与输入图像之间会执行一个元素对应乘积并求和的运算，以将感受野内的信息投影到特征图的一个元素中。这一滑动的过程称为步幅，步幅是控制输出特征图尺寸的一个因素。卷积核的尺寸比输入图像小得多，且重叠或平行地作用于输入图像中。一张特征图中的所有元素都是通过一个卷积核计算得出的，也就是说，一张特征图共享了相同的权重和偏置项。

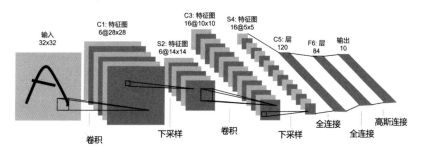

图 8-5　卷积神经网络

循环神经网络（RNN）也是一种常见的神经网络结构，最初由 Saratha Sathasivam 在 1982 年提出的霍普菲尔德网络演变而来。RNN 特有的循环概念和最重要的结构——长短时记忆网络，使得它在处理和预测序列数据的问题上表现良好。其背后的思想是利用顺序信息。传统的神经网络中假设所有输入和输出都是独立的，但对于许多任务而言，这种假设是非常糟糕的。如果你想预测句子中的下一个单词，那么你最好知道它前面有哪些单词。RNN 被称为“循环”，因为它们对序列的每个元素执行相同的任务，输出取决于先前的计算。另一种理解方式是考虑 RNN 具有“记忆”，能够捕获到目前为止计算的信息。理论上，RNN 可以利用任意长序列中的信息，但实际上它们仅限于回顾几个步骤。总之，RNN 是一种强大的工具，可用于处理序列数据，如文本、音频和视频，以及许多其他领域的任务。

　　为了更深入地理解循环神经网络，我们将探讨一个自然语言处理中非常常见的问题，即命名实体识别。命名实体识别的目标是从一段文本中找到特定意义的实体，如人名、地名、组织机构等。举个例子，假设我们有两句话："我喜欢吃苹果！"和"苹果真是一家很棒的公司！"现在的任务是对"苹果"这个词进行标记。我们知道，第一个"苹果"指的是一种水果，而第二个"苹果"指的是苹果公司。假设我们有大量已经标记好的数据供训练模型。当我们使用全连接神经网络时，我们会将"苹果"这个词语的特征向量输入模型中，并在输出结果时，让正确的标签概率最大，以训练模型。然而，我们的语料库中可能存在一些"苹果"被标记为水果，而另一些则被标记为公司，这将使模型在训练过程中的预测准确度取决于哪个标签在训练集中出现的次数更多。这种模型对我们来说是没有用的。问题在于我们没有考虑上下文来训练模型，而是仅仅训练了"苹果"这个词语的标签。全连接神经网络模型无法解决这个问题，因此我们需要使用循环神经网络。

　　循环神经网络的架构与全连接神经网络类似，由输入层、隐藏层和输出层构成，如图 8-6 所示。其中，隐藏层在每个时间步接收输入和上一时刻的隐藏层输出，并生成新的输出。在 RNN 的训练过程中，每个时间步都被视为是独立的，可以使用标准的反向传播算法计算梯度。但是由于 RNN 具有时间依赖性，反向传播的梯度计算需要考虑时间步之间的关系，这导致了梯度消失或梯度爆炸的问题。因此，出现了多种改进的 RNN 结构，如 LSTM 和 GRU。

　　RNN 应用最广泛的领域之一是语言建模，它通过对历史上下文的学习来预测下一个单词或字符的可能性。语言建模在自然语言处理中有着非常多的应用，如机器翻译、语音识别、文本生成等。

　　Bengio 团队于 2014 年提出了注意力机制（Attention），并且这一机制在深度学习的各个领域中广泛应用，如在计算机视觉方面用于捕捉图像的感受野，在 NLP 方面则用于定位关键词汇或特征。2018 年，谷歌团队提出的 BERT 算法大幅提升了 NLP 的效果，成功地完成了 11 项任务。

　　而 BERT 算法的最重要部分是 Transformer 概念，如图 8-7 所示，该概念抛弃了传统的 CNN 和 RNN，采用了完全由 Attention 机制组成的网络结构。更具体地说，Transformer 由 Self-Attention 和 Feed Forward 神经网络组成。其思想是利用自注意力机制来建立文本上下文中词与词之间的关系，从而实现文本的编码和解码。这一概念的出现为深度学习领域带来了极大的冲击和鼓舞。

　　RNN 和 CNN 都是传统的序列建模方法，需要通过循环或卷积操作在输入序列上建立上下文关系。但对于长序列，这种方法的效率较低。不同于传统方法，Transformer 引入了自注意力机制，能够直接对整个输入序列进行编码和解码，无须显式地对序列进行循环或卷积，从而大大提高了处理长序列的效率。

　　可以想象 Transformer 就像是一位文本理解的老师，输入的文本就像是一篇文章，文中每个单词则是一个学生。与传统的模型通过点名询问每个学生的情况不同，Transformer 通过自注意力机制，让每个学生能够自主地关注和理解周围同学的情况，从而更好地理解整个班级的情况。在 8.2 节中，我们会详细阐述 Transformer 的原理。

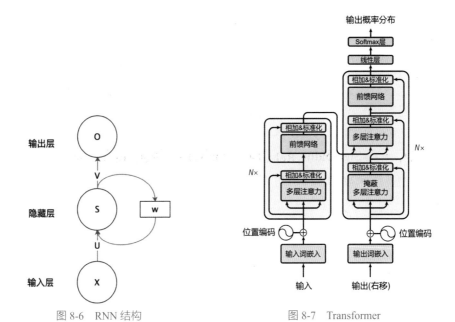

图 8-6 RNN 结构   图 8-7   Transformer

3. 神经网络的训练方法

　　根据前面的介绍，我们可以知道，神经网络其实就是一个数学函数。它由许多相互连接的神经元组成。这些连接是指一个神经元的输出会被用作另一个神经元的输入。图 8-8 展示了一个简单的神经网络，但实际上，神经网络可以有任意数量的神经元和层。每个神经元都有一个激活函数，用于将输入信号转换为输出信号。在神经网络中，输入信号被馈送到第一层神经元，然后从一层传递到另一层，直到最终输出层。每个神经元会根据它的权重来计算输入信号的加权和，并将其传递给激活函数。通过调整权重，神经网络可以学习到输入和输出之间的映射关系，从而实现各种不同的任务，如分类、回归和生成等。

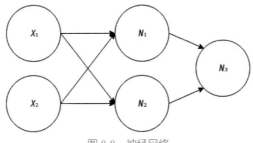

图 8-8 神经网络

　　图 8-8 所示的神经网络包含了五个神经元，由此可知，它是由全连接层堆叠而成的，即每一层的每个神经元都和下一层的每个神经元相连。神经网络的结构由多个因素决定，包括层数、每层神经元数量、神经元连接方式等。其中，第一层称为输入层，包含两个神经元。不同于其他层的神经元，这些神经元并不是参与计算的，它们仅代表神经网络的输入。神经网络需要满足非线性的需求，也就是需要引入额外的非线性函数，这是因为神经

元之间的连接以及基于线性函数的函数本身还是线性的。如果不对每个神经元应用非线性函数，那么神经网络就只是一个线性函数，其表现不比单个神经元强多少。需要注意的是，我们通常希望神经网络的输出值在 0 到 1 之间，并将其视为概率。例如，在猫狗分类问题中，我们将接近 0 的输出视为猫，将接近 1 的输出视为狗，换言之，输出就指代了分类为狗的概率。为了实现这个目标，我们会在最后一个神经元上应用 sigmoid 激活函数。这个函数的返回值介于 0 到 1 之间，正好符合我们的需求。了解这些之后，我们就可以定义一个与图 8-8 相对应的神经网络了。

$$f(x_1, x_2) = \mathrm{Sigmoid}(w_1^3 \mathrm{ReLU}(w_1^1 x_1 + w_2^1 x_2) + w_2^3 \mathrm{ReLU}(w_1^2 x_1 + w_2^2 x_2))$$

定义一个神经网络的函数，其中 w 的上标表示神经元的索引，下标表示输入的索引。该函数将几个数作为输入并输出介于 0 到 1 之间的数。虽然该函数的具体表达不是很重要，但我们通过一些权重参数画了一个非线性函数，这些权重可以被修改以改变该非线性函数。

在讨论神经网络的训练之前，我们还需要定义一个损失函数。损失函数可以告诉我们神经网络在特定任务上的表现如何。一种最直观的方法是对每个训练样本进行神经网络传递，然后计算预测值与真实值之间的距离，即差的平方，以此来计算损失函数。通过训练神经网络，我们希望减小这个距离或损失函数。

$$L(y, \hat{y}) = \frac{1}{m} \sum_{i=1}^{m} (y_i - \hat{y}_i)^2$$

在这个公式中，y 是我们希望从神经网络中获得的数字，$\hat{y}$ 是通过神经网络得到的样本的实际结果，i 代表我们训练样本的索引。以猫狗分类为例，我们有一个包含猫和狗图片的数据集，如果图片是狗，则标签为 1，如果图片是猫，则标签为 0。这个标签即为 y，我们希望通过神经网络处理一张图片来获得结果。为了计算损失函数，我们需要遍历数据集中的每一张图片，并为每一个样本计算得到标签 $\hat{y}$，然后按照上述定义计算损失函数。如果损失函数较大，则表明神经网络的性能较差，所以我们希望损失函数最小化。为了更深入地了解损失函数和神经网络之间的联系，我们也可以将神经网络替换为实际函数，并重新表述该公式。

在开始训练神经网络之前，需要对权重进行随机初始化。然而，这种初始化的参数通常不会带来很好的结果。因此，在训练过程中，我们需要从一个非常糟糕的神经网络开始，最终得到一个具有高准确率的网络。此外，我们还希望在训练结束时，损失函数的值变得非常小。这样做的原因，是我们希望通过调整权重来改变神经网络的函数，找到一个比初始模型性能好得多的函数。

有许多用于函数优化的算法，这些算法可以是基于梯度的，也可以不是基于梯度的。它们可以利用函数提供的信息，也可以利用函数梯度提供的信息。其中最简单的基于梯度的算法之一是随机梯度下降（SGD），现在我们来看一下它的运作方式。

首先，我们需要回忆一下某个变量的导数是什么。以一个比较简单的函数 $f(x) = x$ 为例，如果我们还记得高中时学过的微积分法则，就会知道在每个 x 处，这个函数的导数都是 1。那么导数能够告诉我们哪些信息呢？导数描述的是：当自变量向正方向变化一个无限小的步长时，函数值变化的速率。

　　换句话说，函数值的变化量（即方程的左边）近似等于函数在某个变量 x 处的导数与 x 的增量的乘积。回到我们刚才所举的最简单的例子 $f(x) = x$，导数处处是 1，这意味着如果我们将 x 增加一个小的步长 ε，函数输出的变化量就等于 1 乘以 ε，即 ε 本身，这个规则很容易验证其正确性。实际上，这个规则并不是近似值，而是精确的，这是因为我们的导数对于每个 x 都是相同的。然而，这个规则并不适用于大多数函数。现在，让我们来看一个稍微复杂一点的函数 $f(x) = x^2$，如图 8-9 所示。

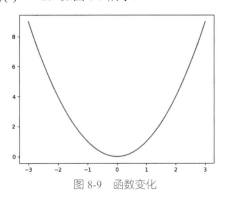

图 8-9　函数变化

　　利用微积分知识，我们可以推导出这个函数的导数为 $2 \times x$。现在，如果我们从某个起始点 x 出发，沿着某个步长 ε 移动，很容易发现对应的函数增量并不完全等于上述的计算结果。

　　我们可以使用梯度来近似计算函数的增量。梯度是一个由偏导数组成的向量，其中元素是函数所依赖的某些变量对应的导数。对于我们目前所考虑的这个简单函数，梯度向量只有一个元素，因为这个函数只有一个输入变量。但是对于更加复杂的函数（比如损失函数），梯度向量会包含函数对应的每个变量的偏导数。

　　如何利用导数信息来最小化损失函数？我们以函数 $f(x) = x^2$ 为例，在 $x=0$ 处取得最小值是显然的，但计算机如何知道呢？假设我们初始得到 x 的随机值为 2，那么此时函数的导数值为 4。这意味着如果 x 向正方向变化，函数的增量将是 x 增量的 4 倍，因此函数值反而会增加。相反地，为了最小化函数，我们需要朝反方向改变 x，也就是负方向，为了确保函数值能够降低，我们只需改变一小步，但是我们该改变多少呢？我们的导数只能保证在 x 朝负方向无限小的情况下函数值会减小。因此，我们需要使用一些超参数来控制每次改变的步长大小，这些超参数被称为学习率，我们将在后面章节讨论。让我们看看，如果我们从 -2 的位置开始，会发生什么。此时导数为 -4，这意味着如果朝着正方向改变 x，函数值会变小，这正是我们想要的结果。

　　我们可以观察到一个规律：当自变量 x 大于 0 时，导数值也大于 0，我们需要往负方向移动自变量；当自变量 x 小于 0 时，导数值小于 0，我们需要往正方向移动自变量。因此，我们需要朝着导数的反方向移动自变量。同样的思路也适用于梯度。梯度是指向空间某个方向的向量，它实际上指向函数值增加最快的方向。因为我们的目标是最小化函数，所以我们需要朝着梯度相反的方向移动自变量。在神经网络中，我们将输入 x 和输出 y 视为固定的数，而权重 w 则是我们需要对其求导的变量。通过改变权重，我们可以提升神经网络的性能。如果我们对损失函数计算权重对应的梯度，然后朝着与梯度相反的方向移动权重，我们的损失函数也会随之减小，直至收敛到某一个局部极小值。这个算法被称为梯度下降。可以使用以下公式在每次迭代中更新权重。

$$w_j = w_j - \mathrm{lr}\partial\frac{L}{\partial w_j}$$

在训练神经网络时，每个权重值都需要减去它对应的导数和学习率（lr）的乘积。学习率用来控制每次迭代的步长大小，是一个重要的超参数，需要进行调节。如果所选学习率过大，会导致步长过大而跳过最小值，导致算法发散；如果学习率过小，则可能会花费太多时间收敛到一个局部最小值。为了寻找最佳的学习率，人们开发了一些方法，本章对此不做过多讨论。

正如我们之前给出的定义，损失函数的公式是所有样本损失的平均值。根据微积分原理，损失函数的梯度可以表示为各样本梯度的和。因此，在计算损失函数的梯度时，需要遍历整个数据集中的样本。然而，在每次迭代中进行梯度下降是非常低效的，因为算法仅仅以微小的步长提升损失函数。为了解决这个问题，出现了小批量梯度下降算法。该算法使用相同的权重更新方法，但是不计算精确的梯度，而是在数据集的一个小批量上近似计算梯度，然后使用该梯度更新权重。小批量梯度下降通常情况下并不能确保权重向最优方向更新。使用梯度下降算法时，如果学习率足够小，损失函数会在每次迭代中减小，但是使用小批量梯度下降时，损失函数的值会随时间波动并具有更多的噪声。

选择合适的批大小（Batch Size）是使用梯度下降算法时必须决定的超参数之一。通常情况下，我们希望选择尽可能大的批大小，以便更高效地处理数据。当批大小等于 1 时，梯度下降算法的一种特殊形式称为随机梯度下降（SGD）。在很多文献中，当提到随机梯度下降时，实际上指的是小批量（mini-batch）随机梯度下降。大多数深度学习框架都允许自由选择随机梯度下降的批大小。

8.1.4 不断从决策中学习（强化学习）

1. 强化学习基础

强化学习是机器学习领域中的一项技术，其主要关注如何在特定环境下获得最大的预期利益。它是机器学习领域中的三种基本方法之一，另外两种是前面提到的监督学习和非监督学习。强化学习不同于监督学习，因为它不需要带有标签的输入 / 输出对，也不需要对非最优解进行精确的纠正。强化学习的关注点是如何在探索未知领域和利用已知知识之间寻求平衡。在多臂老虎机问题和有限 MDP 中，探索和利用的交替是强化学习中被研究最多的问题。

强化学习的灵感来源于心理学中的行为主义理论。该理论认为，有机体通过在环境中接受奖励或惩罚的刺激，逐渐形成对刺激的预期并产生能获得最大利益的习惯性行为。由于这种方法具有普适性，因此在博弈论、控制论、运筹学、信息论、仿真优化、多智能体系统、群体智能、统计学以及遗传算法等许多领域都有研究。在运筹学和控制理论的研究语境下，强化学习被称为"近似动态规划"（Approximate Dynamic Programming，ADP）。

在最优控制理论中，也有关于强化学习的研究，尽管大部分研究都是关于最优解的存在和特性，而非学习或者近似方面。在经济学和博弈论中，强化学习被用来解释有限理性条件下如何出现平衡。强化学习的核心思想是通过试错来获得最大化的预期利益。在强化学习中，智能体必须在探索未知领域和利用已知知识之间寻求平衡，以获得最大的潜在奖励。可以说，强化学习是一种非常强大的技术，能在许多领域中得到广泛应用。

强化学习是机器学习领域中的一种学习方法，不同于常见的有监督学习和无监督学习等方法，其最大的不同之处在于它通过与环境进行交互和反馈来学习。这种学习方式有些像一个新生婴儿的探索过程，婴儿通过哭闹、吮吸、爬行等方式发现周围的环境，并不断积累对环境的感知，从而逐渐学会如何快速达成自身的愿望。又比如，我们学习下围棋的过程也是如此，通过和不同的对手下棋，慢慢积累对每一步棋的判断，从而提高自己的围棋水平。由 DeepMind 研发的 AlphaGo 围棋程序，其训练学习过程中就使用了强化学习技术。

下面我们将正式定义强化学习问题。强化学习的基本模型是个体与环境之间的交互。个体或智能体（Agent）是一种能够采取一系列行动并期望获得高收益或达到特定目标的实体，例如前面提到的新生婴儿或下围棋的玩家。与之相关的另一部分是环境（Environment），例如婴儿所处的房间和父母，或者你面前的棋盘和对手。整个过程被离散化为不同的时间步骤（Time Step）。每个时间步骤中，个体和环境都会互相作用。个体可以采取一定的行动（Action），这些行动会影响环境。环境在接收到个体的行动后，会向个体反馈环境的当前状态（state）和由上一个行动所产生的奖励（reward）。需要注意的是，个体和环境之间的划分并不一定是基于实体的物理接近程度，例如在动物行为学中，动物获得的奖励可能源自其自身大脑中的化学物质分泌，因此大脑中实现奖励机制的部分也应被视为环境，而个体只包括接收信号和做出决策的部分。

强化学习的目标是通过最大化个体从环境中获得的总奖励，从而实现长期的奖励最大化。这意味着我们的目标不是在短期内获得最大的奖励，而是通过长期的行动来获得更多的奖励。例如，一个婴儿可能短期的偷吃了零食，获得了一些短期的愉悦，但这种行为可能会导致父母的批评，从而降低了长期的总奖励。

在许多任务中，例如下围棋，奖励通常在游戏结束时产生，而不是在游戏进行期间产生。这种任务被称为"回合制任务"，因为它们在达到终止状态之前会经历一系列回合。相比之下，还有一类任务，没有终止状态，可以永久地运行下去，这种任务的奖励分布在连续的时间段中，被称为"连续任务"。由于我们的目标是最大化总收益，因此我们需要对总收益进行量化定义。收益是指在整个任务过程中所获得的奖励总和，包括长期和短期的奖励。

强化学习在数学上的基础是马尔科夫决策过程（Markov Decision Processes，MDPs）。MDPs 通常由状态空间、动作空间、状态转移矩阵、奖励函数以及折扣因子等组成。强化学习是一个序列决策过程，其目标是找到一种决策规则（即策略），以使得系统在每个时间步骤中采取的动作最大化期望累积奖励值，即获得最大价值。在强化学习中，智能体在与环境的交互中学习并不断地更新策略，以便在面对新的状态时做出最优的决策。

状态是对当前环境的一个概括，它是做决策的唯一依据。以《超级玛丽》为例，屏幕上当前的画面，或者最近几帧画面，可以看作状态。玩家需要通过观察状态来做出正确的决策，例如让超级玛丽向左、向右或向上移动。在象棋、五子棋等游戏中，棋盘上棋子的位置就是状态，因为当前格局足以供玩家做出决策。即使你不是从头开始一局游戏，而是接手别人的残局，只需要观察棋盘的格局，就能够做出决策，历史记录并不会提供额外的信息。然而，并非所有的游戏都是如此。在《星际争霸》《红色警戒》《英雄联盟》等游戏中，玩家屏幕上最近的 100 帧画面并不是状态，因为这些画面并不能完整地概括当前环境。在地图上的某个角落里，可能正在发生一些足以改变游戏结局的事件，这些事件并没有被观测到。因此，玩家看到的屏幕上的画面只是对环境的部分观测（Partial Observation），并不能提供足够的信息来做出最佳决策。此时，需要使用更复杂的算法来处理这种情况，例如部分可观测马尔科夫决策过程（Partially Observable Markov Decision Processes，POMDPs）。

状态空间（State Space）是指一系列可能存在的状态的集合。状态空间可能是有限的，也可能是无限的。例如，《超级马里奥》《星际争霸》和《无人驾驶》等场景中，状态空间是无限的，因为存在无数可能的状态。相比之下，围棋、五子棋和中国象棋等游戏中，状态空间是有限的，可以通过枚举所有可能的状态（即棋盘上的不同棋局）来描述。

动作（Action）是指做出的决策，例如在《超级马里奥》中，假设马里奥只能做出左移、右移和向上跳跃三种决策，那么动作就是指这三种决策中的一种。同样的，在围棋游戏中，棋盘上有 361 个不同的位置，因此可供选择的动作总数为 361 种，其中第 i 种动作表示将棋子放在第 i 个位置上。

动作空间（Action Space）是指由所有可能动作组成的集合，通常用花体字母 A 来表示。在《超级马里奥》的例子中，动作空间包括三种不同的决策，即左移、右移和向上跳跃，因此动作空间可以表示为 $A=\{$ 左，右，上 $\}$。与此类似，在围棋游戏中，动作空间由棋盘上的所有合法位置构成，因此动作空间是 $A=\{1,2,\cdots,361\}$。需要注意的是，动作空间的大小和类型都是基于游戏本身的规则和限制定义的，因此在不同的游戏场景中，动作空间的表现形式可能会有所不同。动作空间的定义对于强化学习的应用非常重要，因为它提供了算法所需的信息，以便执行决策和优化策略。

智能体（Agent）是指在某个特定场景下执行动作的主体，它可以是计算机程序、机器人或者任何可以与环境交互的实体。在机器学习领域，智能体通常被视为一个决策制定者，其任务是在给定的环境中做出最优决策。例如在《超级马里奥》游戏中，马里奥就是一个智能体，它通过移动、跳跃等行为，从而完成游戏任务。在自动驾驶的应用中，无人车则是一个智能体，它需要通过感知周围环境、规划路径、执行控制等方式来实现自动驾驶。

为了更好地阐述强化学习的基本框架，可以举一个简单的例子来说明。假设有一个调皮的孩子，他总是不愿意做作业，父母就采取了一种策略，在孩子不愿意做作业的时候说："如果你能够按时完成作业，我们就带你去麦当劳。"这种策略的目的是让孩子明白，只有完成作业才能获得奖励。当孩子完成作业后，他就会获得父母提供的奖励，这个过程就相当于一个强化学习的过程。通过不断地重复这个过程，孩子会逐渐明白完成作业的重要性，并且养成良好的习惯。需要注意的是，在实际应用中，强化学习需要设计合适的奖励函数和策略，以便智能体能够做出最优的决策。

有时候父母对于作业完成的顺序可能会有特别的要求。比如说，他们可能会希望孩子先完成数学作业，然后再做语文和英语作业。在这种情况下，如果孩子按照父母的意愿完成数学作业，那么他不仅能够得到炸鸡的奖励，还可以获得一份雪糕奖励。因此，孩子会变得更加聪明，为了吃到更多种麦当劳品类，他会根据父母的要求改变作业完成的顺序。通过这种方式，孩子找到了一个更好的策略，能够帮助他获得最大的累积奖励。需要注意的是，这个例子仅仅是强化学习的一个简单示例，实际中的强化学习问题可能会更为复杂，需要更加精细的设计和调整。

在上述例子中，调皮的孩子可以被看作一个智能体，而父母则代表着环境。麦当劳的炸鸡和雪糕则分别代表着不同的奖励信号。孩子选择不做作业、做作业以及选择不同的顺序来完成作业，这些都可以被视为动作。同时，当前作业的完成情况则可以被类比为状态。在这个示例中，孩子的行为会影响到环境的反馈。父母会根据孩子的作业完成情况来给予不同的奖励，这些奖励会对孩子的行为产生积极或消极的影响。人们会根据不同的奖励信号来采取不同的行为策略，例如选择不同的作业顺序。最终，孩子会找到一个最优的策略，即先完成数学作业，然后再完成其他作业。

强化学习就是一种通过不断地与环境进行交互，根据环境的反馈信息进行试错学习的过程。在这个过程中，智能体会不断尝试不同的行动，并通过环境的反馈来调整自身的行为。目的是找到最优的行为策略，或者说是为了获得最大的累积奖励。当然，强化学习中的试错学习过程可能会非常耗时和困难。智能体需要在不同的状态和行动之间进行权衡，同时要考虑到环境的不确定性和复杂性。为了提高学习效率，研究者会采用各种算法来指导智能体的行为，以便让它能够更快地找到最优的行为策略。

2. 免模型学习 VS 有模型学习

在介绍详细算法之前，我们先来了解一下强化学习算法的两个分类。这两个分类的重要差异是：智能体是否能完整了解或学习到所在环境的模型，如图 8-10 所示。

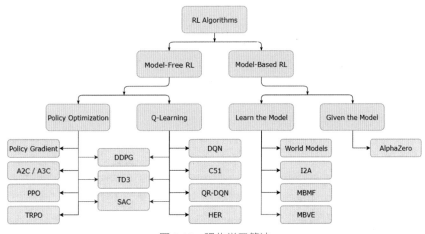

图 8-10 强化学习算法

有模型学习（Model-Based Learning）是指智能体在与环境交互之前，需要先了解环境的动态特性，例如环境的状态转移概率、奖励函数等，然后基于这些信息来构建一个环境模型，如图 8-11 所示。在这个模型的基础上，智能体可以利用动态规划等方法来求解最优策略。有模型学习对环境有提前的认知，可以提前考虑规划，即利用环境模型来预测下一状态和奖励，从而可以在不真正与环境交互的情况下进行学习，极大地提高了学习效率。缺点是如果模型跟真实世界不一致，那么在实际使用场景下会表现不好。

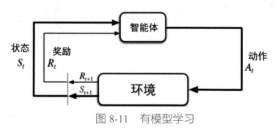

图 8-11　有模型学习

相比之下，免模型学习（Model-Free Learning）不需要提前构建环境模型，智能体直接从环境的交互中学习最优策略，如图 8-12 所示。免模型学习的方法包括价值迭代、策略迭代、蒙特卡洛控制和时序差分学习等。免模型学习放弃了对环境的显式建模，直接从环境的交互中学习最优策略。虽然在效率上不如有模型学习，但是在实际应用中，环境模型的构建和维护成本较高，而且环境模型的准确性对学习效果影响很大。无模型学习不需要提前构建环境模型，更加适用于实际应用场景。免模型学习方法可以很容易地扩展到多智能体、分布式强化学习等更加复杂的场景，而有模型学习则需要额外的计算和存储空间，不太容易扩展。

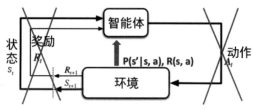

图 8-12　免模型学习

免模型学习和有模型学习各有优缺点。有模型学习可以大大提高智能体的学习效率和决策质量，但需要额外的计算和存储空间，而且环境模型的准确性对学习效果影响很大。与之相比，免模型学习不需要额外的计算和存储空间，更加适用于实际应用场景，但学习效率和决策质量相对于有模型学习稍逊。

举个例子，有模型学习就好比一个学生在考试前提前了解了考试科目和考试内容，并且根据这些信息进行了充分的准备。如果这名学生在考试中能够准确地应对各种试题，那么就说明有模型学习的方法是有效的。相反，免模型学习就好比一个学生没有提前了解考试科目和考试内容，而是通过做题来逐步学习和掌握知识。虽然这种学习方法可能会比较慢，但是通过不断地练习和反思，学生最终也能够取得不错的成绩。

Model-free 的方法有很多，像 Q learning、Sarsa、Policy Gradients 都是从环境中得到反馈然后从中学习。

Q learning 是一种基于值函数的强化学习算法，它通过学习 Q 值函数来选择最优策略。Q 值函数表示在某个状态下采取某个动作所获得的期望累积回报。在 Q learning 中，智能体不需要知道环境的转移概率，只需要不断地尝试不同的动作并更新 Q 值函数。具体来说，智能体会在当前状态下选择一个动作，执行该动作并观察环境反馈的奖励和下一个状态，然后根据 Bellman 方程更新 Q 值函数。这个过程会不断重复，直到 Q 值函数收敛，智能体就可以根据 Q 值函数选择最优的动作。

Sarsa 也是一种基于值函数的强化学习算法，它和 Q learning 的不同之处在于，Sarsa 是在执行策略的过程中进行学习的，会在下一步中继续根据策略选择下一个动作并更新 Q 值函数。

Policy Gradients 是一种基于策略的强化学习算法，它直接学习策略的参数，而不是像值函数方法一样间接学习策略。在 Policy Gradients 中，智能体会根据当前策略生成一系列轨迹，并计算每个动作的概率和累积回报，然后通过梯度上升更新策略参数以最大化累积回报。具体来说，智能体会计算每个动作的概率和累积回报，然后将累积回报作为目标函数，通过反向传播计算梯度并更新策略参数。

相较于无模型强化学习，基于模型的强化学习有许多易于定义的方法。下面列举两个常用的方法，在每种情况下，模型可以是给定的，也可以是学习得到的。

第一个方法是纯规划，这是最基础的方法，它不会显式表示策略，而是纯粹使用规划技术来选择行动。例如，模型预测控制（Model-Predictive Control，MPC）。在模型预测控制中，每次智能体观察环境时，都会计算当前模型下最优的规划，这个规划指的是未来一个固定时间段内智能体将采取的所有行动（通过学习值函数，规划算法可能会考虑到超出范围的未来奖励）。智能体先执行规划的第一个行动，然后立即舍弃规划的剩余部分。每次准备与环境进行互动时，它会计算一个新的规划，从而避免执行小于规划范围的规划给出的行动。

另一个方法是纯规划的后来之作 Expert Iteration，它使用和学习策略的显式表征。智能体在模型中应用规划算法（类似蒙特卡洛树搜索），通过对当前策略进行采样生成规划的候选行为。这种算法得到的行动比策略本身生成的要好，所以相对于策略来说，它是"专家"。然后更新策略，以产生类似于规划算法输出的行动。AlphaZero 就是这种方法的一个例子。

实际上，强化学习还可以根据值函数和探索策略等来进行分类，比如根据智能体如何估计行动价值可以分为值函数型强化学习和直接策略搜索型强化学习，根据智能体如何在探索和利用之间进行平衡可以分为基于确定性策略的强化学习和基于随机策略的强化学习。还是以上面学生学习的例子来说明，如果学生通过学习教材来确定最优学习策略，那么就是值函数型强化学习；如果学生直接通过做题来找到最优学习策略，那么就是直接策略搜索型强化学习。如果学生更愿意尝试新的学习方法，那么就是基于随机策略的强化学习；如果学生更愿意采用已知的学习方法，那么就是基于确定性策略的强化学习。

8.2　AIGC 技术的重要基石

8.2.1 节首先介绍在自然语言处理和计算机视觉、语音识别等领域中都广泛应用的序列到序列（Seq2Seq）模型，而它的基础结构就是编码器 / 解码器（Encoder/Decoder）结构。然后 8.2.2 节介绍在此基础上帮助取得关键提升的注意力机制，此后 8.2.3 节介绍基于这两者奠定了后续 AIGC 核心技术基石的经典 Transformer 框架。

8.2.1 序列到序列模型和编码器 / 解码器结构

序列到序列（Sequence to Sequence，Seq2Seq）模型和编码器 / 解码器（Encoder/Decoder）结构最早在 2014 年由谷歌和 Bengio 的两篇文章提出，在当时对于解决机器翻译问题提出了相同的思路，也许这是又一个"英雄所见略同"的真实案例。

从 8.1 节的介绍中，我们知道在深度学习领域中有一类神经网络结构适合处理序列式的输入，那就是循环神经网络（RNN）。简单循环神经网络如图 8-13 所示。

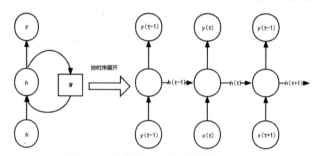

图 8-13 简单循环神经网络结构示意图

但是在机器翻译中，简单循环神经网络（SRNN）往往是不适合的。主要是因为从一种语言到另一种语言时，单词的数量并不一定相同，词语的语序可能会发生变化，所以不能简单地用输入和输出的词语进行一一对应后拼接输出。比如中文"北京是中国的首都"翻译成英文是"Beijing is the captial of China"。中文输入的词数和英文不同，且对应单词的顺序并不完全一致，如图 8-14 所示。

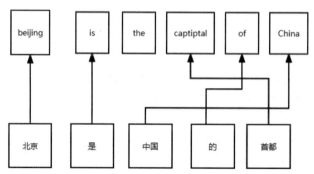

图 8-14 中译英简单示例

为了解决这个问题，编码器—解码器（Encoder-Decoder）结构的循环神经网络应运而生。它先通过一个编码器（Encoder）循环神经网络读入所有的待翻译句子中的单词，得到一个包含原文所有信息的中间隐藏层 [或者称为语义向量 Context Vector]，接着把语义向量输入解码器（Decoder）网络，一个词一个词地输出翻译句子结果。这样无论输入中的关键词语有着怎样的先后次序，由于都被打包到中间层一起输入后方网络，这样编码器—解码器（Encoder-Decoder）网络就可以很好地处理这些词的不同输出位置和数量了。

　　具体的训练过程如图 8-15、图 8-16 所示。在编码器（Encoder）端，我们将原始输入文本的词序列先经过 embedding 层转化成向量，然后输入一个 RNN 结构（可以是普通 RNN、LSTM、GRU 等）中（注：这里的 RNN 也可以是多层、双向的）。经过了 RNN 的一系列计算，最终隐含层的输出，就作为源文本整体的一个语义表示向量，一般称为 context vector。解码器（Decoder）端的操作就稍微复杂一点，它的输入在训练和预估时不同。训练得很好，我们使用真实的目标文本（即"标准答案"）作为输入。注意，第一步使用一个特殊的 <start> 字符，表示句子的开始。每一步根据当前正确的英文词和上一步的隐状态来计算下一步的预估输出结果，然后根据预估结果和真实的"标准答案"计算 loss，利用梯度下降法反向传播去更新编码器和解码器的网络参数。

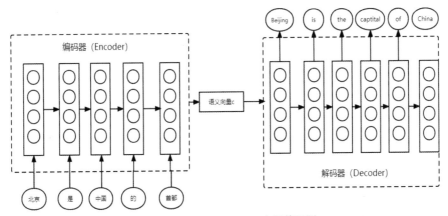

图 8-15　Encoder/Decoder 中译英示例

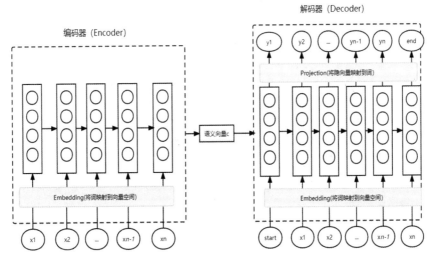

图 8-16　训练过程

　　预测推理时如图 8-17 所示，编码器端没什么变化，在解码器端，由于此时没有所谓的"真实输出"或"标准答案"了，所以只能"自产自销"。也就是说，每一步的预测结果，都送给下一步作为输入，直至预估输出 <end> 结束。

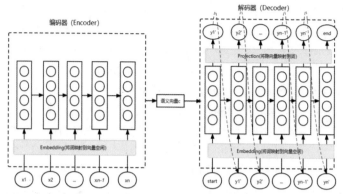

图 8-17　Encoder/Decoder 模型推理示意图

本质上来说，整个过程可以看作一个将现实问题转化为数学问题，通过求解数学问题，从而解决现实问题的过程。编码器的作用就是"将现实问题转化为数学问题"。解码器的作用是"求解数学问题，并转化为现实世界的解决方案"。

从应用场景来说，Seq2Seq 的可应用场景特别广泛，几乎涵盖了 NLP 的主要问题场景——文本分类、序列标注、机器翻译、问答系统等，其他如文字图片互转、声音/文本互转、图片文本互转等场景也都能应用 Seq2Seq 模型来解决。举例如下。

（1）问答系统：输入一个问题序列，输出一个回答序列。

（2）文案改写：输入一个原始文案序列，输出一个改写后的文案序列。

（3）摘要生成：输入一个文章序列，输出一个摘要序列。

（4）文本转语音：输入一个文本序列，输出一个语音序列。

看起来是不是"很好很强大"，这几乎涵盖了几乎所有重要的 AIGC 场景的问题。但是最初的编码器—解码器（Encoder-Decoder）模型，在刚刚问世的时候，它的能力不是包打天下。这是因为原始的模型结果，有两个比较致命的"先天不足"需要注意。

一是不论输入和输出的长度是什么，中间的向量 c 长度都是固定的。这里假设向量 c 能包含全部的输入序列信息。显然输入序列越长时，向量 c 对最前面输入的信息保留会越少；同时对输出序列的预测时，向量 c 都是同样的作用，意味着上面中译英的例子里，每个中文单词对预估不同英文单词的作用是相同的，这显然也会对翻译的准确度有影响。

二是根据不同的任务可以选择不同的编码器和解码器，最早就是一个循环神经网络（RNN），后续逐渐优化为 RNN 的变种：LSTM（Long-Short Term Memory）或者 GRU（Gate Recurrent Unit）。这里最大的问题是每个输入序列需要顺序地逐字输入，训练时不能并行计算，训练时间很长。

但是随着研究的深入，这些缺点也被一位位探索者尝试去优化解决。有些甚至取得了里程碑意义的成果，让序列到序列（Seq2Seq）模型真正成为 AIGC 技术坚不可摧的基石，注定载入史册。后面的小节中我们将一步步揭开它的神秘面纱。

8.2.2　注意力机制

在了解什么是注意力机制（Attention）之前，请先看一幅画作《圣母与圣吉凡尼诺》，如图 8-18 所示。请观看 3 秒，然后不回看画作的前提下回答这样的问题：这幅画里出现了几种动物？分别是什么？

图 8-18　《圣母与圣吉凡尼诺》

如果你回答不出来或者完全没有印象里面有什么动物，那么恭喜你，你是一个普通的正常人类。普通人第一次看这幅画，相信最先注意到的都是圣母玛利亚和婴儿耶稣，或者头戴光环的小天使，而绝对不会是右下角的一头牛和一头驴。

这是因为人类的注意力是有限的，当一个人无论是看图片还算阅读文字的时候，我们总是有选择性地关注一小部分的重要内容（也就是一般所说的注意力焦点），忽略其他不太重要的内容。这并不是人类的一个缺陷，相反，这是人类在长期进化中形成的一种生存机制，即用有限的注意力资源从大量信息中快速筛选出高价值信息的手段。人类视觉的注意力机制很好地平衡了视觉信息处理的高效率和高准确性。

在人工智能领域，上述的注意力可以理解为一种权重，在理解图片或者文本时，模型就像人类大脑一样对认知有重要意义的内容会赋予高权重，对不重要的内容赋予低权重，在不同的上下文场景中专注不同的信息，这样就能让模型更好地理解信息，同时还能降低信息处理的难度，提高最终的准确率。

用一句话概括，注意力机制（Attention）的核心逻辑就是"从关注全部到关注重点"。那么为什么在 Encoder-Decoder 中引入注意力（Attention）机制，而它又是怎么应用到我们上文提到框架结构中呢？

在 8.2.1 节中介绍到的原始 Encoder-Decoder 框架中，在预测每一个输出时对应的语义编码向量 c 都是一样的，也就意味着句子中的每个单词对输出中的每一个单词的影响都是相同的。这样就会产生两个弊端：一是语义向量无法完全表示整个序列的信息；二是先输入的内容携带的有价值信息会被后输入的有价值信息稀释，或者说是被覆盖。而且输入序列越长，这个现象会越严重。这就使得在解码的时候一开始就没有获得输入序列足够的信息，那么解码的准确度自然也就要打个折扣了。

让我们回到最早的翻译例子——把"北京是中国的首都"翻译成"Beijing is the captital of China"。当我们逐词输出时，比如翻译 captital 这个目标英文词语时，"北京""是""中国""的""首都"这几个输入词语的贡献是相同的，就和翻译 is、of 是一样的（因为语义编码向量 c 是固定的）。这显然不是我们希望看到的，从上帝视角来看，我们希望翻译 captital 的时候，模型只关注"首都"的信息，翻译"is"的时候关注"是"这个输入词。

为了解决上述弊端，就需要用到注意力模型（Attention Model）来解决该问题。在机器翻译的时候，让生成词不是只能关注全局的语义编码向量 c，而是增加了一个"注意力范围"，表示接下来输出词时候要重点关注输入序列中的哪些部分，然后根据关注的区域来产生下一个输出。比如，翻译 captital 的时候，对输入的原始中文词分配不同的概率来体现不同的影响程度，类似北京（0.1）、是（0.05）、中国（0.1）、的（0.05）、首都（0.7），然后结合不同的隐藏状态 h_i，计算最终的预估结果。这样就能让中文"首都"的隐藏状态贡献度最大，也最容易得到更精确的预估结果。

加入了注意力机制的 Encoder-Decoder 结构可以抽象成如图 8-19 所示的结构。每个目标 y_i 在计算的时候，会有不同的语义向量 c_i 参与预测，而不再是固定的语义向量。

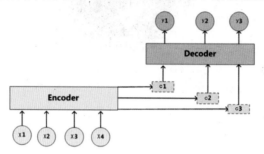

图 8-19　加入注意力机制的 Encoder-Decoder 框架

怎么理解注意力机制的物理含义呢？一般在自然语言处理应用里会把注意力机制看作输出目标句子中某个单词和输入原始句子每个单词的对齐模型，这是非常有道理的。目标句子生成的每个单词对应输入句子单词的概率分布可以理解为输入句子单词和这个目标生成单词的对齐概率，这在机器翻译语境下是非常直观的：传统的统计机器翻译一般在做的过程中会专门有一个短语对齐的步骤，而注意力机制的作用是相同。只不过这里的对齐并不是特殊的规则或者统计的结果，而是在训练过程中计算更新的结果，所以它更有通用性。更形象的过程展示如图 8-20 所示。

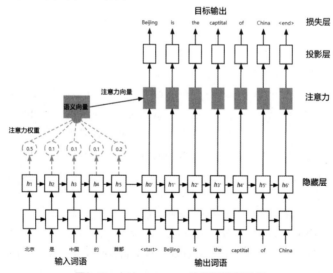

图 8-20　加入 Attention 的机器翻译示例

那么上文中的注意力权重值是如何计算的，并最终作用到模型的输出呢？图 8-21 用一个更一般化的表述来尝试进行说明。

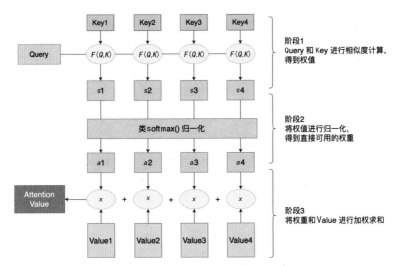

图 8-21 Attention 计算的一般化描述

我们可以结合之前的机器翻译例子来解读图 8-21 的过程。图 8-21 中的 Query 代表 Seq2Seq 模型中 Decoder 输出的某个英文单词（比如之前说的 captial），图 8-21 中一系列的 Key1、Key2 等则代表 Encoder 输入序列中的中文词语（即"北京""是""中国""的""首都"），每个 Key 对应一个 Value（这个 Value 可以视为 encoder 中每个时刻输入对应的隐含状态 hi）。第一阶段是根据 Query 和每个 Key 计算它们的相似度（注：相似性计算方法不止一种，后续介绍），得到相似度打分 $s1 \sim s4$；然后使用 softmax 函数归一化，即总分为 1。接着归一化后的权重 $a1 \sim a4$，再分别和对应的 Value 相乘，得到最后融合后的 Attention Value。最终这个结果和 decoder 层的输入一起，计算得到本次的预估结果。

从 2015 年注意力机制（Attention）被首次提出开始，各种形式的注意力计算方式也翻涌而出。总体而言，可以按下面维度来分类归总。

根据注意力的计算区域，可以分成以下几种。

（1）Soft Attention。这是比较常见的 Attention 方式，也是例子中的形式，就是对所有 Key 求权重概率，每个 Key 都有一个对应的权重，是一种全局的计算方式（也可以叫 Global Attention）。这种方式比较理性，参考了所有 Key 的内容，再进行加权。但是计算量可能会比较大。

（2）Hard Attention。这种方式是直接精准定位到某个 Key，其余 Key 就都不管了，相当于这个 Key 的概率是 1，其余 Key 的概率全部是 0。比如 captial 直接定位到"首都"。因此这种对齐方式要求很高，要求一步到位，如果没有正确对齐，会带来很大的影响。另一方面，因为不可导，一般需要用强化学习的方法进行训练。

（3）Local Attention。这种方式其实是以上两种方式的一个折中，对一个窗口区域进行计算。先用 Hard 方式定位到某个地方，以这个点为中心可以得到一个窗口区域，在这个小区域内用 Soft 方式来计算 Attention。

根据结构是否划分层次关系，可以分为以下几类。

（1）单层注意力。这是比较普遍的做法，用一个 Query 对一段原文进行一次注意力计算。

（2）多层注意力。一般用于文本具有层次关系的模型，假设我们把一个文档划分成多个句子，在第一层，我们分别对每个句子使用注意力机制计算出一个句向量（也就是单层注意力）；在第二层，我们对所有句向量再使用注意力计算出一个文档向量（也是一个单层注意力），最后再用这个文档向量去做任务。

（3）多头注意力。用到多个 Query 对一段原文进行了多次注意力计算，每个 Query 都关注到原文的不同部分，相当于重复做多次单层注意力。

另外，还有一种比较特殊的注意力机制，我们称为自注意力机制（self-attention）。之前提到的注意力机制，Query 和 Key、Value 通常分属不同的输入和输出两个阶段，常用于需要构建两段文本关系的任务，Query 一般包含了额外信息，根据输出的译文 Query 对原文进行对齐。而自注意力机制，顾名思义，就是只对自身文本进行计算。为了更方便理解自注意力机制的神奇，我们看一下在网络上比较流行的一句话："研表究明汉语中的序顺并不影阅响读，比如你看这到里才发现所的有序顺都不对"。

当你读完这句话，你一定发现，虽然上述语句是乱序的，但是并没有特别干扰你的理解，甚至阅读时并没有感觉到。为什么会有这种现象呢？当你的眼睛扫过"研""表""究""明"这几个字时，我们的大脑自动把"研究"两字联系到一起，同样把"表"和"明"联系到一起，使得整句话最终按"最恰当"的顺序重组。由于我们的大脑中已经在日常的语言学习中建立了对词语单字之间的联系，而日积月累的使用强化了这种联系，甚至成为了本能。大脑根据默认的语言联系，忽略了顺序的打乱而自动把它纠正到正确的轨道上来，这个重组的速度之快，让我们根本没意识到它发生过。以上现象至少说明了两件事：字和字之间的潜在联系能在某种程度上表达它的语义信息；语言信息的处理可以在一定程度上并行来提高效率。

自注意力机制（Self-Attention）提出于 2016 年，是一种将一个序列中的不同位置关联起来的以计算同一序列表示的注意力机制。图 8-22 所示是两个句子中 it 与上下文单词的关系热点图，很容易看出来第一个图中的 it 与 animal 关系很强，第二个图中 it 与 street 关系很强。这个结果说明自注意力机制是可以很好地学习到上下文的语言信息。

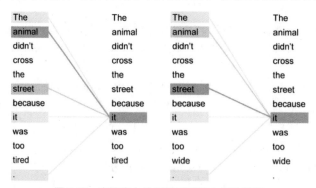

图 8-22　自注意力机制展示词语之间的联系

8.2.3　Transformer-Attention is All You Need（注意力足矣）

本小节将深入解剖 Transformer 模型，可以说它标志着 AICG 技术走进了跨时代的新篇章，成为了几乎所有 SOTA 模型（是 State Of The Arts 的简称，指在某一个领域效果做的最好的模型）绕不过去的一座高峰——Transformer。相信很多读者对它的名字会印象深刻，尤其看过同名好莱坞大片的青少年读者。关于这个名字的中文译名其实并没有一个共识。从功能上来讲，它源自于序列到序列（Seq2Seq）模型，也就是将一个输入序列转换成另一个输出序列，所以可以翻译成"变换器"或者"转换器"，也有翻译成"变压器"，这似乎也比较形象。当然，更有趣的翻译则是它的同名影视作品的中文译名——"变形金刚"，不但体现了它能变换的特性，也暗示了它强大的能力。而在本书中，笔者选择直书它的原名，不再翻译，也是以此来致敬它的地位，即《道德经》中所云"名可名，非常名"。

Transformer 这一跨时代的架构在 2017 年由谷歌提出，论文名为 *Attention is all you need*"。文章标题很简洁，开门见山地点出了它的核心，也就是我们 8.2.2 节介绍的注意力机制（Attention）。Transformer 的整体模型结构可以看图 8-23 展示，该图来自原论文。后面我们尝试像庖丁解牛一样来一步步将其拆解介绍。

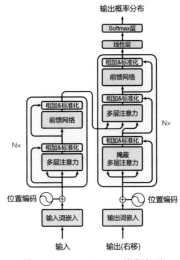

图 8-23　Transformer 模型架构

首先让我们从整体上来看一下这个模型结构。先隐去细节部分，图 8-24 所示的结构示例有助于我们从更宏观的角度去认识 Transformer。先从最大的两部分组成来看，还是经典的 Encoder-Decoder 架构。细心的读者也许已经看到论文原图两侧的"*Nx*"，这代表了有 *N* 个编码器和 *N* 个解码器。最终如图 8-24 所示，每个编码器的输入是上一个编码器的输出，而每一个小解码器的输入不只是它的前一个解码器的输出，还包括了整个编码部分的输出。

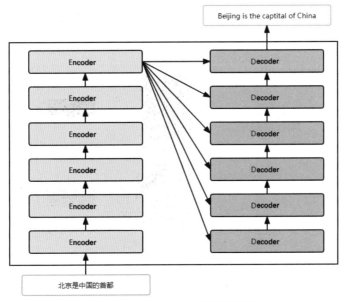

图 8-24　Transformer 的结构示例

那么每一个小编码器里边又是什么呢？我们放大一个编码器（Encoder），可以发现里边的结构是一个自注意力机制（Self-Attention）加上一个前馈神经网络（Feed Forward Neural Network），如图 8-25 所示。这里的前馈神经网络是最简单的一种神经网络结构，这里不再赘述。重点看一下这里的自注意力机制是如何运行的。

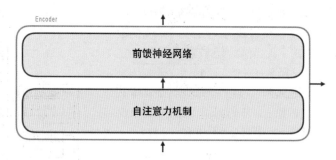

图 8-25 Transformer 架构中 Encoder 内部结构

首先，self-attention 的输入就是词向量，即整个模型的最初输入是词向量的形式。而自注意力机制，如上节介绍就是每个词和同输入序列中的所有词计算一遍注意力，即对每一个输入的词向量，我们需要构建 self-attention 的输入。在这里，transformer 首先将词向量乘以三个矩阵，得到三个新的向量，之所以乘以三个矩阵参数而不是直接用原本的词向量是因为这样增加更多的参数，提高模型效果。对于输入 $X1$（北京），乘以三个矩阵后分别得到 $Q1$、$K1$、$V1$，如图 8-26 所示。同样的，对于其他输入比如 $X2$（是），也乘以三个不同的矩阵得到 $Q2$、$K2$、$V2$。对于其他输入 $X3$（中国）、$X4$（的）、$X5$（首都），也做类似操作，不再赘述。

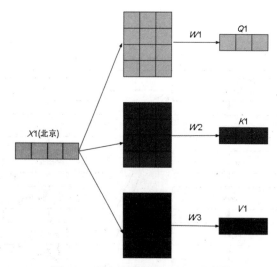

图 8-26 输入向量得到 $Q/K/V$ 示意图

接下来就要计算注意力得分了，这个得分是通过计算 Q 与各个单词的 K 向量的点积得到的。我们以 $X1$ 为例，分别将 $Q1$ 和 $K1$、$K2$、$K3$、$K4$、$K5$ 进行点积运算，假设分别得到得分 64、16、32、16、32，然后将得分分别除以一个特定数值 8（K 向量的维度的平方根，通常 K 向量的维度是 64），这能让梯度更加稳定，也就是得到 8、2、4、2、4。将上述结果进行 softmax 运算，softmax 主要将分数标准化，使它们都是正数并且加起来等于 1，如图 8-27 所示。

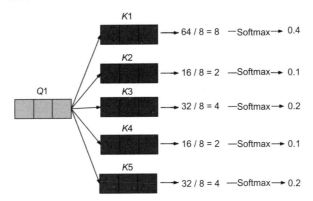

图 8-27　计算 self-attention value 示意

将 V 向量乘以 softmax 的结果，这个思想主要是为了保持我们想要关注的单词的值不变，而掩盖那些不相关的单词（例如将它们乘上很小的数字），将带权重的各个 V 向量加起来，至此，产生在这个位置上（第一个单词）的 self-attention 层的输出，其余位置的 self-attention 输出也是同样的计算方式，如图 8-28 所示。

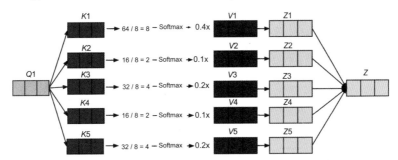

图 8-28　计算最终的隐变量 Z 示意

将上述的过程总结为一个公式就可以用图 8-29 表示。

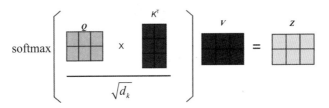

图 8-29　self-attention 计算公式示意图

自注意力机制层到这里就结束了吗？还没有，论文为了进一步细化自注意力机制层，增加了"多头注意力机制"的概念，这从两个方面提高了自注意力层的性能。一是它扩展了模型关注不同位置的能力，二是它给了自注意力层多个"表示子空间"。对于多头自注意力机制，我们不只有一组 $Q/K/V$ 权重矩阵，而是有多组（论文中使用 8 组），所以每个

编码器 / 解码器使用 8 个 "头" (可以理解为 8 个互不干扰自的注意力机制运算), 每一组的 $Q/K/V$ 都不相同。然后, 得到 8 个不同的权重矩阵 Z, 每个权重矩阵被用来将输入向量投射到不同的表示子空间。

经过多头注意力机制后, 就会得到多个权重矩阵 Z, 我们将多个 Z 进行拼接就得到了 self-attention 层的输出, 如图 8-30 所示。

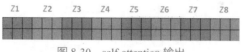

图 8-30　self-attention 输出

上述我们经过了 self-attention 层, 得到了 self-attention 的输出。self-attention 的输出即是前馈神经网络层的输入, 前馈神经网络的输入只需要一个矩阵就可以了, 不需要 8 个矩阵, 所以我们需要把这 8 个矩阵压缩成一个, 我们怎么做呢? 只需要把这些矩阵拼接起来然后用一个额外的权重矩阵与之相乘即可。最终的 Z 就作为前馈神经网络的输入。

接下来就进入了小编码器里边的前馈神经网模块了, 前馈神经网络的输入是 self-attention 的输出, 即图 8-30 中的 Z, 是一个矩阵, 矩阵的维度是序列长度 $\times D$ 词向量, 之后前馈神经网络的输出也是同样的维度。以上就是一个小编码器的内部构造了, 一个大的编码部分就是将这个过程重复了 N 次, 最终得到整个编码部分的输出。

transformer 中使用了 6 个编码器, 为了解决梯度消失的问题, 在 Encoders 和 Decoder 中都使用了残差神经网络的结构, 即每一个前馈神经网络的输入不光包含上述 self-attention 的输出 Z, 还包含最原始的输入。

上述说到的编码器是对输入 (机器学习) 进行编码, 使用的是 "自注意力机制 + 前馈神经网络" 的结构, 如图 8-31 所示。同样的, 在编码器中使用的也是类似的结构, 也是首先对输出计算自注意力得分。不同的地方在于, 进行自注意力机制后, 将 self-attention 的输出再与 Decoders 模块的输出计算一遍注意力机制得分, 然后再进入前馈神经网络模块。

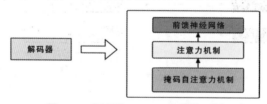

图 8-31　解码器 Decoder 的结构示例

以上就是拆解 Transformer 编码和解码两大模块的内容部分。那么我们回归最初的问题, 将 "北京是中国的首都" 翻译成 "Beijing is the captital of China", 解码器输出本来是一个浮点型的向量, 怎么转化成这 6 个英文单词呢? 这个工作的实现是在最后的线性层接上一个 softmax 函数, 其中线性层是一个简单的全连接神经网络, 它将解码器产生的向量投影到一个更高维度的向量上, 假设我们模型的词汇表有 10000 个词, 那么向量就有 10000 个维度, 每个维度对应一个唯一的词的得分。之后的 softmax 层将这些分数转换为概率。选择概率最大的维度, 并对应地生成与之关联的单词作为此时间步的输出就是最终的输出。假设词汇表维度是 6, 那么输出最大概率词汇的结果见表 8-2。

表8-2　输出最大概率词汇

	Beijing	is	the	captial	of	China
out1	0.92	0.01	0.02	0.03	0.01	0.01
out2	0.01	0.89	0.03	0.02	0.04	0.01
out3	0.02	0.01	0.94	0.01	0.01	0.01
out4	0.02	0.01	0.02	0.88	0.03	0.04
out5	0.01	0.01	0.02	0.01	0.93	0.02
out6	0.06	0.01	0.02	0.04	0.01	0.86

以上就是 Transformer 的框架，但是还有最后一个问题，我们都知道 RNN 中的每个输入是时序的，是有先后顺序的，可是 Transformer 整个框架并没有考虑顺序信息，这就需要提到另一个概念："位置编码"。Transformer 中确实没有考虑顺序信息，那怎么办呢，我们可以在输入中做手脚，把输入变得有位置信息不就行了，那怎么把词向量输入变成携带位置信息的输入呢？

我们可以给每个词向量加上一个有顺序特征的向量，发现 sin 和 cos 函数能够很好地表达这种特征，所以通常位置向量用以下公式来表示。

$$PE_{pos,2i} = \sin(\ pos\ /\ 10000^{2i/d_{model}}\ )$$
$$PE_{px_0}\ d + 1 = \cos(\ pos\ /\ 1000^{2i}\ d(A)\ )$$

到此相信读者已经对 Transformer 的结构和原理有了基本的了解。那么它的优势都有哪些呢？首先，它借助自注意力机制可以直接建模输入序列单元之间的更长距离的依赖关系，使得它对长序列建模的能力更强；其次，在编码阶段每个小编码器中内部的自注意力机制模块，可以使用 GPU 等多核设备并行计算，突破了传统 RNN 的限制；第三，自注意力可以产生更可解释性的模型，我们可以从模型中检查注意力的分布，不同的注意头（Attention Head）可以执行不同的任务。

事实上，当 Transformer 在 2017 年首次被提出后，很快就有各种各样的变种结构被提出，而各项指标也很快处于领域内的前沿位置。同时也从自然语言处理（NLP）领域扩展到其他领域，如计算机视觉（CV）领域。比如 *Swin Transformer* 也获得了 ICCV 的最佳论文，一方面是大势所趋，AI 的各领域模型终会一统化，另一方面也证明了 Transformer 的生命力。今天，Transformer 已经是继 MLP、CNN、RNN 之后的第四大类深度学习模型。斯坦福大学 100 多位研究人员共同编写了一篇 212 页的综述文章，以 Transformer 为基础的一系列模型定义为基础模型（Foundation Models）。稍微夸张地说，Attetion is all you need 最终也会发展成 Transformer is all you need。

在自然语言处理领域，Transformer 最有名的后继者莫过于 BERT 和 GPT。BERT（Bidirectional Encoder Representations from Transformers，意为多 Transformer 的双向编码表示法）是由谷歌公司在 2018 年提出，当时在机器阅读理解顶级水平测试 SQuAD1.1 中表现出惊人的成绩：在全部两个衡量指标上全面超越人类，并且还在 11 种不同 NLP 测试中创出最佳成绩，包括将 GLUE 基准推至 80.4％（绝对改进 7.6％），MultiNLI 准确度达到 86.7%（绝对改进率 8.6%）等。而 GPT（Generative Pre-Training，意为生成式的预训练）更自不待说，由 OpenAI 最早在 2018 年提出并不断演进出 GPT-2、GPT-3、GPT-3.5 等，近期最受注目的 ChatGPT 的背后模型就是 GPT-4（相信大家只从名字上也能想到关联）。为说明一下二者的地位，笔者打个可能不太恰当的比方，如果说 Transformer 是开天辟地的盘古，那么如同神话中说的，它的左眼最后变成了太阳——也就是 BERT，右眼变成了月亮——这就是 GPT。两者对 Transformer 结构的继承改造走上了完全不同的两种路子，就像金庸的武侠小说《笑傲江湖》中的华山派分裂为"剑宗"和"气宗"一样，在 NLP 领域前沿探索的路上你追我赶，各领风骚数百天。这两者都是基于 Transformer 的架构，也都是两阶段的处理方式——即先通过大规模无标注语料预训练出通用语言模型，然后在具体的下游任务上通过有标注数据进行微调（Fine-tune）。不同的是，BERT 的模型结构就是只保留了 Transformer 的编码器部分。而 GPT 模型则正好相反，只保留了 Transformer 的解码器，并去除了引入编码器输出的多头注意力机制部分。另外，两者的预训练任务也不相同，细节会在 8.3 节具体说明。

上面所说的"预训练 + 微调"的二段式训练，为什么它能行之有效呢？这和小孩子读书一样，一开始语文、数学、物理、化学等基础学科什么都学，在他的大脑里，不仅积攒了很多知识本身的印记，也在无形中让大脑得到了很多逻辑上、艺术上的训练。当他学习新的应用学科比如计算机时，实际上把他以前学到的所有知识和能力都带进去了。如果他以前没上过中学，没上过小学，而是直接学习计算机学科，那么就会困难得多。预训练模型就意味着把人类的语言知识，先学了一个东西，然后再代入某个具体任务，就顺手了，就是这么一个看似简单的道理。事实上，这样的二段式训练方案也成就了 NLP 领域的另一个里程碑。而这也引出了我们 8.3 节的话题——自监督学习和预训练模型，如图 8-32 所示。

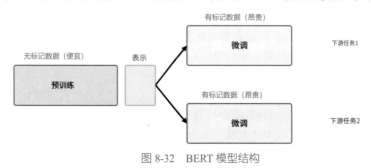

图 8-32　BERT 模型结构

8.3　自监督学习与预训练模型

8.3.1　什么是自监督学习

在机器学习领域，一般分为有监督学习（Supervised Learning）和无监督学习（Unsupervised Learning）。区别是前者有人工标注的 label 数据（Ground Truth），而后者则没有。那么自监督学习（Self-Supervised Learning）则是一种特殊的无监督学习，它同样没有人工的标注 label，但是它会根据一定的方法或逻辑自动生成标签或者目标，从而训练模型，学习数据的特征和结构。8.2 节最后提到的 BERT 和 GPT 模型就是这一类学习方案中的佼佼者。自监督学习最大的优势，就是可以减少对有标注数据的依赖，大大减少过于高昂的人力成本，可以在超级大规模的无标记样本上学习，提高模型的泛化能力和效率。当然，在自然语言处理（NLP）领域之外，其他比如计算机视觉、医学领域、自动驾驶等领域也有着自监督学习的广泛应用。

自监督学习的具体方法主要有以下几种。

（1）对比学习（Contrastive Learning）：对比学习是一种通过比较不同的数据样本，学习数据的相似性和差异性的方法。对比学习的基本思想是，将同一个数据样本通过不同的变换（例如旋转、裁剪、噪声等）得到两个或多个变换后的样本，然后训练模型使得变换后的样本之间的距离尽可能小，而与其他数据样本之间的距离尽可能大。对比学习可以用于图像和视频的表示学习，例如 SimCLR1、MoCo2、CPC3 等。

（2）预测学习（Predictive Learning）：预测学习是一种通过预测数据的未来或者缺失的部分，学习数据的动态和完整性的方法。预测学习的基本思想是，将数据分为两个或多个部分，例如前后、上下、左右等，然后训练模型根据数据的一个部分预测另一个部分的误差尽可能小。预测学习可以用于图像和视频的生成和填充，例如 BERT、GPT、Denoising Autoencoder 等。

（3）重建学习（Reconstruction Learning）：重建学习是一种通过重建数据的原始或者更优的形式，学习数据的本质和质量的方法。重建学习的基本思想是，将数据通过一些变换（例如降维、压缩、编码等）得到一个低维或者稀疏的表示，然后训练模型使得根据这个表示重建数据的误差尽可能小。重建学习可以用于图像和视频的降噪和增强，例如 PCA、VAE、GAN 等。

后面我们分别详细介绍一下自然语言处理（NLP）和计算机视觉（CV）领域的自监督学习的代表模型等。

8.3.2 自然语言处理中的自监督学习和预训练模型

自然语言处理（NLP）的预训练发展经历从浅层的词嵌入到深层编码两个阶段，按照这两个主要的发展阶段，我们归纳出预训练的两大范式：浅层词嵌入和上下文的词嵌入。

第一代预训练旨在学习浅层词嵌入（Word Embeddings）。由于下游的任务不再需要这些模型的帮助，因此为了计算效率，它们通常采用浅层模型，如 Skip-Gram 和 GloVe。尽管这些经过预训练的嵌入向量也可以捕捉单词的语义，但它们却不受上下文限制，只是简单地学习共现词频。这样的方法明显无法理解更高层次的文本概念，如句法结构、语义角色、指代等。

第二代预训练专注于学习上下文的词嵌入（Contextual Embeddings），如 CoVe、ELMo、GPT 以及 BERT。它们会学习更合理的词表征，这些表征囊括了词的上下文信息，可以用于问答系统、机器翻译等后续任务。另外，这些模型还提出了各种语言任务来训练，以便支持更广泛的应用，因此它们也可以称为预训练语言模型。

首先，我们先回顾一下第一代的浅层词嵌入的预训练方案。

（1）Word2Vec。

Word2Vec 是谷歌于 2013 年开源推出的一个用于获取 word vector 的工具包，将单词从原先所属的空间映射到新的多维空间中，即把原先词所在空间嵌入（Embedding）一个新的空间中，用词向量的方式表征词的语义信息，通过一个嵌入空间使得语义上相似的单词在该空间内距离很近。Word2Vec 模型（见图 8-33）中，主要有 Skip-Gram 和 CBOW 两种模型，从直观上理解，Skip-Gram 是给定 input word 来预测上下文，而 CBOW 是给定上下文，来预测 input word。Word2Vec 最大的缺点是并没有考虑到词序信息以及全局的统计信息等。

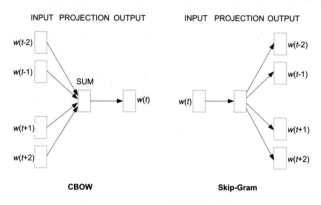

图 8-33　Word2Vec 模型结构示意

（2）GloVe。

GloVe（Global Vectors for Word Representation）也是一种无监督的词嵌入方法，该模型用到了语料库的全局特征，即单词的共现频次矩阵，来学习词表征（Word Representation）。

第一步统计共现矩阵：下面给出了三句话，假设这就是我们全部的语料。我们使用一个 size=1 的窗口，对每句话依次进行滑动，相当于只统计紧邻的词，这样就可以得到一个共现矩阵，如表 8-3 所示。共现矩阵的每一列，自然可以当作这个词的一个向量表示。这样的表示明显优于 one-hot 表示，因为它的每一维都有含义——共现次数，因此这样的向量表示可以求词语之间的相似度。

示例语料：

I like deep learning.

I like NLP.

I enjoy flying.

表8-3　共现矩阵

counts	I	like	enjoy	deep	learning	NLP	flying
I	0	2	1	0	0	0	0
like	2	0	0	1	0	1	0
enjoy	1	0	0	0	0	0	1
deep	0	1	0	0	1	0	0
learning	0	0	0	1	0	0	0
NLP	0	1	0	0	0	0	0
flying	0	0	1	0	0	0	0

下面引入共现概率和协同共现概率矩阵（Co-occurrence Probability）的概念。

x_{ij} 记为语料库中单词 j 出现在单词 i 上下文的次数（即共现次数）。

$x_i = \sum_k x_{ik}$ 为单词 i 中上下文的总次数。

$P_{ij} = P(j|i) = \dfrac{xij}{x_i}$ 记为 i 和 j 的共现概率。

如上例中：

$P(I|like) = 2 / (2 + 1 + 1) = 0.5$,

$P(I|enjoy) = 1 / (1 + 1) = 0.5$,

$P(I|like) / P(I|enjoy) = 0.5 / 0.5 = 1$。

GloVe 原论文中给出的协同共现概率矩阵的例子如下：

Probability and Ratio	k = solid	k = gas	k = water	k = fashion
$P(k|ice)$	1.9×10^{-4}	6.6×10^{-5}	3.0×10^{-3}	1.7×10^{-5}
$P(k|steam)$	2.2×10^{-5}	7.8×10^{-4}	2.2×10^{-3}	1.8×10^{-5}
$P(k|ice)/P(k|steam)$	8.9	8.5×10^{-2}	1.36	0.96

第二步训练词向量：从上面的例子，GloVe 总结出如下的规律，如表 8-4 所示。

表8-4 词向量规律

Ratio(i,j,k) = P(i|j)/P(i|k)	单词 j,k 相关	单词 j,k 不相关
单词 j,k 相关	Ratio 趋近 1	Ratio 很大
单词 j,k 不相关	Ratio 很小	Ratio 趋近 1

GloVe 的目标是训练三个词向量 w_i, w_j, w_k，使得它们满足上述规律。原文给出的损失函数如下：

$$L = \sum_{i,j=1}^{V} f(X_{ij})(w_i^T w_j^1 + b_i + b_i^1 - \log X_{ij})^2$$

其中，b_i 和 b_j 是偏置项；$f(x)$ 是权重函数。

$f(x)$ 需要符合以下三个特点：

$f(0)=0$；

$f(x)$ 必须是非减函数；

$f(x)$ 对特别大的 x 不能取太大。

论文中给出的函数如下：

$$f(x) = \begin{cases} (x/x_{max})^a & x < x_{max} \\ 1 & x \geq x_{max} \end{cases}$$

第二代预训练的语言模型谱系可以参考图 8-34。这里我们会重点介绍三个典型代表。

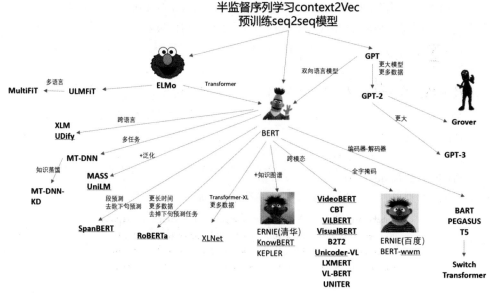

图 8-34　预训练语言模型谱系

（1）ELMo。

ELMo（Embeddings from Language Models）是由 AI2 提出，该模型不仅学习单词特征，还有句法特征与语义特征。ELMo 通过在大型语料上预训练一个深度 BiLSTM 语言模型网络来获取词向量，也就是每次输入一句话，可以根据这句话的上下文语境获得每个词的向量，这样就可以解决一词多义问题。

ELMo 模型的本质思想是先用语言模型学习一个单词的词嵌入（Word Embedding），此时无法解决一词多义问题。在实际使用词嵌入的时候，单词已经具备特定的上下文，这时可以根据上下文单词的语义调整单词的词嵌入表示，因此经过调整后的词嵌入更能表达上下文信息，自然就解决了多义词问题。

（2）GPT。

GPT（Generative Pre-Training）模型是一种典型的自回归语言模型（AutoRegressive LM，AR），也就是根据上文内容预测下一个可能跟随的单词。它用单向 Transformer 的解码器代替 ELMo 的 LSTM 来完成预训练任务，并将 12 个 Transformer 叠加起来。训练的过程较简单，将句子的 n 个词向量加上位置编码（Positional Encoding）后输入Transformer 中，n 个输出分别预测该位置的下一个词，如图 8-35 所示。

（3）BERT。

BERT 和 GPT 不同，它是基于自编码语言模型（AutoEncoder LM，AE）的预训练任务进行训练。BERT 主要有两个预训练任务，一个是掩码语言模型（Mask Language Model，MLM），另一个是下一个句子预测（Next Sentence Prediction，NSP）。

掩码语言模型的引入主要是为了真正实现文本的双向建模，即当前时刻的预测同时依赖"历史"和"未来"。具体做法类似完形填空（Cloze），直接将输入文本中的部分单词掩码（Mask），并通过深层 Transformer 模型还原为原单词，从而避免了双向语言模型

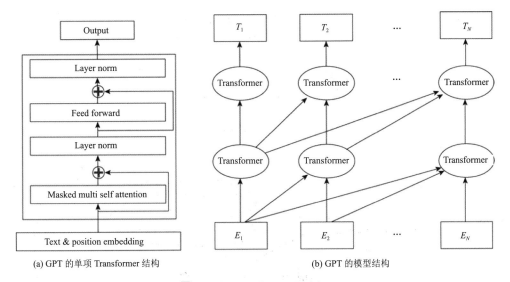

图 8-35　Generative Pre-Training

带来的信息泄露问题，迫使模型使用被掩码词周围的上下文信息还原掩码位置的词。在 BERT 中，采用了 15% 的掩码比例，也就是输入序列中 15% 的 WordPieces 字词被掩码。当掩码时，模型使用 [MASK] 标记替换原单词以表示该位置被掩码。然而这也会造成预训练阶段和下游任务精调阶段之间的不一致性，因为人为引入的 [MASK] 标记并不会在实际的下游任务中出现。为了缓解这个问题，当需要对输入序列掩码时，并非总是将其替换为 [MASK] 标记，而是按概率选择以下三种操作的一种。

（1）以 80% 的概率替换为 [MASK] 标记。

（2）以 10% 的概率替换为词表中的任一个随机词。

（3）以 10% 的概率保持原词不变。

下一个句子预测（NSP）的任务主要是为了构建两段文本之间的关系。这是掩码语言模型无法显式地学习到的，但却是阅读理解、文本蕴含等 NLP 任务中所需要的。NSP 任务是一个二分类任务，需要判断句子 B 是否句子 A 的下一个句子。其训练样本由以下方式产生。

（1）正样本：来自自然文本中相邻的两个句子。

（2）负样本：将句子 B 替换为语料库中的任意一个其他句子。

正负样本比例一般控制在 1∶1。

除了上述的基本预训练任务，还可以将 MLM 任务替换为如下两种进阶预训练任务。

（1）整词掩码（Whole Word Masking，WWM），它最大的变化是在掩码方式上做了改动，也就是最小掩码单位由字变成整词。

（2）N-gram 掩码（N-gram Masking，NM）语言模型，就是将连续的 N-gram 文本进行掩码。

在 BERT 之后到现在，还有各种各样的变种升级版本，如 ALBERT、RoBERTa、SpanBERT 等，当然 GPT 家族也经过 GPT-2、GPT-3、GPT-3.5 逐步进化到了最新的 GPT-4。

从自监督学习的角度来看，本质并没有太大变化，可以说万变不离其宗。

正是因为有了自监督学习，在大数据、大模型和大算力的加持下，超大规模的预训练模型完全依赖"蛮力"，使得 NLP 领域有了一次又一次的突破，可谓"一力破十巧"，或者说"大力出奇迹"。无论如何，大规模自监督学习生成的预训练模型都已经成为自然语言处理的新范式。

最后用两个冷知识来结束本节内容。

NLP 界大佬的命名恶趣味。早期预训练模型的命名都是《芝麻街》中的角色名称，如图 8-36 所示。

图 8-36　芝麻街

GPT 和独角兽有什么关系？准确地说，是因为 GPT-2。在一个生成式任务上，OpenAI 给出了这么一个开头："在一项惊人的研究中，科学家发现了一群独角兽，它们生活在安第斯山脉一个偏远的还没被开发的山谷中，更令人惊讶的是这些独角兽会说一口完美的英语。"紧接着 GPT-2 就写出了一大段故事，英文原文就不贴在这里了。中文大意就是这些长着四个银色角的独角兽如何被发现，被科学家命名为 Ovid's Unicorn，以及权威人士们评论这些生物是怎么出现的，最后还认为要证明这群独角兽是否外星的种族，唯一方法就是通过 DNA 了。这一本正经的胡说八道能力，看来是证明 ChatGPT的传承了吧。

8.3.3　计算机视觉的自监督学习

自监督学习除了在 8.3.2 小节中讲到的自然语言处理（NLP）领域之外，在语音识别（Speech）和计算机视觉（CV）领域也有着比较广泛的应用。图 8-37 展示了和 NLP 领域对应的一些预训练模型方案以及 CV 领域所独有的一些模型。

本节的重点是介绍在 CV 领域更常用的对比学习（Contrasitive Learning）类型的自监督学习。对比学习（Contrastive Learning）是自监督学习（Self-supervised Learning）中非常朴素的想法之一。就像小孩学习一样，通过比较猫狗的同类之间相同之处与异类之间不同之处，在即使不知道什么是猫、什么是狗的情况下（甚至没有语言定义的情况），也可以学会分辨猫狗。这个方法的想法大概可以推到 2006 年 LeCun 的论文 *Dimensionality*

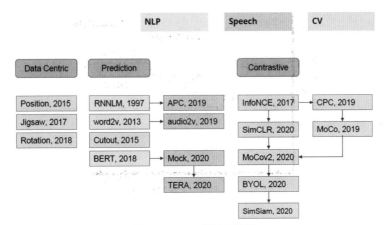

图 8-37　NLP 预训练模型

Reduction by Learning an Invariant Mapping，如图 8-38 所示，论文中将许多高维的点投到低维上，并讨论说相似的点投到低维空间中，会有较近的距离。

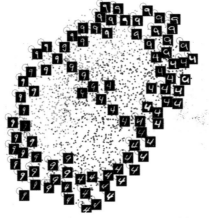

Figure 4. Experiment demonstrating the effectiveness of the Dr-LIM in a trivial situation with MNIST digits. A Euclidean near-est neighbor metric is used to create the local neighborhood rela-tionships among the training samples, and a mapping function is learned with a convolutional network. Figure shows the placement of the *test* samples in output space. Even though the neighborhood relationships among these samples are unknown, they are well or-ganized and evenly distributed on the 2D manifold.

图 8-38　对比学习

　　首先我们来介绍对比学习的一个典型例子 SimCLR。SimCLR 最早是谷歌的 Hinton 团队在 2020 年发布的，论文全名是 *ASimple Framework forContrastive Learning of Visual Representations*。这是自监督学习也是对比学习在 CV 领域的一个重要里程碑。先来通过图 8-39 直观地感受下它的性能：SimCLR (4×) 这个模型可以在 ImageNet 上面达到 76.5% 的前 1 准确率（Top 1 Accuracy），比当时的最优（STOA）模型高了 7 个百分点。如果把这个预训练模型用 1% 的 ImageNet 的标签微调一下，借助这一点点的有监督信息，SimCLR 就可以再达到 88.5% 的 Top 5 Accuracy，也就是再涨 10 个百分点。

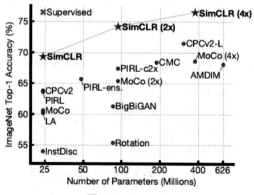

图 8-39　SimCLR

那么 SimCLR 是如何做到这样的效果呢？一个核心的词汇，也就是之前提到的"对比"（Contrastive）。它的实质用一句话说，就是试图教机器区分相似和不相似的事物。比如说现在我们有任意的 4 张图片，如图 8-40 所示。前两张都是"狗"这个类别，后两张是其他类别。以第 1 张图为例，我们希望它与第 2 张图的相似性越高越好，而与第 3、第 4 张图的相似性越低越好。

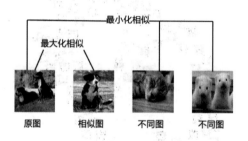

图 8-40　Contrastive

但是上述结果其实都是很理想的情形。在现实场景中，我们只有大堆没有任何标签的图片，不知道哪些是"狗"，哪些是"猫"。而如果要人工标注的话，就需要大量的人工成本。那么在 SimCLR 训练过程中是怎么生成相似和不同的图片呢？假设现在有 1 张任意的图片 p0，我们记为原始图片（Original Image），先对它做数据增强（Data Augmentation），得到两张增强以后的图片 p1 和 p2。此处数据增强的方式有以下 3 种。

（1）随机裁剪之后再调整成原来的大小。

（2）随机色彩失真。

（3）随机高斯模糊。

将增强后的图片 p1 和 p2 输入编码器（Encoder）（Encoder/Decoder 的身影在 CV 领域也是随处可见）中，注意这两个编码器是共享参数的，得到中间隐含层的表征向量（Representation）h_1, h_2，再把 h_1, h_2 继续通过投影函数（Projection Head）得到最终的表征向量 z_1 和 z_2，这里的两个投影函数依旧是共享参数的。接下来的目标就是最大化同一张图片得到的 z_1 和 z_2 的相似度。

上述过程可以用图 8-41 表示。总结起来就是先通过数据增强的方式得到两张相似的图片，然后通过编码器（Encoder）去学习一个中间的表征向量 h，然后通过加全连接层得到最终的表征，并让两个最终表征相似度最大化。经过大量的相似过程后，中间层的表征向量 h 就是预训练的结果，可以用于下游的其他图像任务。

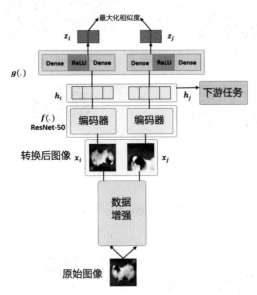

图 8-41　SimCLR 流程示意图

通过上述过程可以发现，CV 领域的自监督学习的一个基础就是通过数据增强来获得相似图片。那么除了刚才说的 3 种方式，常用的还有下述一些方法。

（1）图像着色。

将图像转化成灰色的，以此来构建成对的（灰度、彩色）图像作为数据，如图 8-42 所示。

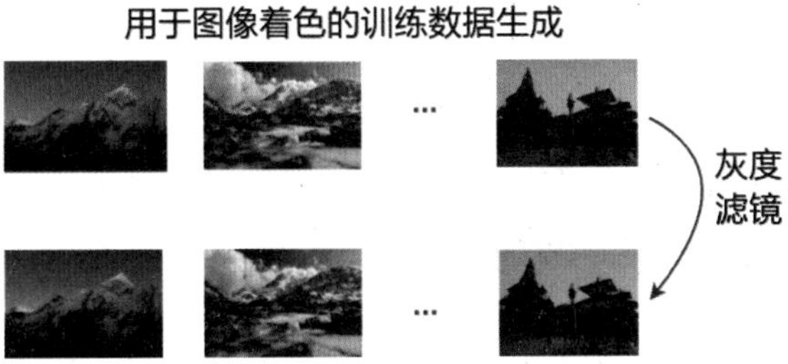

用于图像着色的训练数据生成

图 8-42　图像着色

（2）图像超分辨率。

通过对数百万张图像进行降采样来准备训练对（小尺寸、放大图像）作为训练数据，如图 8-43 所示。

超分辨率的训练数据生成

缩小2倍

图 8-43 图像超分辨率

（3）图像修补。

通过随机删除部分图像来准备训练对（损坏的、固定的）作为训练数据，如图 8-44 所示。

图像修复数据生成

随机缺失区域

图 8-44 图像修补

（4）图像拼图。

通过打乱图像块（Patch）准备训练对（随机的、有序的）作为训练数据，如图 8-45 所示。

拼图数据生成

图 8-45 图像拼图

（5）内容预测。

通过从未标记的大型图像集中随机获取一个图像块（Patch）及其周围的一个相邻的图像块（Patch）来准备训练对（图像补丁、相邻 Patch），如图 8-46 所示。

图 8-46 内容预测

（6）几何变换识别。

通过从未标记的大型图像集中随机旋转图像（0°、90°、180°、270°）来准备训练对（旋转图像、旋转角度），如图 8-47 所示。

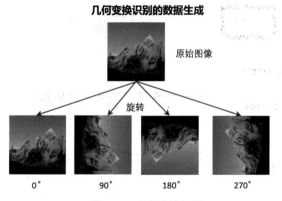

图 8-47 几何变换识别

（7）图片聚类。

通过对未标记的大型图像集合进行聚类来准备训练对（图像、聚类数），如图 8-48 所示。

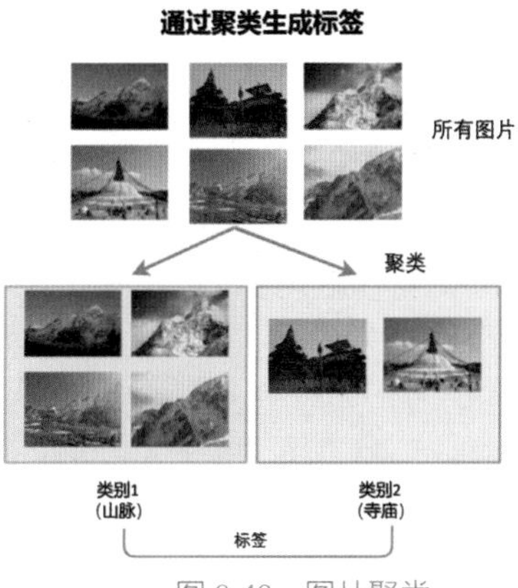

图 8-48 图片聚类

（8）影像合成。

通过使用游戏引擎生成合成图像并使其适应真实图像来准备训练对（图像、属性），如图 8-49 所示。

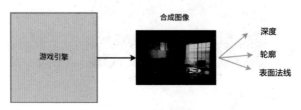

图 8-49　影像合成

（9）视频帧顺序。

以上都是针对单张图片，对视频来说，可以通过从运动对象的视频中拖曳帧来准备训练对（视频帧、正确 / 不正确的顺序），如图 8-50 所示。

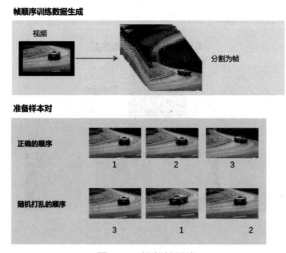

图 8-50　视频帧顺序

除了上述各种不同的数据增强的方式，在对比学习的演进中还比较重要的就是怎么最小化预训练任务中的对比损失。常见的损失函数是交叉熵损失（Cross Entropy Loss），它适合于数据的标签（Label）是独热（One-Hot）向量的形式。此时网络结构的最后一层是 softmax，输出得到各个类的预测值。比如现在有 3 个类：dog、cat、horse，它们的 label 分别对应着（1,0,0），（0,1,0），（0,0,1），交叉熵损失会让 dog 图片的输出尽量接近（1,0,0），让 cat 图片的输出尽量接近（0,1,0），让 horse 图片的输出尽量接近（0,0,1）。

但是这也存在一个问题，就是假设再来 3 个类，分别是 sky、car 和 bus。那么按道理 dog 与 horse 的距离应该比 dog 与 sky 的距离近，因为 dog 与 horse 都属于动物；car 与 bus 的距离应该也比 car 与 cat 的距离近，因为 car 与 bus 都属于车类。但是交叉熵损失却一视同仁地把 dog 与 horse 的距离和 dog 与 sky 的距离看作一样的。

对比损失（Contrastive Loss）的初衷是想同时达到两个目标：①相近的样本之间的距离越小越好；②相远的样本之间的距离越大越好。如果神经网络的损失函数只满足条件①，那么网络会让任何的输入都输出相同的值，不论输入是 dog、cat、horse 还是 sky、car、bus，这确实满足了相近的样本之间的距离越小越好，但是却使得网络丧失了分类能力，也就是一般所说的退化解。

如果神经网络的损失函数同时满足条件①和②，是不是就完善了呢？实际上如果想让相远的样本之间的距离越大越好，就需要一个边界，否则如果 dog 是（1,0,0），那么假设第 1 轮训练网络输出 cat 是（0,1,0），第 2 轮训练网络输出 cat 是（0,5,0）……这样下去 dog 与 cat 之间的距离越来越大，网络却没法收敛。

对比损失（Contrastive loss）改进的思路就是让相远的样本之间的距离越大越好，但是这个距离要有边界，即要求：①相近的样本之间的距离越小越好；②相远的样本之间的距离越大越好，这个距离最大是 m。如图 8-51 所示：黑色实心球代表与蓝色球相近的样本，白色空心球代表与蓝色球相远的样本，蓝色箭头的长度代表力的大小，方向代表力的方向。

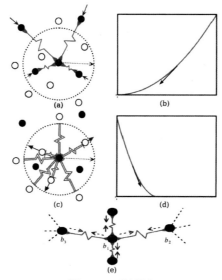

图 8-51　对比损失

（1）对比损失使得相近的样本接近。

（2）横轴代表样本之间的距离，纵轴代表 loss 值。对比损失使得相近的样本距离越小，loss 值越低。

（3）对比损失使得相远的样本疏远。

（4）横轴代表样本之间的距离，纵轴代表 loss 值。对比损失使得相远的样本距离越大，loss 值越低，但距离存在上界，就是红线与 x 轴的交点，代表距离的最大值。

（5）一个样本受到其他各个独立样本的作用，各个方向的力处于平衡状态，代表模型参数在对比损失的作用下训练到收敛。

在对 CV 领域的自监督学习方法有了初步的了解之后，接下来我们介绍在 CV 领域对比学习另一个重要的里程碑——MoCo 系列。它是由 Facebook AI 团队提出，和 SimCLR 系列一时瑜亮。时间回到 2019 年年末，那时 NLP 领域的 Transformer 进一步应用于自监督学习领域，产生后来影响深远的 BERT 和 GPT 系列模型，反观 CV 领域，ImageNet 刷到饱和，似乎遇到了怎么也跨不过的屏障，在不同任务之间打转，寻求出路。就在 CV 领域停滞不前的时候，Facebook 的 Kaiming He 带着 MoCo 横空出世，横扫了包括 PASCAL VOC 和 COCO 在内的 7 大数据集，至此，CV 拉开了自监督学习的新篇章，与 Transformer 联手成为了深度学习炙手可热的研究方向。

第一代的 MoCo 主要设计了以下三个核心操作。

（1）队列字典（Dictionary as a queue）。

为了最小化上述对比学习中的损失，避免对比学习出现退化解（容易使得模型将所有的输入输出相同表示），需要同时满足正样本对（相近的样本）之间的距离越小越好，负样本对（相远的样本）之间的距离越大越好。为了更有效率地达到这个目的，一个非常直观的办法是增加每次梯度更新所包含的负样本对。一般做法是设计一个内存库（memory bank）保存数据集中所有数据的特征，使用的时候随机从内存库中采样，然后对采样进行动量更新（momentum update），这样可以认为多个回合（epoch）近似一个大的批量（batch）。但是这种方法存在一个问题，就是保存数据集中所有数据特征非常地占显存。MoCo 提出了将内存库的方法改进为队列字典（dictionary as a queue），意思就是跟内存库类似，也保存数据集中数据特征，只不过变成了队列的形式存储，这样每个回合会有一个批量的数据特征进入队列，然后从队列移除出去字典中保存时间最久的一个批量的数据特征，整体来看每个回合、字典中保存的数据特征总数是不变的，并且随着回合的进行会更新字典的数据特征同时字典的容量不需要很大。

（2）动量更新（Momentum update）。

但是 MoCo 仅仅将队列作为字典的话，并不能取得很好的效果，是因为不同回合之间，编码器的参数会发生突变，不能将多个回合的数据特征近似成一个静止的大批量数据特征，所以 MoCo 在队列字典的基础上，增加了一个动量更新的操作，键向量编码参数等于 query 的 encoder 参数的滑动平均，公式如下：

$$\theta_k \leftarrow m\theta_k + (1-m)\theta_q$$

其中，θ_k、θ_q 分别是键向量编码和查询向量编码的参数，m 是 $0 \sim 1$ 的动量系数。

因为动量编码器的存在，导致键支路的参数避免了突变，可以将多个回合的数据特征近似成一个静止的大批量数据特征。

（3）洗牌归一化（Shuffling Batch Normalization）。

另外，MoCo 还发现残差网络（ResNet）里的归一化层会阻碍模型学习一个好的特征。由于每个批量内的样本之间计算均值和方差导致信息泄露，产生退化解。MoCo 通过多 GPU 训练，分开计算归一化，并且洗牌不同 GPU 上产生的归一化信息来解决这个问题。

而第二代的 MoCo v2（如图 8-52 所示）在 MoCo v1 的基础上，增加了 SimCLR 实验成功的 tricks，然后反超 SimCLR 重新成为当时的 SOTA，FAIR 和 Google Research 争锋相对之作，颇有华山论剑的意思。

它主要的改进有：改进了数据增强方法，训练时在编码器的表示上增加了相同的非线性层，为了对比，学习率采用 SimCLR 的余弦衰减，经过改动后，以更小的批量就超过了

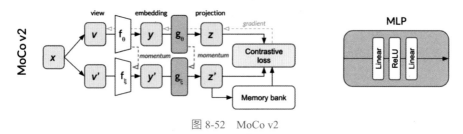

图 8-52　MoCo v2

SimCLR 的表现。可以说，这两个团队也是互卷的厉害。

第三代 MoCo v3 的出发点则是自然语言处理领域的自监督学习使用的架构都是 Transformer 的，而计算机视觉领域的自监督学习还在使用卷积网络架构，计算机视觉是不是可以使用 Transformer 架构呢？于是 MoCo v3 继续探索"自监督 +Transformer"的上限在哪里。MoCo v3 将骨干网络替换成 ViT，然后进行实验研究，探索自监督使用 Transformer 架构是否可行。最终的实验结果不出所料地超过之前的自监督算法，总体上 MoCo v3 通过实验探究洞察到了"自监督 +Transformer"存在的问题，并且使用简单的方法缓解了这个问题，这给以后的研究者探索"自监督 +Transformer"提供了很好的启示。

最后，我们以图灵奖得主、"卷积神经网络之父"YannLecun 演讲中的一句话来结束本节内容。

"If intelligence is a cake, the bulk of the cake is self-supervised learning, the icing on the cake is supervised learning, and the cherry on the cake is reinforcement learning (RL)."

第 9 章　AIGC 技术入门

9.1　文字生成文字——大语言模型

9.1.1　什么是大规模语言模型

2022 年 11 月 30 日，OpenAI 推出了对话系统 ChatGPT，ChatGPT 在语言理解、长文生成、知识推理、多轮沟通，以及多语言问答上表现惊艳，回答内容完整、逻辑清晰、重点明确。随着 ChatGPT 的火爆"出圈"，让大家重新认识到了大语言模型（LLMs）的威力，尤其是动辄千亿的参数量，其模型能力已远超上一代语言模型，甚至让大家看到了通用人工智能的可能性，如图 9-1 所示。大规模语言模型蕴含了大量的商业机会，除了当前领跑者 OpenAI 外，业界大部分公司也在奋起直追，成为了 ChatGPT 的追赶者。

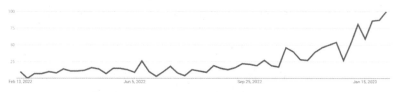

图 9-1　大语言模型的搜索量，数据来自谷歌，搜索词：large language models

人类语言是人类社会生活中沟通的桥梁，为了适应社会进化，人类语言具有较大的灵活性、较高的抽象性。语义的复杂性高且夹杂各种常识，对计算机这种 0-1 数据表示和处理带来了非常大的困难，自然语言处理被认为是目前制约人工智能取得更大突破和更广泛应用的瓶颈之一，因此又被称为"人工智能皇冠上的明珠"。

早期计算机处理人类语言困难较大，人工智能先驱们尝试过专家知识库，利用乔姆斯基等语言学理论对语法进行分析，将语言统一表达为"刻板的模板"，以便机器理解文本含义。后来，随着浅层机器学习、深度机器学习的发展，研究人员开始使用模型学习知识，但依赖各种领域专家的数据标注，针对单一任务逐个击破，例如识别淘宝购物评价对该商品是正面表扬还是负面评价，此时模型通用性也比较差。2018 年，随着无监督语言模型的兴起，OpenAI 提出了第一代 GPT（Generative Pretrained Transformer）模型，将自然语言处理带入"预训练"时代，开始了大语言模型的时代。

大语言模型（Large Language Models，LLMs）是通过海量数据训练得到的模型，它们包含了大量的知识。大语言模型的突出特点是：模型参数量大、训练数据大、计算量大。如图 9-2 所示，模型参数量上达到了上千亿：GPT-3.5（1750 亿）、LLaMA（650 亿）、GLM（1300 亿）、LaMDA（1370 亿）、BLOOM（1750 亿）、OPT（1750 亿）、BLOOM（1760 亿）、Gopher（2800 亿）、PaLM（5400 亿）。人工智能界不断加强对大语言模型的探索和应用，尤其 GPT-3.5，只需用户输入提示词，如"我喜欢这部电影，这部电影的评价是 ___"，那么 GPT-3.5 就能够直接输出结果"很棒"。如果在输入中再给一个或几个示例，那么任务完成的效果会更好，这也被称为语境学习（In-context Learning）或小样本学习。

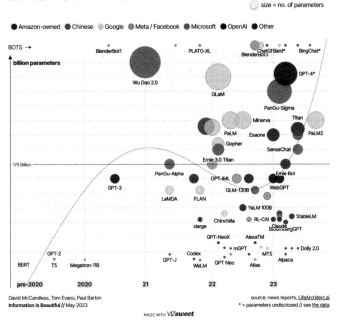

图 9-2　各大语言模型的比较，横轴：发布时间，纵轴：模型参数量

虽然大语言模型在知识推理、文本续写、代码生成等任务上令人注目，不过通过仔细研究评估能发现，大语言模型也不是万能的。其原理是对大规模语料下的规则归纳，并无主动思考能力，超出设定的对话长度或重启会发生语义丢失，也不能克服突破训练数据带来的偏见、推理能力缺失、模型鲁棒性差。

本章首先介绍大规模语言模型的概念和常见任务技能。其次以 GPT 为例介绍大规模语言模型的关键技术，包括提示学习、思维链、基于人工反馈的强化学习。接着介绍如何评价语言模型的好坏。最后讨论大规模语言模型的典型代表——ChatGPT。

9.1.2　大模型的技能举例

1. 机器翻译

机器翻译（Machine Translation，MT）是自然语言处理（NLP）中的一个经典子领域，它研究如何在没有人工参与的情况下使用计算机软件将文本或语音从一种语言翻译成另一种语言。虽然词对词的替换可以得到翻译结果，如"I like this movie"翻译为"我喜欢这电影"。但是想要得到较有意义的翻译结果，往往需要考虑译入及译出语之间的词汇、文法结构、语系甚至文化上的差异，例如英语与荷兰语同为印欧语系日耳曼语族，这两种语言间的机器翻译结果通常比汉语与英语间机器翻译的结果好。

机器翻译历史悠久，这个领域的起源可以追溯到 17 世纪。1629 年，Rene Descartes 提出了一种通用语言，这种语言"用不同的语言表达相同的含义并共享一个符号"。机器翻译的具体研究大约始于 20 世纪 50 年代，该领域的第一位研究者 Yehoshua Bar-Hillel 在麻省理工学院开始研究（1951 年）机器翻译，并于 1952 年组织了第一届机器翻译国际会议。此后，机器翻译经历了三个阶段，其发展的主要浪潮包括基于规则的机器翻译 、统计机器翻译和神经机器翻译。如图 9-3 所示，演示了不同技术方法下的翻译效果，其中基于神经机器翻译的效果有显著提升。

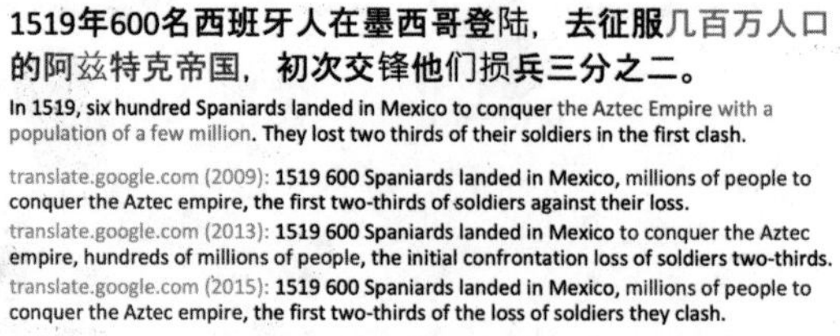

1519年600名西班牙人在墨西哥登陆，去征服几百万人口的阿兹特克帝国，初次交锋他们损兵三分之二。
In 1519, six hundred Spaniards landed in Mexico to conquer the Aztec Empire with a population of a few million. They lost two thirds of their soldiers in the first clash.
translate.google.com (2009): 1519 600 Spaniards landed in Mexico, millions of people to conquer the Aztec empire, the first two-thirds of soldiers against their loss.
translate.google.com (2013): 1519 600 Spaniards landed in Mexico to conquer the Aztec empire, hundreds of millions of people, the initial confrontation loss of soldiers two-thirds.
translate.google.com (2015): 1519 600 Spaniards landed in Mexico, millions of people to conquer the Aztec empire, the first two-thirds of the loss of soldiers they clash.

图 9-3　不同年份下的机器翻译效果演进例子

由于 MT 任务与 NLP 和 AI 的最终目标相似，即在语义层面上充分理解人类文本（语音），因此近年来受到了极大的关注。除了科学价值外，机器翻译在学术交流、国际商务谈判等许多实际应用中还具有节省劳动力成本的巨大潜力。机器翻译任务有着悠久的研究历史，在过去的几十年中提出了许多有效的方法。最近，随着深度学习的发展，出现了一种称为神经机器翻译（NMT）的新方法，如图 9-4 所示。与基于短语的统计机器翻译（PBSMT）等传统方法相比，NMT 以其简单的架构和能够捕获句子中的长依存关系等优势，显示出成为主流新趋势的巨大潜力。在最初的原始模型之后，提出了多种 NMT 模型，其中一些已经取得了很大的进步，达到了较好的结果。

知
识
就
是
力
量
<end>
Encoder
e_0
e_1
e_2
e_3
e_4
e_5
e_6
Decoder
d_0
d_1
d_2
d_3
Knowledge
is
power
<end>

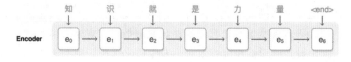

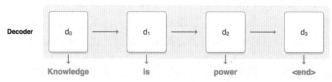

图 9-4　神经机器翻译工作原理示意图

自然语言处理的很多任务都可以被转化为序列输入—序列输出的任务，类似机器翻译任务。表 9-1 展示了各自然语言处理任务的输入输出的差别对比。

表9-1　不同NLP任务的输入和输出比较

任　务	输入序列	输出序列
机器翻译	源语言文本（如中文）	目标语言文本（如英文）
文本摘要生成	长文本	短文本
对话	先前的对话文本	后续的对话文本
代码生成	人类语言（如中文）	Python 代码序列
数学推理	人类语言（如中文）	分步骤地解答文本
文本情感分类	一段评价文本	输出“正向评价”“负向评价”

2. 文本情感分类

基于互联网的应用程序（例如社交媒体平台和博客）的快速增长导致了对日常活动的评论。情感分析是收集和分析人们对各种主题、产品和服务的意见、想法和印象的过程。人们的意见有利于公司、政府和个人收集信息并根据意见做出决策。情感分析是自然语言处理（NLP）的一项任务，旨在从文本中提取情感和观点分类。文本情感分析是人工智能（AI）发展的关键之一。

文本情感分类的任务是判断语料的正、负、中极性，这是一个复杂的三分类问题。为了将该问题简化，我们首先对语料做一个主客观判断，客观语料即为中性语料，主观语料再进行正、负极性的判断。这样，我们就将一个复杂三分类问题，简化成了两个二分类问题。在机器学习任务中，文本情感分类方法一般包含如下几个步骤：训练语料准备、文本预处理、特征挖掘、分类算法选择、分类应用。文本情感分类的流程如图 9-5 所示。

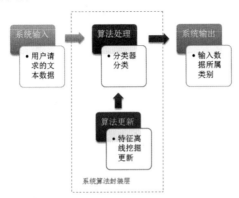

图 9-5　文本情感分类的流程示意图

语料的积累是文本情感分类的基石，比如特征挖掘、模型分类都要以语料为材料。而语料又分为已标注的语料和未标注的语料，已标注的语料如对商家的评论、对产品的评论等，这些语料可通过星级确定客户的情感倾向；未标注的语料如新闻的评论等，这些语料在使用前则需要分类模型或人工进行标注，而人工对语料的正负倾向，又是仁者见仁、智者见智，所以一定要与标注的人员有充分的沟通，使标注的语料达到基本可用的程度。

3. 文本摘要生成

互联网上的文本内容呈指数级增长，包括新闻文章、科学论文、法律文件等各种文章。手动文本摘要需要消耗大量时间，而大量的文本内容使得工作和成本变得不切实际。自 20 世纪 50 年代以来，研究人员一直在努力改进文本摘要生成技术。

文本摘要旨在将文本或文本集合转换为包含关键信息的简短摘要。文本摘要生成主要目标是在更小的空间内生成包含输入文档主要思想的摘要，并将重复保持在最低限度。文本摘要生成系统可帮助用户获取原始文档的要点，而无须阅读整个文档。在方法上，文章摘要生成主要分为抽取式、生成式和混合式三种。

- 抽取式选择输入文档中最重要的句子，然后将它们连接起来形成摘要。
- 生成式方法则以中间表示形式表示输入文档，然后生成包含与原始句子不同的句子的摘要。

● 混合方法结合了抽取式和生成式方法。

其中，生成式摘要见图 9-6 允许摘要中包含新的词语或者短语，灵活性高。随着近几年神经网络模型的发展，序列到序列（Seq2Seq）模型被广泛地用于生成式摘要任务中，并取得一定的成果。

图 9-6　生成式摘要流程示意图

9.1.3　提示学习

大规模语言模型，例如 GPT，相较于之前的预训练模型，不再需要为每个任务定制模型，而是对所有任务训练一个预训练模型，然后针对下游任务进行定制微调。

提示学习（Prompt Learning）简单来说就是通过一些方法编辑下游任务的输入，使其形式上模拟模型预训练过程使用的数据与任务，如图 9-7 所示。举个例子，如果要做情感分类任务，监督学习的做法是输入"我喜欢这部电影"，模型输出分类的分数或分布。而提示学习的做法则是在"我喜欢这部电影"后拼接上自然语言描述"这部电影的评价是 ___"，让模型生成后面的内容。然后，根据某种映射函数，将生成的内容匹配到某一分类标签。这样可以帮助模型更好地理解任务，提高模型的泛化能力。

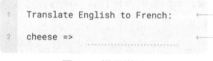

图 9-7　提示学习

与传统的监督学习不同，提示学习基于直接对文本概率建模的语言模型，训练模型接收输入 x 并将输出 y 预测为 $P(y|x)$。为了使用这些模型执行预测任务，使用模板将原始输入 x 修改为带有模板的文本字符串提示 x'，然后使用语言模型概率填充未填充信息以获得最终字符串 x，从中可以导出最终输出 y。该框架功能强大且具有吸引力，原因有很多：它允许语言模型在大量原始文本上进行预训练，并且通过定义一个新的提示函数，该模型能够执行少样本甚至零样本学习，适应很少或没有标记数据的新场景。

提示学习特点是将预测的形式转化为训练数据形式，这样具有非常大的优势：可以利用大规模语言模型在预训练过程中获得的知识，在不微调的情况下就可以让各种下游任务无缝使用。研究学者也提出了利用机器搜索"提示模板"，以进一步获取更佳的结果。

如果在输入中再给一个示例或几个示例，那么回复内容的质量会更好，这也被称为语境学习（In-context Learning）。这种能力和训练数据的构造方法有关，在实际使用上，语境学习可以达到与微调训练相同的效果，如图 9-8 所示。

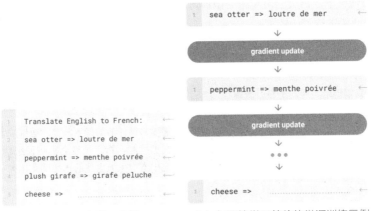

（a）语境学习示例　　　　（b）与语境学习等价的微调训练示例

图 9-8　语境学习示例及与其等价的微调训练示例

　　和提示学习类似，指令微调（Instruction Tuning）是提示学习的加强版，除了通过将输入 x 带上模板修改为 x' 外，还需要构造"指令（Instruction）"来微调预训练大规模语言模型，使得大模型也能学习到人类的交互模式，如图 9-9 所示。这样的做法极大降低了大模型的使用门槛，不再需要构造复杂的提示句子，而只需要使用人类的交互习惯。

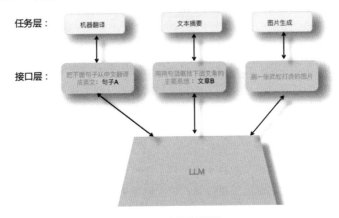

图 9-9　大模型多任务下的指令微调

　　模型可根据不同的任务要求，做出相匹配的内容回复，"指令"举例如下。

　　（1）请将下面这句话翻译成中文"我喜欢这部电影"。

　　（2）用一句话概括下面文章的摘要"如果您正在寻找一部独具匠心、充满惊奇和悬疑的科幻大片，那么您一定不能错过电视剧《三体》"。

　　（3）生成一张"中国女孩骑着白色的马"的图片。

　　从例子上可以看出，通过指令微调的学习方式，大模型可以学习到更符合人类习惯的指令。研究表明，当"指令"任务数量达到一定量级后，大模型也涌现了新能力，比如通过简单地在示例之前添加任务示例来指定任务，只需要将几个示例作为输入，大模型即可学习到一个新的任务。

大多数情况下，语境学习和指令微调可以联合使用，不过为了阐述技术原理差异，在表 9-2 中对两者进行了比较。

表9-2　语境学习和指令微调的比较

	语 境 学 习	指 令 微 调
优点	只需提示工程，不需要微调； 支持思维链	方法简单、直接，对未知任务有泛化能力
缺点	对输入有长度限制，不支持大量数据； 不能胜任对复杂的任务	需要多种任务的样本数据，数据成本昂贵； 在训练时，指令长度会影响词级别的梯度，多个样本中频繁出现的词梯度变化大

9.1.4　思维链

人类在解决数学应用题这类复杂的推理任务时，通常会把问题分解为多个中间步骤，通过逐步解决各个步骤，进而再给出最终的答案。例如"小明有 12 朵花，给妈妈 2 朵，又给爸爸 3 朵，还剩几朵花"。

人类会将问题分解为：

（1）小明给了妈妈 2 朵花，还剩 10 朵；

（2）小明又给了爸爸 3 朵花，还剩 7 朵；

（3）那么答案是"7 朵"。

根据这种任务，OpenAI 研究人员 Jason Wei 提出了思维链解决方案，在指令微调的时候插入一系列的中间推理步骤，让模型通过思维链的方式来求解数学应用题甚至逻辑推理。

思维链（Chain of Thought，CoT）的主要思想是通过向大语言模型展示一些少量的样例，在样例中解释推理过程，大语言模型在回答提示时也会显示推理过程。这种推理的解释往往会引导出更准确的结果。相比于一般的小样本提示学习（或者语境学习）如图 9-10 所示，思维链提示学习有以下 4 个优势。

（1）思维链技术驱使大模型关注中间过程。把推理问题分解成多个推理步骤后，当大模型训练时会进行注意力机制的权重计算，使大模型更关注解题过程。

（2）思维链技术为模型推理过程提供了一种解释途径，让人们观察模型内部是如何运转的，也为工程师调优模型提供了方向。

（3）思维链技术的普适能力好，不仅可以用于数学应用题求解，还可以用于逻辑推理、符号推理、常识推理等。

（4）思维链技术简单易用，可以直接使用语境学习来实现。在不改变模型结构前提下，这项技术可以应用在绝大多数的模型中。

思维链技术不仅可以用在小样本学习中，也可以用在零样本学习中。零样本思维链（Zero Shot Chain of Thought，Zero-shot-CoT）提示过程是对 CoT 提示学习的后续研究，引入了一种非常简单的零样本提示。我们在对大模型指令微调时，加入一些思维链的指令，例如"Let's think step by step"（让我们一步一步思考），来使模型获得推理能力，如图 9-11 所示。此时，在使用大模型时无须给出样本示例，就可以让模型展现出推理能力。

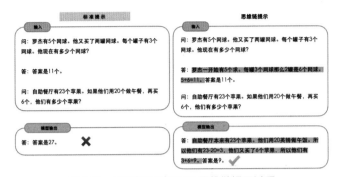

图 9-10　常规提示过程 VS 思维链提示过程

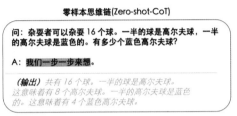

图 9-11　零样本思维链，Kojima 等

从技术上讲，完整的零样本思维链过程涉及两个单独的提示 / 补全结果。在图 9-12 中，左侧的顶部对话框生成一个思维链，而右侧的顶部对话框接收来自第一个提示（包括第一个提示本身）的输出，并从思维链中提取答案。第二个提示是一个自我增强的提示。

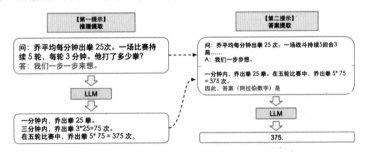

图 9-12　完整的零样本思维链过程，Kojima 等

零样本思维链也有效地改善了算术、常识和符号推理任务的结果。然而，毫不奇怪的是，它通常不如思维链提示过程有效。在获取思维链提示的少量示例有困难的时候，零样本思维链可以派上用场。

需要注意的是，根据 Wei 等的说法，思维链仅在使用 100B 参数的模型时才会产生性能提升。较小的模型编写了不合逻辑的思维链会导致精度比标准提示更差。通常，模型从思维链提示过程中获得性能提升的方式与模型的大小成比例。

9.1.5　基于人工反馈的强化学习

有些任务的评价是开放的，这时模型输出的多个结果都是正确的，比如摘要生成。更有甚者，模型有时会输出不符合常识，存在偏见、歧视等内容，信息真实性有时存疑（即"一本正经地胡说八道"）。

基于人工反馈的强化学习技术（Reinforcement Learning from Human Feedback，RLHF）就是解决此类问题的，使模型的输出优先满足人类的意图，即与人类的期望结果对齐。

我们从模型原理来解释为什么会出现这种问题。大模型大多是采用"自回归生成"的方式，通过循环解码的方式来逐字或逐词生成内容。训练时往往简单的基于上下文信息去预测下一个词，然后用交叉熵来计算每个词的损失（Loss）。显然，这种词粒度的损失不能很好地从整体输出的层面去指导模型优化方向。

为了能刻画模型输出的整体质量（而不是单个词），人们往往用 BLEU 或 ROUGH 等评价指标来刻画模型输出与人类偏好的相近程度，但这也仅仅是在评价的层面，模型在训练的时候是见不到这些人类真实的偏好的。因此，训练阶段，如果直接用人的偏好（或者说人的反馈）来对模型整体的输出结果计算奖励（Reward）或损失（Loss），显然是要比上面传统的"给定上下文，预测下一个词"的损失函数合理得多。

RLHF 是一种重要的技术，旨在实现 ChatGPT/InstrcutGPT 与人类意图对齐，确保生成的结果不会产生负面影响。该算法主要包括以下两个阶段。

第一阶段是奖励模型训练。这个阶段的目的是获取一个奖励模型，该模型可以拟合人类的偏好。奖励模型的输入包括提示和回复，输出是一个标量奖励值。通过拟合人类对不同回复的偏好性，奖励模型训练过程得以实现。具体来说，首先基于在人类撰写数据上精调的模型，针对同一提示采样多条不同回复。其次，将回复两两组合构成一条奖励模型训练样本，由人类给出偏好性标签。最后，奖励模型通过每条样本中两个回复的奖励值之差计算偏好性概率拟合人类标签，进而完成奖励模型的训练。

第二阶段是生成策略优化。在给定学习的奖励模型后，ChatGPT/InstrcutGPT 的参数将被视为一种策略，在强化学习的框架下进行训练。首先，当前策略根据输入的查询采样回复。然后，奖励模型针对回复的质量计算奖励，反馈回当前策略以进行更新。需要注意的是，为了防止过度优化，损失函数同时引入了词级别的 KL 惩罚项。此外，为了避免在公开的自然语言处理数据集上的性能退化，策略更新过程还兼顾了预训练损失。

RLHF 的每个阶段都有其独特的训练过程和优化目标，其流程图如图 9-13 所示。通过这种技术，我们可以更好地实现人机交互，为人们提供更好的服务。

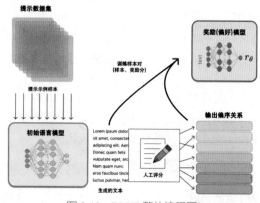

图 9-13　RLHF 整体流程图

图片来源：huggingface.co/blog/rlhf

　　奖励模型（Reward Model，RW）是一种判别式的语言模型，它的主要作用是对生成模型的输出进行评估和优化，提高其生成的文本的质量。一般来说，奖励模型可以通过预训练语言模型进行热启动，标注人员对 [x=[prompt，模型回答], y= 人类满意度] 进行标注，然后在标注语料上进行微调，也可以直接在语料上进行训练。

　　在标注语料上，标注人员的任务通常是对初始语言模型生成的文本进行排序，而不是直接对文本进行打分。这是因为不同的标注员打分的偏好会有很大的差异从而导致出现大量的噪声样本，比如同样一段精彩的文本，有人认为可以打 1.0，但有人认为只能打 0.8。相比之下，改成标注排序，则发现不同的标注员的打分一致性就大大提升了。

　　那具体怎么操作呢？一种比较有效的做法是 "pair-wise"，即给定同一个提示词，让两个语言模型同时生成文本，然后比较这两段文本哪个好。最终，这些不同的排序结果会通过某种归一化的方式变成标量信号（Point-wise）丢给模型训练。

　　一个有趣的观测是，奖励模型的大小最好和生成模型的大小相近，这样效果会比较好。因为要理解生成模型的输出内容，需要的理解能力所需要的模型参数规模应该与生成模型相近。当然，如果奖励模型规模更大，也可以提高效果，但理论上不是必要的。

　　至此，我们有了一个初始的语言模型来生成文本，以及一个奖励模型（RM）来判断模型生成的文本是否优质（迎合人类偏好）。接下来需讨论如何使用强化学习（RL）来基于奖励模型来优化初始的语言模型。

　　我们将初始语言模型的微调任务建模为强化学习（RL）问题，因此需要定义策略（Policy）、动作空间（Action Space）和奖励函数（Reward Function）等基本要素。

　　我们依照强化学习的术语进行定义。策略就是基于该语言模型，接收提示（Prompt）作为输入，然后输出一系列文本（或文本的概率分布）；而动作空间就是词表的所有词（token），单个位置通常有 50k 左右的词候选；观察空间则是可能的输入词序列（即提示），显然也相当大，为词表所有词在所有输入位置的排列组合；而奖励函数则是基于上一章节我们训好的 RM 模型计算得到初始奖励（Reward），再叠加上一个约束项。

　　首先，基于前面提到的预先富集的数据，从里面采样提示输入，同时丢给初始的语言模型和我们当前训练的语言模型，得到两模型的输出文本 y_1、y_2。然后用奖励模型 RM 对 y_1、y_2 打分，判断谁更优秀。打分的差值便可以作为训练策略模型参数的信号，这个信号一般通过 KL 散度来计算 "奖励 / 惩罚" 的大小。显然，y_2 文本的打分比 y_1 高得越多，奖励就越大，反之惩罚则越大。这个信号反映了当前模型有没有在围着初始模型 "绕圈"，避免模型通过一些 "取巧" 的方式骗过 RM 模型获取高额奖励。

　　接下来便是根据 Proximal Policy Optimization（PPO）算法来更新模型参数了，如图 9-14 所示。

　　在某种意义上说，RLHF 是一种低成本的对齐税。在 GPT-4 模型上，OpenAI 对 RLHF 进一步分析和评估，来测试 RLHF 对模型能力的影响，并在 GPT-4 基础模型和 RLHF 后的 GPT-4 模型上运行了考试基准测试中的多项选择题部分。在所有考试中取平均值，基础模型得分为 73.7%，而 RLHF 模型得分为 74.0%，这表明后续训练并没有实质性地改变基础模型的能力。对于自由回答问题，由于采样方式会严重影响 RLHF 的评估结果，并未进行详细评估。

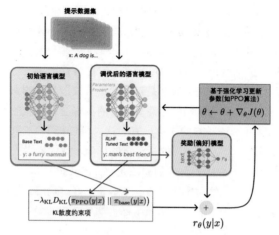

图 9-14　强化学习迭代示意图

图片来源：huggingface.co/blog/rlhf

基于人工反馈的强化学习是一把双刃剑，需要比较巧妙的技术才能用好，有以下优点。

（1）它能真正让模型去拟合人的偏好，同时给予模型一定的自由度，这样才能让模型先模仿再超越，而不是重复指令微调的固定范式。

（2）在摘要生成等任务中，RLHF 精调后的模型大幅超越 SFT 的效果。

（3）提升小模型的性能，"1.3B 小模型 +RLHF"可以超越 175B 指令精调后的效果。

当然，强化学习的缺点也很明显。

（1）需要优质的标注数据，才能训练好 RLHF 模型。

（2）模型不容易训练，容易产生模型崩塌，导致模型完全不可用。

（3）依赖奖励函数的设计，在奖励很稀疏或者自己魔改奖励的情况下，模型往往走捷径并产生意想不到的发展。

（4）强化学习尚未统一的训练框架，各开源框架的结果差异很大。

9.1.6　如何评估 LLMs 模型

语言建模是预测文档中下一个单词或字符的任务，可用于训练应用广泛的自然语言任务（如文本生成、文本分类和问答）的语言模型。

NLP 中语言模型的性能对于理解至关重要，可以使用困惑度、交叉熵和每字符位数（BPC）等指标进行评估。但不同于对传统模型的评价方式，对大规模语言模型的评价方式也有所不同，往往很难使用单一的评价指标对其进行评价，我们需要更加仔细地关注质量、多样性和一致性等几个方面。本节将从模型的评价方式和评价指标两个大的维度进行阐述。

1. 评价方式分类

（1）基于统计指标的自动评价方式。通过自动方法使用评价模型生成对话系统对上文回复的评分，主要是借助统计评价指标或者评价模型。评估指标是一种独立于任何应用程序的度量模型质量的方法。为了实现评估，我们需要构建一个用于评估自然语言处理中的语言模型的测试集，比如 N-gram 模型训练集的概率来自它训练的语料库，即训练集或训练语料库。然后，我们可以通过其在一些未见过的测试集数据（称为测试集或测试语料库）上的表现来衡量语言模型的质量。我们有时也将测试集和其他不在训练集中的数据集称为保留语料库，因为我们将它们从训练数据中保留出来。

（2）基于应用的人工评价方式。评估模型在特定任务中的有用程度。外在评估是评估语言模型性能的最佳方法，它通过将语言模型嵌入应用程序并测量应用程序的改进程度来实现。这是一种端到端的评估方法，我们可以了解特定组件的改进是否真正有助于完成任务。例如，对于语音识别，我们可以通过运行语音识别器两次，每次使用一个语言模型，然后比较哪个提供更准确的转录来比较两个语言模型的性能。这种评估方式主要依赖人工标注。

一般而言，在自然语言处理系统中模型自动评估是必要的，因为通过端到端运行大型语言模型成本较高，而且很难快速评估语言模型的潜在改进。自动评估中的良好分数并不总是意味着在外在评估中得分更高，因此在实践中需要使用两种评估方法。

2. 统计评价指标

根据任务不同，统计指标又可以分为生成任务和分类任务，两者在评价估指标上也有差异。

1）生成任务场景

自然语言生成是机器学习领域中的一个重要研究方向，涵盖了机器翻译、文本摘要、对话生成等多个任务。其中，机器翻译旨在将一种语言的输入文本转换成另一种语言的输出文本，而文本摘要则是将一篇文档精简为几个简要的句子，对话生成则是让机器能够像人一样进行自然的对话等。对于自然语言生成任务而言，评价指标是非常重要的。而且，单纯的正确和错误分类已经不能满足多维度的评估需求了。因此，需要使用更加复杂的指标来进行评价。

在机器翻译方面，常用的评价指标是 BLEU 值。BLEU 值是一种基于 N-gram 的精确度指标，用于评估机器翻译的质量。它将候选翻译与参考翻译进行比较，并计算出它们之间的相似度。BLEU 值越高，表示机器翻译的质量越好。

在文本摘要方面，常用的评价指标是 ROUGE 值。ROUGE 也是一种基于 N-gram 的匹配程度指标，用于评估摘要质量的好坏。与 BLEU 不同的是，ROUGE 更加关注摘要内容是否完整覆盖原文本的信息。因此，ROUGE 更加偏向于召回率方向的评估指标。

除了 BLEU 和 ROUGE，还有其他的评价指标，如 METEOR（基于单词级别的匹配）、CIDEr（基于多个参考摘要的评价指标）、BERTScore（基于预训练模型的评价指标）等。这些评价指标都能够为自然语言生成任务提供全面、多维度的评价。各个指标计算细节如下。

（1）PPL（Perplexity），是一种用于衡量语言模型生成文本的流畅度的指标，是常用来衡量语言模型好坏的指标。它主要是根据每个词来估计一句话出现的概率，并用句子长度做 normalize。PPL 指标的计算方法是通过将生成文本中每个单词的概率取对数，然后计算这些对数概率的平均值的负数，来衡量生成文本的流畅度。PPL 指标越小，表示生成文本的流畅度越高。

（2）BLEU（Bilingual Evaluation Understudy），是一种基于 N-gram 的评价指标，用于衡量机器翻译系统的翻译质量。BLEU 指标的计算方法是通过计算目标句子与参考句子之间 N-gram 的重叠率，来衡量生成文本的质量。虽然 BLEU 指标已经被证明在机器翻译任务中具有一定的优势，但在对话系统中的应用还有待进一步研究。

（3）METEOR（Metric for Evaluation of Translation with Explicit ORdering），是一种基于 N-gram 的评价指标，用于衡量机器翻译系统的翻译质量。METEOR 指标的计算方法是通过计算目标句子与参考句子之间的不同之处，以及这些不同之处的语义距离，来衡量生成文本的质量。METEOR 指标相较于 BLEU 指标，更加注重生成文本的语义相似度。

（4）ROUGE（Recall-Oriented Understudy for Gisting Evaluation），是一种基于 N-gram 的评价指标，用于衡量文本摘要系统的质量。ROUGE 指标的计算方法是通过计算生成文本与参考文本之间的 N-gram 重叠率，来衡量生成文本的质量。ROUGE 指标相较于 BLEU 和 METEOR 指标，更加注重生成文本的摘要和概括能力。

（5）Distinct-N，是一种用于衡量生成文本的多样性的指标。Distinct-N 指标的计算方法是通过将生成文本中 N-gram 的数量除以总单词数，来衡量生成文本的多样性。Distinct-N 指标越大，表示生成文本的多样性越高。

（6）Per-response 和 Per-dialogue，是一种用于衡量对话系统质量的指标。Per-response 指标的计算方法是将生成的回复与参考回复进行比较，然后计算其准确率和流畅度。Per-dialogue 指标的计算方法是将整个对话流程的准确率和流畅度综合计算，来衡量对话系统的质量。这两个指标能够全面评估对话系统的各个方面，但是需要更多人工标注数据的支持。

在对话系统中，回复的结果并没有单一的标准答案，合理的对话系统不仅要保证语义的正确性和流畅性，还应当保证内容的多样化，这样才能够产生可持续的对话流程。因此，结合多个统计评价指标，才能够全面评估对话系统的质量。

2）分类任务场景

自然语言理解的大部分任务都可以归为分类问题，针对这类任务，精确率、召回率和 F1 值是最常用的评价指标，也是机器学习领域中广泛应用的指标之一，广泛应用于文本分类、序列标注、信息检索等领域。

（1）精确率（Precision）是指分类器正确预测为正例的样本数占预测为正例的样本总数的比例。精确率越高，表示分类器预测出的结果中真实正例的比例越高。对于某些应用场景，如垃圾邮件分类，精确率是极为重要的指标，因为它关注的是分类器的准确性，即分类器将多少无关邮件误判为垃圾邮件。

（2）召回率（Recall）是指分类器正确预测为正例的样本数占实际正例的样本总数的比例。召回率越高，表示分类器越能够正确地捕捉到所有的正例。对于某些应用场景，如病人诊断、召回率是至关重要的指标，因为它关注的是分类器对于所有病人的检测能力，即分类器能够检测出多少实际存在的病人。

（3）F1 值是精确率和召回率的调和平均数，它反映了分类器的综合性能。在某些任务中，精确率和召回率可能会出现矛盾，即当精确率提高时，召回率会下降，反之亦然。

这时，F1 值可以作为一个综合性能的指标，帮助我们选择最优的分类器。

近年来，随着深度学习和预训练模型的发展，评估准确性也出现了一些新的方案，但是通常而言，使用上述经典的统计指标进行准确性的评价，仍然是最普适和稳妥的方案。

3. 人工评价指标

1）不确定性

在实际应用中，对话模型的不确定性往往是一个非常重要的问题。例如，在医疗诊断中，如果模型的不确定性过高，那么医生就不能完全依赖模型的结果，而需要结合其他的信息来做出决策，否则可能会带来严重的后果。因此，评估模型的不确定性是非常必要的。

不确定性可以分为偶然不确定性和认知不确定性。偶然不确定性是由于数据中存在的噪声而产生的，这种不确定性是无法避免的，只能通过提高数据精度和降噪处理来减少。而认知不确定性则是由于模型自身对输入数据的估计不准确而产生的，这种不确定性可以通过增加训练数据的数量等方式来降低。

在评估模型的不确定性时，一个常用的指标是置信度。置信度越高，模型的不确定性就越低。在实际应用中，我们可以将置信度和模型的准确率相匹配，以衡量模型的性能。为了评估模型的置信度和准确率之间的匹配程度，一个常用的指标是期望校准误差（ECE）。该指标通过计算各个置信区间中样本的平均置信度和准确率之间的差值的期望，来评估模型的优秀与否。

除了 ECE 之外，还有其他一些指标可以用来评估模型的不确定性，例如可靠性图和置信度直方图。可靠性图可以用来展示模型的不确定性和准确率之间的关系，而置信度直方图则可以用来展示模型在不同置信度下的准确率分布情况。

在实际应用中，评估模型的不确定性是非常必要的。我们需要选择合适的指标来评估模型的性能，并根据评估结果来选择合适的决策策略，以确保模型在实际场景中的表现符合要求。

2）攻击性

在大规模真实人类对话语料数据上训练得到的对话系统模型，虽然在训练集上表现优异，但在实际测试场景中可能会面临数据分布及特征不一致的问题。这种问题可能导致模型无法正确理解用户的意图，并生成不安全的内容。研究表明，当人类与对话机器交流时，它们会更具攻击性，使用许多暗示来诱导模型生成不安全的内容。这些攻击性的行为可能包括挑衅、侮辱、歧视和骚扰等。

为了评估对话系统的安全性、公平性和鲁棒性等方面，我们可以使用对话系统的攻击性评价方法。该方法旨在在实时交互中诱导对话系统犯错。根据输入上文诱导方向的不同，该方法可以评估系统的各方面表现。例如，我们可以通过收集已有的人类用户"攻击"某个对话系统的上文，测试现有系统的安全性、公平性；也可以使用对抗攻击方式，微调输入上文，观察对于系统输出的影响，从而评估其鲁棒性。

在实际应用中，为了更好地保护用户隐私和安全，我们需要采取一系列措施来保护对话系统的安全性。例如，我们可以采用多种技术来检测和过滤不安全的内容，包括过滤器、黑名单和白名单等；也可以使用机器学习和深度学习技术来训练模型，以便在生成对话内容时自动检测和过滤不安全的内容。

对话系统的攻击性评价方法对于评估系统的各方面表现具有重要意义。通过使用这种方法，我们可以更好地保护用户隐私和安全，并提高对话系统的安全性、公平性和鲁棒性。

3）毒害性

对话模型作为人工智能技术的重要应用，需要能够处理各种不同的对话场景，从而给出符合人们期望和需求的回复。然而，由于人们的言语表达具有多样性和复杂性，对话中可能出现冒犯性言论、辱骂、仇恨言论等毒害内容，这些内容可能对人们的心理和情绪产生负面影响。因此，对毒性内容的自动检测成为了对话模型输入输出内容的重要审核政策之一。

毒性内容检测是一种基于机器学习技术的自然语言处理方法，其主要目的是识别和过滤出对话中的毒害内容。在实现毒性内容检测的过程中，需要使用大量的标注数据集来训练模型，以便能够识别出不同类型的毒害内容，并给出相应的处理策略。例如，针对冒犯性言论和辱骂，模型可以选择给出警告或屏蔽该内容；对于仇恨言论，模型可以选择直接删除或者向管理员报告。

需要注意的是，毒性内容检测的风险非常高。一方面，毒性内容的多样性和复杂性使得模型的识别能力受到限制，可能存在漏检或误判的情况。另一方面，过于严格的毒性内容检测也会对对话模型的可用性产生不利影响，可能会导致用户对模型的不满和抵触情绪。因此，在实现毒性内容检测的过程中，需要平衡识别准确度和使用可行性之间的关系，从而确保对话模型的正常运行和用户的满意度。

对话模型的毒性内容检测是一项具有挑战性的任务，需要综合考虑识别准确度、使用可行性和社会效益等方面的因素。只有在不断优化和改进的基础上，才能够实现对话模型的良性发展和社会价值的最大化。

4）公平性与偏见性

近年来，随着机器学习技术的不断发展，语言模型在自然语言处理中扮演着越来越重要的角色。然而，语言模型的应用也面临着一些问题，其中最为突出的是公平性和偏见问题。

一方面，语言模型的训练数据往往来自现实生活中的样本，这些样本包含了不同特征的个体和群体。例如，性别、种族、年龄等因素都会对语言模型的训练数据产生影响。如果语言模型在训练数据上没有考虑这些因素的影响，则可能会导致对某些群体的偏见和歧视。

另一方面，语言模型的应用也会对社会产生深远的影响。例如，在招聘、贷款、医疗等领域，语言模型的输出结果会直接影响个人的生活和权益。如果语言模型存在偏见和歧视，就会对某些人群造成不公平的待遇，甚至可能引发社会不稳定因素。

因此，评估语言模型的公平性和偏见水平至关重要。首先，我们需要了解不同特征的个体和群体在训练数据中的比例，以及他们在现实生活中的分布情况。然后，我们可以通过各种评估指标（如准确率、召回率、F1 值等）来评估语言模型的公平性和偏见水平。最后，我们可以采取一些调整措施（如样本平衡、特征加权等）来降低语言模型的偏见和歧视。

评估语言模型的公平性和偏见水平是保障机器学习技术在社会发展变革中积极作用的必要步骤。只有确保语言模型的公平性和减少偏见，才能更好地为人类社会的进步和发展做出贡献。

5）鲁棒性

语言模型在实际部署和测试中往往会面临着一系列挑战。其中一个主要挑战是开放世界语言的复杂性和随机性，如简写、错字、语法错误等。这些因素会使得语言模型的性能大幅下降，因此评估语言模型的鲁棒性是非常必要的。

在评估语言模型的鲁棒性时，需要考虑各种噪声对语言模型输出结果的影响。实际数据包含了各种类型的噪声，例如噪声文本、噪声语音等。因此，评估语言模型的性能需要使用真实数据集，并且需要对数据集进行特殊的处理，例如数据清洗和预处理，以确保评估结果的准确性。

除了噪声数据之外，其他形式的鲁棒性也非常重要。然而，在评估阶段需要对数据和模型进行额外的处理流程，以实现高效而精确的度量。例如，在评估基于分布的鲁棒性时，需要使用特殊构造的检验集，将源域和目标域按照特定的特征划分为不同的子域。这样可以更加准确地评估模型的性能。

另一个重要的鲁棒性类型是对抗鲁棒性。在这种情况下，语言模型需要能够抵御各种对抗攻击，例如针对文本的添加、删除或替换攻击等。为了评估语言模型在对抗攻击下的性能，需要对模型进行多次对抗攻击，以逐步逼近其扰动临界点。

评估语言模型的鲁棒性是一个非常复杂和具有挑战性的任务。为了确保模型的安全和可靠性，需要采用多种评估方法，并且在评估过程中需要考虑各种数据和模型的处理流程，以获得准确和可靠的评估结果。

6）高效性

大规模语言模型的参数量越来越大，内部结构也越来越复杂，例如，谷歌的 BERT 模型、OpenAI 的 GPT 系列模型等，进而在实际应用中带来了一系列挑战。

首先，大型语言模型的训练和推理需要大量的计算资源。例如，GPT-3 模型的参数量达到了 1750 亿个，需要使用数千个图形处理器（GPU）才能完成训练。这使得大型语言模型的部署成本很高，对于小型企业或个人研究者而言，其应用和研究受到了限制。

其次，大型语言模型的能源消耗也是一个不容忽视的问题。根据 OpenAI 的统计，训练 GPT-3 模型的能源消耗相当于一个普通家庭使用电力的时间。如果将大型语言模型广泛应用于各个领域，将会对环境产生巨大的压力。因此，如何设计更加节能的模型结构和算法，是未来研究的重要方向之一。

最后，大型语言模型的部署也面临着一些实际问题。例如，由于模型的参数量巨大，其内部推理速度较慢，对于实时应用而言可能不太适用。因此，在实际部署中，需要对模型进行一定的压缩和优化，以提高其效率。

大型语言模型作为自然语言处理领域的重要研究方向，其带来的挑战也是不可忽视的。未来研究需要探索更加节能的模型结构和算法，以及更加高效的模型部署和优化方法，以推动其在各个领域的广泛应用。

9.2 图像生成模型

图像生成模型是 AIGC 创建新内容的技术实现方式。一般而言，图像生成模型是一种有机融合神经网络和概率图模型的生成模型，将神经网络作为一个概率分布的逼近器，可以拟合非常复杂的数据分布。根据模型结构可分为三类：序列生成模型（transformer 网络）、对抗生成模型、变分自编码器。除了 transformers 这类模型外，还有两类模型常用于图像生成。

（1）生成对抗网络（Generative Adversarial Networks，GAN）[Goodfellow et al., 2014]：GAN 是一个具有开创意义的深度生成模型（见图 9-15），突破了以往的概率模型必须通过最大似然估计来学习参数的限制。该模型由两个神经网络构成：一个生成器和一个判别器，它们互相对抗以找到两个网络之间的平衡点：生成器网络负责生成类似于原始数据的新数据或内容；判别器网络负责区分原始数据和生成数据，以识别哪些更接近原始数据。

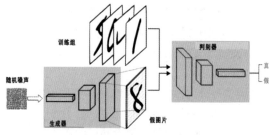

图 9-15　生成对抗网络

（2）变分自编码器（Variational Auto-Encoders，VAE）是一个非常典型的深度生成模型，利用神经网络的拟合能力来有效地解决含隐变量的概率模型中后验分布难以估计的问题。编码器将输入压缩成代码，解码器从这个代码中再现初始信息。如果正确选择和训练，这个压缩表示可以比较小的维度存储输入数据分布。

借助 AIGC，计算机可以检测与输入相关的潜在模式并生成相似的内容。生成对抗网络、变分自编码器也是 AIGC 的基础模型。接下来，我们展开介绍下这两类模型的原理。

9.2.1　生成对抗网络

生成对抗网络在过去几年中得到了广泛研究。它们最显著的影响可能在计算机视觉领域，其中在可信的图像生成、图像到图像的转换、面部属性操作等挑战方面已经取得了巨大进步。在计算机视觉中，这种图像生成是一项前沿的技术工作，相对于其他视觉任务来说，它需要低级别的空间数据。特别是深度学习已经极大地影响了图像处理，并为我们提供了不同的成功模型。与深度学习相关的生成对抗网络在图像生成方面取得了显著的成果。

GAN 作为深度生成模型（DGM）家族的一员，因其与传统 DGM 相比的优势而在深度学习社区中吸引了指数级的关注。其中，GAN 能够产生比其他 DGM 更好的输出。与最知名的 DGM 之一——变分自动编码器相比，GAN 能够生成任意类型的概率密度，而VAE 无法生成清晰的图像。GAN 框架可以训练任何类型的生成器网络，而其他 DGM 可能对生成器有先决条件，例如生成器的输出层是高斯分布。此外，GAN 的潜在变量大小没有限制。这些优势使得 GAN 在生成合成数据方面，尤其是图像数据方面，达到了最先进的性能。

1. 网络结构

生成对抗网络（GAN）由两个重要的部分构成（如图 9-16 所示）：

（1）生成器（Generator）：通过机器生成数据（大部分情况下是图像），目的是"骗过"判别器。

（2）判别器（Discriminator）：判断这张图像是真实的还是机器生成的，目的是找出生成器做的"假数据"。

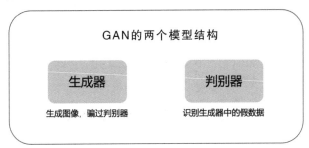

图 9-16　GAN 模型结构

这两个部分通过博弈论的方式相互博弈，不断提高各自的能力，最终达到生成高质量数据的目的。用数学公式形式表达，GAN 的优化目标为：

$$\min_{G} \max_{D} \mathrm{E}_{X \sim p_{\mathrm{T}}} \log[D(\mathrm{x})] + \mathrm{E}_{Z \sim pz} \log[1 - D(G(\mathrm{z}))]$$

2. 训练流程

GAN 模型的训练过程可以分为三个阶段。

第一阶段（见图 9-17）：固定"判别器 D"，训练"生成器 G"。

我们使用一个还可以的判别器，让生成器不断生成"假数据"，然后给判别器去判断。一开始，生成器还很弱，所以很容易被判别器鉴别出来。但是随着不断的训练，生成器的技能不断提升，最终骗过了判别器。到了这个时候，判别器基本属于瞎猜的状态，判断是否为假数据的概率为 50%。

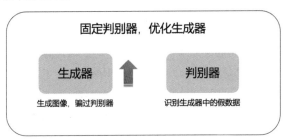

图 9-17　训练第一阶段

第二阶段（见图 9-18）：固定"生成器 G"，训练"判别器 D"。

通过第一阶段，继续训练生成器就没有意义了。这个时候我们固定生成器，然后开始训练判别器。判别器通过不断训练，提高了自己的鉴别能力，最终可以准确地判断出所有的假图片。到了这个时候，生成器已经无法骗过判别器。

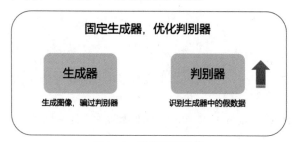

图 9-18　训练第二阶段

第三阶段（见图 9-19）：循环阶段一和阶段二。

不断地训练"生成器 G"和"判别器 D"，直到生成器和判别器都达到预期。通过不断的循环，生成器和判别器的能力都越来越强。最终我们得到了一个效果非常好的生成器，我们就可以用它来生成我们想要的图片了。

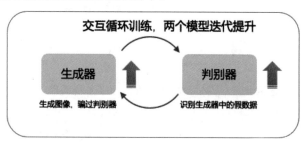

图 9-19　训练第三阶段

GAN 模型的训练过程是一个非常有趣的过程。它像是两个人在不断地博弈，通过对方的优点来提高自己的能力，最终达到协同合作的目的。虽然 GAN 模型存在一些问题，比如模式崩溃和模式塌陷等问题，但是它已经成为了生成高质量数据的一种非常重要的模型。

3. GAN 模型家族

GAN 算法有数百种之多，大家对于 GAN 的研究呈指数级上涨，目前每个月都有数百篇论文是关于对抗网络的。有兴趣读者可根据搜索相关论文深入了解。

- GAN：Generative Adversarial Networks
- DCGAN：Deep Convolutional Generative Adversarial Network
- CGAN：Conditional Generative Adversarial Network
- CycleGAN：Cycle-Consistent Adversarial Networks
- CoGAN：Coupled Generative Adversarial Networks
- ProGAN：Progressive growing of Generative Adversarial Networks
- WGAN：Wasserstein Generative Adversarial Networks
- SAGAN：Self-Attention Generative Adversarial Networks
- BigGAN：Big Generative Adversarial Networks
- StyleGAN：Style-based Generative Adversarial Networks

4. GAN 的优缺点

GAN 是一种非常强大的生成式深度学习模型，它的优点和缺点都非常明显。

GAN 模型的优点：

首先，GAN 的优势在于能够更好地建模数据分布，从而生成更加逼真的图像。与传统的生成式模型相比，GAN 能够捕捉到更多的数据特征，从而生成更加复杂、多样的数据。此外，GAN 能够训练任何一种生成器网络，而其他的框架需要生成器网络有一些特定的函数形式。这使得 GAN 对于各种数据类型的生成都非常适用。

其次，GAN 的训练过程非常高效，无须利用马尔科夫链反复采样，也无须在学习过程中进行推断，避开了复杂的变分下界和近似计算的难题。这使得 GAN 在大规模数据集上的训练变得更加容易和高效。

GAN 模型的缺点：

首先，GAN 的训练非常困难，容易出现"梯度消失"或"爆炸"等问题，导致生成器和判别器之间无法很好地同步。此外，GAN 的模型结构非常复杂，需要精心设计，否则很容易出现 D 收敛、G 发散等问题。

其次，GAN 容易出现模式缺失（Mode Collapse）问题，即生成器开始退化，总是生成同样的样本点，无法继续学习。这是因为 GAN 的训练过程是一个零和博弈，生成器和判别器之间需要保持平衡，否则会出现不稳定的情况。

GAN 能够生成更加逼真、复杂、多样的数据，但是它的训练过程非常困难，需要精心设计，同时也容易出现一些问题，需要注意避免。

5. GAN 模型应用

GAN 是一种机器学习技术，其应用已经深入我们的生活中。下面列举一些 GAN 的实际应用。

（1）生成图像数据集。

人工智能的训练需要大量的数据集，如果全部靠人工收集和标注，成本是很高的。GAN 可以自动地生成一些数据集，提供低成本的训练数据，如图 9-20 所示。

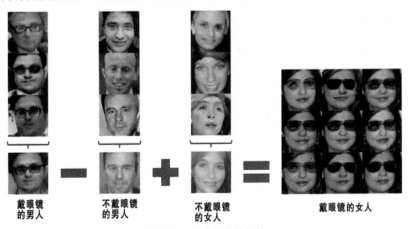

图 9-20　生成图像数据集

（2）生成逼真的人脸照片。

如图 9-21 所示，生成逼真的人脸照片是大家很熟悉的应用，但是生成出来的照片用来做什么是需要思考的问题。因为这种人脸照片还处于法律的边缘。但是，这种技术在电影特效、游戏开发、虚拟现实等领域有着广泛的应用。

图 9-21　生成人脸照片

（3）生成其他类型的照片和漫画人物。

GAN 不但能生成人脸，还能生成其他类型的照片，甚至是漫画人物，如图 9-22、图 9-23 所示。这种技术在游戏开发、动画制作等领域有着广泛的应用。

图 9-22　GAN 生成其他照片

图 9-23　生成漫画人物

（4）图像到图像的转换。

简单说就是把一种形式的图像转换成另外一种形式的图像，就好像加滤镜一样神奇，如图 9-24 所示。例如，把草稿转换成照片、把卫星照片转换为谷歌地图的图片、把照片转换成油画、把白天转换成黑夜等。

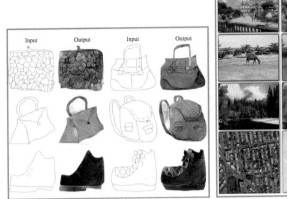

图 9-24　图像到图像的转换

（5）文字到图像的转换。

使用 GAN，特别是它们的 StackGAN，从鸟类和花卉等简单对象的文本描述中生成逼真的照片，如图 9-25 所示。这种技术在设计领域、虚拟现实等领域有着广泛的应用。

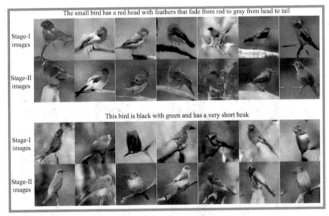

图 9-25　文字到图像的转换

（6）语意—图像—照片的转换。

使用条件 GAN 生成逼真图像。在语义图像或草图作为输入的情况下，可以自动生成逼真的图像，如图 9-26 所示。这种技术在游戏开发、动画制作、设计领域等领域有着广泛的应用。

图 9-26　语意—图像—照片的转换

（7）自动生成模特。

可以自动生成人体模特，并且使用新的姿势，如图 9-27 所示。这种技术在游戏开发、动画制作等领域有着广泛的应用。

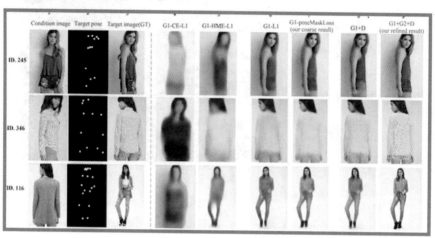

图 9-27　自动生成模特

（8）照片到表情。

GAN 可以通过人脸照片自动生成对应的表情（Emojis），如图 9-28 所示。这种技术在社交媒体等领域有着广泛的应用。

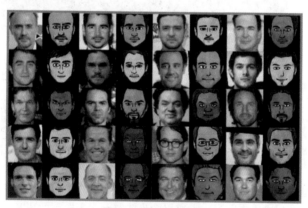

图 9-28　照片到表情

（9）照片编辑。

使用 GAN 可以生成特定的照片，例如更换头发颜色、更改面部表情甚至是改变性别，如图 9-29 所示。这种技术在设计、社交媒体等领域有着广泛的应用。

图 9-29　生成特定照片

（10）预测不同年龄的长相。

给一张人脸照片，GAN 就可以预测不同年龄阶段照片人物会长成什么样，如图 9-30 所示。这种技术在美容、医疗等领域有着广泛的应用。

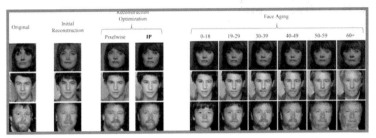

图 9-30　预测长相

（11）提高照片分辨率，让照片更清晰。

给 GAN 一张照片，它就能生成一张分辨率更高的照片，使得这个照片更加清晰如图 9-31 所示。这种技术在摄影、医疗等领域有着广泛的应用。

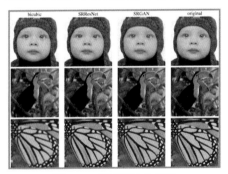

图 9-31　提高照片分辨率

（12）照片修复。

假如照片中有一个区域出现了问题（例如被涂上颜色或者被抹去），GAN 可以修复这个区域，还原成原始的状态，如图 9-32 所示。这种技术在修复旧照片、文物保护等领域有着广泛的应用。

图 9-32　照片修复

（13）自动生成 3D 模型。

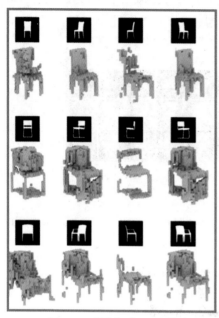

图 9-33　自动生成 3D 模型

给出多个不同角度的 2D 图像，就可以生成一个 3D 模型，如图 9-33 所示。这种技术在游戏开发、动画制作等领域有着广泛的应用。

GAN 的应用不仅局限于图像领域，还可以应用于音频、视频等领域。随着技术的不断发展，GAN 的应用将会越来越广泛。

9.2.2　变分自编码器

GAN、VAE、扩散模型之间有较深的渊源，都是经过深度学习技术多次演进的模型，借鉴数学理论优化来一步步提升模型的效果。为了阐述扩散模型的原理，我们需先了解自编码器、变分编码器等概念。

1. 自编码器

暂且不谈神经网络、深度学习等，仅仅是自编码器（Auto Encoder，AE）的话，其原理其实很简单。自编码器可以理解为一个试图去还原其原始输入的系统。自编码器模型如图 9-34 所示。

从图 9-34 和图 9-35 可以看出，自编码器模型主要由编码器（Encoder）和解码器（Decoder）组成，其主要目的是将输入 x 转换成中间变量 y，然后再将 y 转换成 x'，对比输入 x 和输出 x'，使得它们两个无限接近。

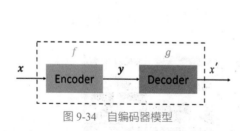

图 9-34　自编码器模型

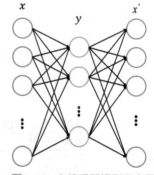

图 9-35　自编码器模型示意图

在深度学习中，自动编码器是一种无监督学习的神经网络模型，可以通过学习输入数据的隐含特征来实现编码和解码。在编码的过程中，自动编码器可以将高维数据压缩成低维表示，从而实现特征降维的功能。同时，在解码的过程中，自动编码器可以重构出与原始数据相似的数据，将学习到的新特征转化为可用的数据表示形式。

与传统的特征提取方法相比，自动编码器具有更强的表达能力，能够提取更有效的数据特征。这使得自动编码器在许多领域得到了广泛的应用，例如图像处理、语音识别、自然语言处理等。在图像处理中，自动编码器可以通过学习输入图像的特征来实现图像压缩、图像去噪等功能。在语音识别中，自动编码器可以帮助提取语音信号的特征，从而实现语音识别的任务。

自动编码器的训练过程通常分为两个阶段：编码阶段和解码阶段。在编码阶段，自动编码器将输入数据压缩成低维表示，并学习输入数据的隐含特征。在解码阶段，自动编码器将低维表示解码成与原始数据相似的数据，并通过对比重构数据与原始数据的差异来优化模型。在训练过程中，自动编码器通常采用反向传播算法来更新模型参数，从而逐步提高模型的准确性。

自动编码器经常用于提取数据的高级特征，并实现数据的压缩、降噪、分类等功能。随着 AIGC 技术的持续迭代，自动编码器将会在更多的领域中发挥重要的作用。

2. 从 GAN 到 VAE

我们通常会拿 VAE 跟 GAN 比较，因为它们两个的目标基本是一致的：希望构建一个从隐变量 Z 生成目标数据 X 的模型，但是实现上有所不同。

更准确地讲，它们是假设了服从某些常见的分布（比如正态分布或均匀分布），然后希望训练一个模型 $X=g(Z)$，这个模型能够将原来的概率分布映射到训练集的概率分布，也就是说，它们的目的都是进行分布之间的变换。注意，VAE 和 GAN 的本质都是概率分布的映射。其大致思路如图 9-36 所示。

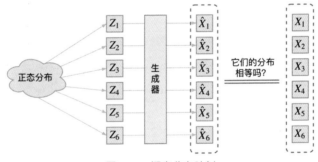

图 9-36 概率分布映射

换句话说，就是先用某种分布随机生成一组隐变量，然后这个隐变量会经过一个生成器生成一组目标数据。VAE 和 GAN 都希望这组数据的分布 X' 和目标分布 X 尽量接近。

然而，缺少 X 和 X' 的相似度评判标准，无法计算"尽量接近"。这种方法的难度就在于，必须去猜测"它们的分布相等吗"这个问题，而缺少真正可解释的价值判断。有聪明的同学会问，KL 散度不就够了吗？不行，因为 KL 散度是针对两个已知的概率分布求相似度的，而 X' 和 X 的概率分布目前都是未知。

GAN 的思路很直截了当：既然没有合适的度量，那我干脆把这个度量也用神经网络训练出来吧。但是这样做的问题在于依然不可解释，非常不优雅。VAE 的做法就优雅很多，我们先来看 VAE 是怎么做的，理解了 VAE 以后再去理解 Diffussion 就很自然了。

3. 变分自编码器

有一批数据样本 $\{X_1,\cdots,X_n\}$，其整体用 X 来描述，我们本想根据 $\{X_1,\cdots,X_n\}$ 得到 X 的

分布 $P(X)$，如果能得到的话，那直接根据 $P(X)$ 来采样，就可以得到所有可能的 X 了（包括 $\{X_1,\cdots,X_n\}$ 以外的），这是一个终极理想的生成模型。当然，这个理想很难实现，于是我们将分布改一改：

$$P(X)= \sum_Z P(X|Z)P(Z)$$

这里我们就不区分求和还是求积分了，意思对了就行。此时 $P(X|Z)$ 就描述了一个由 Z 来生成 X 的模型，而我们假设 Z 服从标准正态分布，也就是 $P(Z)=N(0,I)$。如果这个理想能实现，那么我们就可以先从标准正态分布中采样一个 Z，然后根据 Z 来算一个 X，也是一个很棒的生成模型。换句话说，就是不直接求 $P(X)$，而是通过一个别的变量（我们称作"隐变量"），获得这个隐变量和 X 的关系，进而可以计算 $P(X)$。

VAE 的核心就是，我们不仅假设 $P(Z)$ 是正态分布，而且还假设每个 $P(X_k|Z)$ 也是正态分布。接下来就是结合自编码器来实现重构，保证有效信息没有丢失，再加上一系列的推导，最后把模型实现。VAE 框架的示意图如图 9-37 所示。

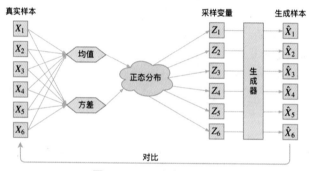

图 9-37　VAE 框架示意图

9.2.3　扩散模型

扩散模型（Diffusion Model）借鉴了 GAN 训练目标单一的思路和 VAE 这种不需要判别器的隐变量变分的思路。扩散模型是一种新型的生成模型，其核心思想是利用马尔科夫链和扩散过程来建立高斯分布的生成模型。在扩散模型中，我们首先定义一个从数据样本到高斯分布的映射，然后通过学习一个生成器，使其能够模仿我们定义的映射的每一小步。

扩散模型其原理基于马尔科夫链的性质。在机器学习中，我们经常需要处理的是随机变量的分布，例如图像中不同像素的灰度值、文本中不同词汇的出现频率等。这些分布通常会随着时间或其他因素的变化而发生改变，我们需要找到一种方法来描述这种变化过程。马尔科夫链提供了一个非常自然的框架来描述这种变化过程，它假设每个时刻的分布仅仅依赖前一个时刻的分布，而与更早的时刻无关。

马尔科夫链的一个重要性质是，它的状态会随着时间的推移而逐渐趋于某个稳定的分布。这个稳定的分布被称为平稳分布，它是一个不随时间变化的分布。如果我们能够找到这个平稳分布，那么我们就可以通过马尔科夫链模拟这个分布的采样过程，从而生成符合这个分布的样本。

在马尔科夫链中，每一步的转移可以看作给当前状态加入了一些噪声。这个噪声可以来自马尔科夫链的转移矩阵，也可以来自环境的干扰。在扩散模型中，我们将这个噪声看作一个溶质，它在马尔科夫链的演化过程中逐渐扩散到整个体系中。随着时间的推移，加入的噪声越来越少，而体系中的噪声逐渐在扩散、混合，最终达到均匀分布。这个逐渐逼近的过程被称为前向过程，看看如图 9-38 所示的原理演示图。

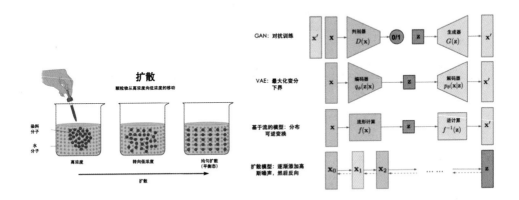

图 9-38　马尔科夫链原理演示图

图 9-38 是扩散模型和其他模型的结构区别，与其他生成模型相比，扩散模型具有以下优点。

（1）不需要判别器：与 GAN 不同，扩散模型只需要学习生成器，而不需要判别器，这使得模型更加简单。

（2）隐变量变分：与 VAE 不同，扩散模型使用马尔科夫链和扩散过程来建立高斯分布的生成模型，从而避免了需要推导先验分布的问题。

（3）数学创新：扩散模型借鉴了神经网络的前向传播和反向传播概念，但并不基于可微的梯度，而是属于数学层面上的创新。

扩散模型具有不需要判别器、隐变量变分和数学创新等优点。通过利用马尔科夫链和扩散过程来建立高斯分布的生成模型，扩散模型可以有效地捕捉数据分布的特征，从而生成高质量的数据样本。扩散模型在机器学习中有广泛的应用，可用于时间序列数据的建模、图像处理、自然语言处理等领域。

ChatGPT 的主要成功要归结于采用 RLHF（Reinforcement Learning from Human Feedback）来精调语言大模型。近日谷歌 AI 团队将类似的思路用于文生图大模型：基于人类反馈（Human Feedback）来精调 Stable Diffusion 模型来提升生成效果。目前的文生图模型虽然已能够取得比较好的图像生成效果，但是很多时候往往难以生成与输入文本精确匹配的图像，特别是在组合图像生成方面。为此，谷歌 2023 年论文 *Aligning Text-to-Image Models using Human Feedback* 提出了基于人类反馈的三步精调方法来改善这个问题，如图 9-39 所示。

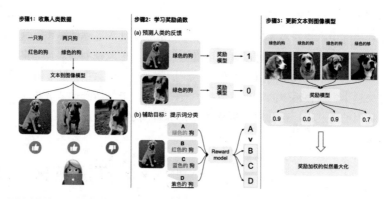

微调方法的步骤。（1）使用相同的文本提示从文本到图像模型中采样多个图像，然后收集（二分类）人类反馈。（2）从人类评估中学习奖励函数来预测图像文本对齐。我们还利用称为提示词分类的辅助目标，它可以识别一组扰动文本提示中的原始文本提示。（3）我们通过奖励加权似然最大化来更新文本到图像模型。

图 9-39　谷歌三步精调方法

9.3　跨模态模型技术

随着人工智能的快速发展，多模态通用人工智能已成为人们关注的焦点。多模态学习是指在深度学习框架下，利用多种类型数据的特征进行联合训练，同时结合模型的融合和对齐技术，来实现对多模态数据的建模和应用。多模态学习的目标是将不同模态的数据信息融合起来，形成更加全面、准确的语义表达和理解。

9.3.1　什么是多模态

在多模态学习中，图像、文本和语音是三种最常见的模态。图像模态是基于视觉感知的数据，可以通过图像的像素值和颜色等特征进行建模。文本模态是基于语言的数据，可以通过词向量、语言模型等技术进行建模。语音模态是基于声音的数据，可以通过声音信号的频率、幅度等特征进行建模。这些不同的模态数据之间存在着复杂的语义关系，如何将它们有效地结合起来，成为了多模态学习的核心问题之一。

多模态学习的出现有以下原因：第一，人在现实世界中的经验来自多种模态，比单一模态更可信，比如读一些东西，看一个演示，比只读更容易记住；第二，从应用的角度来看，无论是互联网还是其他应用，都涉及文字、图片等多种形式；第三，多模态对数据的使用效率更高。LeCun 认为，"对于表达思想这一数据结构，语言是一种不完善的、不完整的、低带宽的序列化协议"，与语言等单一模态相比，多模态数据包含更丰富的内容、"高带宽"，不同模态之间的信息可以相互补充，更容易学习；第四，现有的深度学习模型充分挖掘了人类语言，通过多模态学习可以利用更多语言以外的数据，提高了模型的可扩展性。

多模态学习的应用非常广泛。在图像描述方面，可以通过多模态学习实现图像和文本之间的对应关系，从而实现自动生成图像描述的任务。在视频理解方面，多模态学习可以实现对视频内容和音频内容的联合理解，从而实现视频理解和音频转换的任务。在自然语言处理方面，多模态学习可以将文本和语音进行有效结合，从而实现更加准确的语音识别和文本生成任务。常见的视觉—文本多模态任务应用包括以下几种。

（1）检索（Retrieval）：如图像和文本的相互检索。

（2）标注（Captioning）：给定一个图像，生成文本描述其主要内容。

（3）生成（Generation）：给定文本，生成相应的图像。

（4）视觉问答（Visual Question Answering）：给定图像与问题，预测答案。

（5）多模态分类（Multimodal Classification）：给定图像和文本，进行分类。

除了视觉—文本多模态任务之外，也有很多涉及声音—文本、视觉—声音等其他模态的多模态任务，如语音合成（Text-to-Speech Synthesis）、视听语音识别（Audio-Visual Speech Recognition）、视频声源分离（Video Sound Separation）、情感计算（Affect Computing）等。

9.3.2　早期多模态模型介绍

本小节介绍几种跨模态学习早期模型思路。

1. 跨模态视觉—语义表示

跨模态视觉—语义表示相关的模型旨在将图像和文本联系起来，通过将它们映射到同一向量空间中，使得机器能够理解它们之间的语义关系。这一类模型在计算机视觉和自然语言处理领域都有着广泛的应用，如图像检索、图像描述、视觉问答等，相关的模型包括WSABI（Weston 等，2010）、DeVise（Frome 等，2013）、跨模态迁移（Socher 等，2013）等。下面以 DeVise 模型为例介绍这一类模型的基本思路。

DeVise 模型是一种典型的跨模态视觉—语义表示模型，它使用文本信息辅助训练图像分类模型，通过将图像和文本映射到同一向量空间中，实现图像和文本的相似度计算。其核心思路是使用词嵌入向量作为模型预测的标签，代替传统的 one-hot 向量，然后通过 fine-tune 进一步优化模型性能。模型结构如图 9-40 所示，具体而言，主要分为三个步骤。

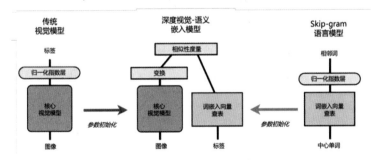

图 9-40　DeVise 模型结构

（1）训练 Skip-gram 语言模型，得到词向量嵌入。Skip-gram 是一种基于神经网络的语言模型，它通过学习上下文中单词出现的概率，来训练得到每个单词的词向量嵌入。

（2）使用最先进的图像分类模型进行预训练，最后一层通过 softmax 输出概率。在这一步中，使用预训练好的图像分类模型对图像进行分类，并将最后一层的输出作为图像的特征表示。

（3）将以上两个模型结合起来，对图 9-40 中间部分进行初始化，通过线性变换将图像分类模型的输出映射到与词向量长度相同的向量，并通过微调模型参数进一步优化。在这一步中，将图像特征表示和词向量嵌入进行点积运算，得到图像和每个标签之间的相似度，优化目标是使图像与其所属标签之间的相似度高，与其他标签之间的相似度低。

DeVise 的优点在于它能够将图像和文本联系起来，利用文本信息辅助图像分类任务，从而提高模型性能。同时，使用词嵌入向量作为标签可以解决传统的 one-hot 标签受到训练语料库限制的问题，使得模型能够扩展到大量类别，也可以将学习到的语义信息转移到训练集中不存在的未知标签上。此外，DeVise 还可以用于图像检索、图像描述等任务，具有广泛的应用价值。

2. 图像标注

图像标注是机器学习领域中的一个重要任务，它旨在通过自动生成描述性的文字来解释图像内容。这项任务对于机器来说是非常具有挑战性的，因为机器不仅需要检测图像中的物体，还需要理解物体之间的关系，并且能够用自然语言来描述它们。

为了解决这一难题，研究者提出了许多方法，其中最为著名的就是 Show and Tell 方法。这种方法使用卷积神经网络（CNN）作为编码器来将图像转化为特征向量，然后使用循环神经网络（RNN）作为解码器来生成图像描述。这种方法利用了机器翻译中的编码器—解码器结构，通过将图像转化为特征向量，使得机器能够更好地理解图像内容并生成准确的描述，在图像标注任务中取得了良好的效果。图 9-41 所示是本文网络的具体结构。

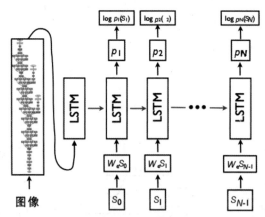

图 9-41 Show and Tell 网络结构

除了 Show and Tell 方法外，在此基础上还有一些改进模型被提出，例如 Show、Attend and Tell 方法。这种方法在原有的编码器—解码器结构基础上，加入了注意力机制（Attention），使得机器能够更加关注图像中的重要特征，并将这些特征融入生成的描述中。通过关注图像特征的不同区域，该方法显著提高了模型的效果，并且在图像标注任务中取得了很好的表现，如图 9-42 所示。

机器学习领域中的图像标注任务还面临一些其他的挑战，例如语言的多样性、描述的准确性等。为了解决这些问题，研究者正在尝试利用更加先进的技术，如深度强化学习、迁移学习等，来进一步提高图像标注任务的效果。

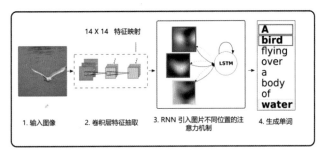

图 9-42　Show，Attend and Tell 基本思路

3. 条件图像合成

除了图像标注外，条件图像合成是另一项重要的计算机视觉任务。不同于图像标注，条件图像合成的目标不是为图像添加标注，而是在给定特定的输入条件下生成逼真的图像。合成图像需要考虑像素的排列和颜色的变化，因此这项任务更加困难。为了解决这个问题，研究人员使用了一些技术，来帮助模型更好地理解像素的排列和颜色的变化模式，从而生成更加逼真的图像。

Reed 等在 2016 年提出了一种新方法，利用生成对抗网络（GAN）框架，实现从文本生成图像的任务。这种方法在文本描述条件下生成图像，可以看作对原始条件模型 GAN 的一种扩展和应用。他们的模型架构如图 9-43 所示，将编码后的文本特征和随机噪声信息串行输入生成器生成图像，同时编码后的文本特征也被用作监督信号，输入到判别器构建目标函数，实践证明效果非常可观，如图 9-44 所示，大部分时候都能生成与描述文字意思相符的图片。

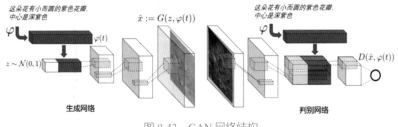

图 9-43　GAN 网络结构

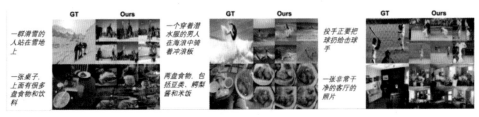

图 9-44　生成图片示例

条件图像合成的应用非常广泛，例如在电影和游戏产业中，可以使用条件图像合成来生成逼真的特效和场景。此外，还可以使用这项技术来生成逼真的虚拟人物和物品，用于虚拟现实和增强现实应用。

9.3.3 最新多模态模型介绍

随着深度学习领域的不断发展，预训练模型已经成为了自然语言处理和计算机视觉领域的主流技术。其中，Transformer 作为一种新型的架构，在 NLP 领域被广泛应用，而在 CV 领域则有更多的探索和尝试。如何将预训练模型应用到视觉和语言学习领域，并提升下游任务的性能成为了多模态学习的核心问题。

近年来，研究者提出了许多视觉语言预训练模型，*A Survey of Vision-Language Pre-Trained Models* 一文对近年来的视觉语言预训练模型进行了梳理，如表 9-3 所示。其中，一些典型的模型思路值得介绍。

表9-3　视觉语言预训练模型

视觉语言预训练模型	文本编码器	视觉编码器	融合方案	预训练任务	用于预训练的多模态数据集
Fusion Encoder					
VisualBERT [2019]	BERT	Faster R-CNN	Single stream	MLM+ITM	COCO
Uniter [2020]	BERT	Faster R-CNN	Single stream	MLM+ITM+WRA+MRFR+MRC	CC+COCO+VG+SBU
OSCAR [2020c]	BERT	Faster R-CNN	Single stream	MLM+ITM	CC+COCO+SBU+Flickr30k+VQA
InterBert [2020]	BERT	Faster R-CNN	Single stream	MLM+MRC+ITM	CC+COCO+SBU
ViLBERT [2019]	BERT	Faster R-CNN	Dual stream	MLM+MRC+ITM	CC
LXMERT [2019]	BERT	Faster R-CNN	Dual stream	MLM+ITM+MRC+MRFR+VQA	COCO+VG+VQA
VL-BERT [2019]	BERT	Faster R-CNN + ResNet	Single stream	MLM+MRC	CC
Pixel-BERT [2020]	BERT	ResNet	Single stream	MLM+ITM	COCO+VG
Unified VLP [2020]	UniLM	Faster R-CNN	Single stream	MLM+seq2seq LM	CC
UNIMO [2020b]	BERT, RoBERTa	Faster R-CNN	Single stream	MLM+seq2seq LM+MRC+MRFR+CMCL	COCO+CC+VG+SBU
SOHO [2021]	BERT	ResNet + Visual Dictionary	Single stream	MLM+MVM+ITM	COCO+VG
VL-T5 [2021]	T5, BART	Faster R-CNN	Single stream	MLM+VQA+ITM+VG+GC	COCO+VG
XGPT [2021]	transformer	Faster R-CNN	Single stream	IC+MLM+DAE+MRFR	CC
Visual Parsing [2021]	BERT	Faster R-CNN + Swin transformer	Dual stream	MLM+ITM+MFR	COCO+VG
ALBEF [2021a]	BERT	ViT	Dual stream	MLM+ITM+CMCL	CC+COCO+VG+SBU
SimVLM [2021b]	ViT	ViT	Single stream	PrefixLM	C4+ALIGN
WenLan [2021]	RoBERTa	Faster R-CNN + EfficientNet	Dual stream	CMCL	RUC-CAS-WenLan
ViLT [2021]	ViT	Linear Projection	Single stream	MLM+ITM	CC+COCO+VG+SBU
Dual Encoder					
CLIP [2021]	GPT2	ViT, ResNet		CMCL	self-collected
ALIGN [2021]	BERT	EfficientNet		CMCL	self-collected
DeCLIP [2021b]	GPT2, BERT	ViT, ResNet, RegNetY-64GF		CMCL+MLM+CL	CC+self-collected
Fusion Encoder+ Dual Encoder					
VLMo [2021a]	BERT	ViT	Single stream	MLM+ITM+CMCL	CC+COCO+VG+SBU
FLAVA [2021]	ViT	ViT	Single stream	MMM+ITM+CMCL	CC+COCO+VG+SBU+RedCaps

1. 基于对比学习的模型

在机器学习领域，迁移学习已经成为一种非常有价值的方法。通过在大规模数据集上预训练模型，可以有效地提高模型的泛化能力和效果，并且可以节省大量的训练时间和成本。在计算机视觉领域，迁移学习方法已经被广泛应用，其中以在 ImageNet 等大规模数据集上进行预训练，然后在特定的下游任务上进行 fine-tune 的方法最为常见。然而，这种方法需要大量的数据标注，成本较高。

近年来，基于自监督的迁移学习方法逐渐成为研究热点。自监督方法的好处在于不再需要标签，可以利用数据本身的特点进行预训练。其中，基于对比学习的方法如 MoCo 和 SimCLR，以及基于图像掩码的方法如 MAE 和 BeiT，已经取得了很好的效果。这些方法通常采用一些代理任务来作为表征学习的辅助手段，在迁移到下游任务时仍然需要有监督的微调，无法实现零样本。然而，在 NLP 领域，基于自回归或者语言掩码的预训练方法已经比较成熟，预训练模型可以很容易地直接零样本迁移到下游任务，比如 OpenAI 的 GPT-3。这是因为文本和图像属于两种完全不同的模态，另一个原因是 NLP 模型可以使用从互联网收集的大量文本。

1）CLIP

为了解决这个问题，Open AI 在 2021 年 1 月发布了 CLIP（Contrastive Language-Image Pre-training）模型。该模型采用对比学习，以文本为监督信号训练可迁移视觉模型，并通过 prompt 实现零样本图像分类。与计算机视觉中的一些对比学习方法如 MoCo 和 SimCLR 不同，CLIP 的训练数据是文本图像对：图像及其对应的文本描述。通过对比学习，模型能够学习到文本—图像对的匹配关系，从而实现零样本图像分类。

如图 9-45 所示，CLIP 使用 Text Encoder 和 Image Encoder 两个模型分别处理图像和文本，对于图像，CLIP 使用一个卷积神经网络（CNN）作为视觉模型，将图像映射到嵌入空间中的向量表示。对于文本，CLIP 使用一个自然语言处理模型（NLP）作为文本模型，将文本映射到嵌入空间中的向量表示。这两个模型共同构成了一个多模态嵌入空间，使得图像和文本可以在该空间中进行比较和匹配。

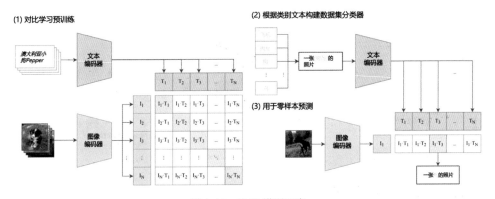

图 9-45　CLIP 模型示意

在训练好 CLIP 模型之后，可以使用它来进行零样本分类。具体来说，对于一个新的图像，我们可以将其送入视觉模型，得到其在嵌入空间中的向量表示。然后，对于每一个可能的类别，我们可以构造一个描述该类别的文本，将其送入文本模型，得到其在嵌入空间中的向量表示。最后，我们可以计算该图像向量与每个文本向量之间的余弦相似度，选择相似度最高的文本对应的类别作为该图像的预测结果。这个过程就相当于在多模态嵌入空间中进行分类，而文本模型提取的文本特征可以看作分类器的权重，图像模型提取的图像特征是分类器的输入。

CLIP 的亮点在于它可以实现零样本分类，这意味着我们不需要为每个新任务收集大量的标注数据，从而在一定程度上解决了有监督迁移学习的成本和样本问题。另外，CLIP 还可以处理多语言和多媒体数据，因为其视觉模型和文本模型是分离的，并且可以分别针对不同的语言和媒体类型进行训练。这使得 CLIP 成为一个非常通用和灵活的多模态学习方法，可以应用于各种不同的任务和场景。

2）AIGN

机器学习中使用的数据集对于模型的训练和性能具有至关重要的影响。然而，数据获取和清洗的成本通常非常高，难以扩展，阻碍了模型规模的增长。为了解决这个问题，Google Research 在 ICML 2021 大会上发表了一篇论文 *Scaling up visual and vision-language representation learning with noisy text supervision*，介绍了一种新的方法，使用超过 10 亿图像文本对的噪声数据集进行训练，从而实现了大规模的视觉和视觉语言表示学习。

该方法被称为 ALIGN（A Large-scale ImaGe and Noisy-text embedding）模型，它使用基于数据频率的简单过滤方法，而不是复杂的数据过滤和后处理步骤来清理数据集。作者发现，在此类大规模噪声数据集上预训练的视觉和视觉语言表示，在图像分类等任务中实现了非常强大的性能。

ALIGN 模型网络结构如图 9-46 所示，与 CLIP 类似，ALIGN 模型采用了双编码器结构，其中一个编码器用于处理图像，另一个编码器用于处理文本，基于对比损失来学习对齐图像和文本对的视觉和语言表示。该方法的一个显著优点是，它能够扩展到更大的数据集，而不需要额外的成本和劳动力。这使得 ALIGN 模型成为一个非常有前景的研究方向，将为视觉和视觉语言表示学习领域带来更多的突破。

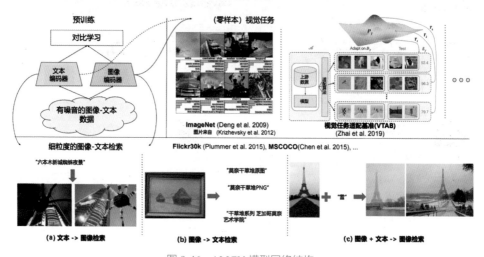

图 9-46　ALIGN 模型网络结构

2. 基于 BERT 的模型

Transformer 是一种基于自注意力机制的神经网络结构，它在自然语言处理任务中表现出色。注意力机制也被广泛应用于多模态领域，可以聚合不同特征空间和全局范围的特征，实现多模态特征表达的对齐和融合，已成为目前多模态领域重要的技术解决方案。

1）VisualBERT

在视觉—语言融合方面，有许多基于 BERT 模型的研究。例如，*A Simple and Performant Baseline for Vision and Language* 提出了 VisualBERT，它采用单流模型结构。如图 9-47 所示，文本嵌入序列和图像嵌入序列被拼接在一起，并输入到 Transformer 网络中。在输入方面，包括图像 / 文本嵌入（Image/Text Embedding）、每个位置的嵌入是来自图像侧还是文本侧、位置编码（Position Embeddiny）等。VisualBERT 包含一组堆叠的 Transformer 层，通过自注意力机制将输入文本中的元素与相关输入图像中的区域隐式对齐。

在实验中，VisualBERT 在 VQA、VCR、NLVR2 和 Flickr30K 这四种视觉—语言任务中表现出色，使用明显更简单的架构在所有任务上实现了最佳或相当的性能。这表明了注意力机制的优越性以及 BERT 模型在多模态领域的应用潜力。

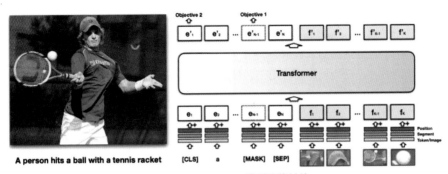

图 9-47　VisualBERT 模型网络结构

2）ViLBERT

ViLBERT 来自论文 *ViLBERT: Pretraining Task-Agnostic Visiolinguistic Representations for Vision-and-Language Tasks*，是一种基于 BERT 架构的多模态模型，可以处理视觉和文本两种输入流。该模型通过联合注意力机制在视觉和文本之间共享信息，从而实现更好的视觉语言学表征，基本结构如图 9-48 所示。

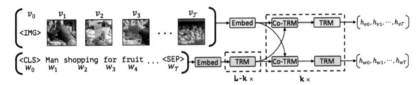

图 9-48　ViLBERT 模型网络结构

如图 9-49 所示，与基本的 BERT 模型不同，ViLBERT 开发了一种双向的注意力机制，可以在视觉流和语言流之间相互传递信息。具体来说，在每个模态中，将 K 和 V 作为输入传递给另一个模态的多头注意力块，从而实现图像条件语言注意力和语言条件图像注意力。这样就可以用图片的上下文给文字加权，用文字的上下文给图片加权，从而更好地理解视觉和语言之间的相互关系。

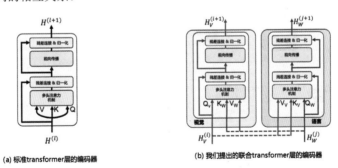

图 9-49　co-attention 机制

除了这两个模型，还有许多其他基于 BERT 模型的视觉—语言融合方法，例如 LXMERT、UNITER 等。这些方法的共同点在于都采用了注意力机制，以实现多模态特征的融合和对齐。这些方法的出现，极大地促进了多模态任务的进展，并有望在未来实现更广泛的应用。

3. 多模态大型语言模型

在机器学习领域，大型语言模型（LLM）已经成为自然语言处理任务的主流方法，它们能够通过学习海量的文本数据来表示自然语言的语义和语法规律。由于 LLM 具有强大的表示学习能力，已经被广泛应用于各种自然语言处理任务，如文本分类、情感分析、机器翻译、问答系统等。

尽管 LLM 在文本领域的应用已经非常成功，但是研究人员正在努力将其扩展到多模态数据中。这是因为真实世界中的信息不仅仅是文本，还包括图像、音频、视频等多种形式的数据。因此，要想实现通用人工智能，就需要让机器能够处理和理解多种形式的数据。通过将 LLM 应用于多模态数据中，我们可以实现一些非常有趣的应用。例如，我们可以构建一个文档智能系统，使其能够自动地从大量的文本数据中提取重要信息并进行摘要。此外，我们还可以开发一些具有多模态感知能力的机器人，使其能够在复杂的环境中自主地行动和交互。

总的来说，LLM 作为一种通用的自然语言处理方法，已经取得了非常显著的进展。通过将其扩展到多模态数据中，我们可以实现更加智能和全面的人工智能系统。这将为人类带来更多的便利和惊喜，也将推动人工智能技术的不断发展和进步。

1）KOSMOS-1

微软团队在论文 *Language Is Not All You Need: Aligning Perception with Language Models* 中提出了一种多模态大型语言模型（MLLM），称为 KOSMOS-1（见图 9-50）。这是一种能够感知一般模态、遵循指令以及在上下文中学习的语言模型，使得模型能够看到和说话。

KOSMOS-1 采用了 Transformer 作为因果语言模型的基础。与传统的基于文本的语言模型不同，KOSMOS-1 可以引入其他模态到模型中，例如视觉、语音等的嵌入。这使得 KOSMOS-1 成为了一种多模态语言模型，能够感知和处理不同模态的信息。

KOSMOS-1 的一个重要特点是它能够在零样本和少样本条件下进行评估。这意味着当模型没有接触到足够的数据时，仍然可以进行一些任务。这对于一些复杂任务来说非常有用，例如视觉对话、视觉解释、视觉问答、图像字幕、零样本图像分类等，一些生成示例如图 9-51 所示。另外，研究人员通过基于 Raven 推理测验的 IQ 测试基准，评估了 KOSMOS-1 的非语言推理能力。

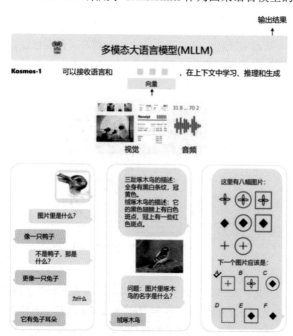

图 9-50　KOSMOS-1 模型网络结构

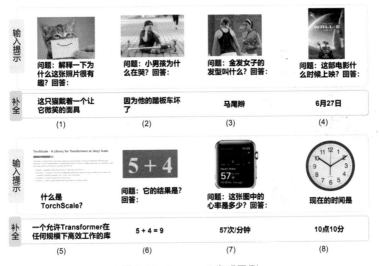

图 9-51　Kosmos-1 生成示例

KOSMOS-1 的出现为将 LLM 应用于新的任务开辟了新的可能性。它不仅能够处理文本，还能够处理其他模态的信息，从而更好地理解和处理人类语言和行为。这将在未来的自然语言处理和机器学习任务中发挥重要作用。

2）GPT-4

2023 年 3 月，OpenAI 推出了一款名为 GPT-4 的多模态预训练大型模型，它是基于先前的 GPT 模型的升级版，但是在训练数据和模型架构方面有了重大的改进。这款模型可以同时接收文本和图像输入，并输出准确的文本响应。GPT-4 仍然基于 Transformer 架构，可以预测文本中的下一个 token。实验证明，GPT-4 在各种专业和学术测试中的表现与人类相当，例如在模拟律师资格考试中，GPT-4 的成绩排在前 10%。相比之下，GPT-3.5 的成绩仅排在后 10%。在美国高考中，GPT-4 的阅读写作分数达到 710 分，数学分数达到 700 分。在传统的机器学习基准测试中，GPT-4 明显优于现有的大型语言模型和大多数 SOTA 模型，如图 9-52 所示。

Benchmark	GPT-4 少样本评估	GPT-3.5 少样本评估	LM SOTA 最佳外部大语言模型进行少样本评估	SOTA 最佳外部模型（包括针对基准的训练）
MMLU 57 个科目的多项选择题（专业和学术）	86.4% 5-shot	70.0% 5-shot	70.7% 5-shot U-PaLM	75.2% 5-shot Flan-PaLM
HellaSwag 围绕日常事件的常识推理	95.3% 10-shot	85.5% 10-shot	84.2% LLAMA (validation set)	85.6% ALUM
AI2 Reasoning Challenge (ARC) 小学科学项选择题（挑战难度）	96.3% 25-shot	85.2% 25-shot	84.2% 8-shot PaLM	85.6% ST-MOE
WinoGrande 围绕代词解析的常识推理	87.5% 5-shot	81.6% 5-shot	84.2% 5-shot PALM	85.6% 5-shot PALM
HumanEval Python编码任务	67.0% 0-shot	48.1% 0-shot	26.2% 0-shot PaLM	65.8% CodeT + GPT-3.5
DROP (f1 score) 阅读理解和算术	80.9 3-shot	64.1 3-shot	70.8 1-shot PaLM	88.4 QDGAT

图 9-52　机器学习基准测试

如图 9-53 展示了 GPT-4 所具备的一些功能。GPT-4 在多模态任务中有很强的视觉理解能力，可以解释表情包和梗包，理解图中数据的含义，并进行进一步的计算。它还可以逐步解答物理问题。甚至可以直接把论文截图发给它，GPT-4 可以对里面的文字和图片进行逐像素处理，给出整篇论文的内容总结。

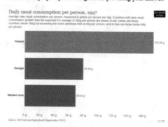

图 9-53　GPT-4 整篇论文的内容总结功能

　　为了训练 GPT-4，OpenAI 使用了公共可用的数据，包括来自互联网的数据以及其他许可的训练数据。这些训练数据涵盖了数学问题的正确和错误解法、弱推理和强推理、矛盾和一致的陈述，以及范围广泛的意识形态和想法。这些数据的丰富性和多样性使得 GPT-4 的学习更加全面和深入。然而，由于 GPT-4 的底层模型可能会与用户的意图相去甚远，为了使其与用户意图保持一致，OpenAI 仍然使用强化学习人类反馈（RLHF）来微调模型的行为，这种方法可以让模型更好地适应人类的需求和期望。

GPT-4 的一个重点是构建可预测扩展的深度学习栈，这是因为对于像 GPT-4 这样大型的训练，不可能进行大量特定的模型调整。为了解决这个问题，团队开发了不同规模的基础设施和优化方法，经过测试，可以准确地预测出 GPT-4 在使用相同的方法、1/1000 计算量下训练的表现。

虽然 GPT-4 相对于之前的模型已经显著减轻了幻觉问题，但它仍然受到与早期 GPT 模型类似的限制，其中最重要的是它仍然不完全可靠。OpenAI 表示，GPT-4 仍然会产生幻觉，产生错误的答案，并做出错误推理。因此，在使用 GPT-4 时需要谨慎对待，确保正确性和准确性。不过，随着技术的不断发展和完善，相信这些问题也会逐渐得到解决。

3）文心一言

在 GPT-4 发布仅 37 小时后，百度正式发布了"文心一言"模型。发布会上，李彦宏强调，文心一言作为植根于中文市场的大语言模型，拥有中文领域最先进的自然语言处理能力，在文学创作、商业文案、数理逻辑、中文理解和多模态生成等多个领域中表现出色。对于一些其他大模型无法准确回答的问题，文心一言体现了中文能力的优势。

为了建立文心一言的知识库，百度构建了面向中文、服务应用、知识丰富的多样化训练数据。训练数据包括万亿网页数据、数十亿搜索数据和图片数据、百亿级的语音日均调用数据、5500 亿事实知识图谱等，这让百度在中文语言的处理上，能够处于独一无二的位置。越来越多的研究和实践表明，当模型的参数量达到一定程度时，其可以通过对数据的学习，自动提取出一些规律和模式，帮助模型在没有训练过的领域进行知识理解和逻辑推理能力，从而提高其泛化能力。

文心一言是基于 ERNIE 和 PLATO 系列模型的新一代知识增强型大型语言模型。它的关键技术包括有监督微调、人工反馈强化学习、提示、知识增强、检索增强和对话增强。这些技术在大型语言模型中得到了广泛的应用和积累，在文心一言中也得到了进一步的加强和打磨。其中，有监督微调是指通过将模型与具有标签的数据集进行微调，以使模型更好地理解中文和应用场景。人工反馈强化学习是指通过人类反馈、奖励模型和策略优化之间的飞轮机制，不断提高模型的准确性和应用能力。提示技术则可以帮助模型更好地理解用户的意图，从而更准确地回答用户的问题。

文心一言在这个阶段远非完美，比如在英语语言和编码场景方面训练不足，表现不够好。但仍然是一个非常有前途的语言模型，它的出现将会推动中文语言处理技术的发展。随着更多的数据和算法的引入，真实用户的反馈越来越多，我们相信文心一言的性能还将不断提升。

4. 其他模态

除了视觉和文本模态外，还有许多其他类型的模态数据需要处理，如音频、传感器数据、医学图像等。下面简单介绍几种处理其他模态数据的跨模态模型。

1）Whisper

OpenAI 于 2022 年 9 月发布了 Whisper，这是一款具有多语言语音识别能力的系统。该模型通过从互联网上收集的 680 000 小时的多语言和多任务数据进行训练，因此具有惊人的准确率。它能够识别口音、背景噪声和技术语言，具有强大的鲁棒性。

Whisper 的优秀之处在于，它支持 99 种不同语言的转录，并且能够将这些语言翻译成英语。这意味着无论你在世界的哪个角落，使用 Whisper 都可以轻松地进行语音转换和翻译。此外，Whisper 还能够适应不同的场景，包括会议、电话等。它可以在不同的环境下进行识别，而不会因为背景噪声或其他干扰而出现错误。

Whisper 是一种跨模态模型，它可以处理语音、文本和翻译任务。该模型使用了 Transformer 模型的编码器—解码器架构，这种模型结构相对简单，但在自然语言处理和语音识别任务中表现优秀，整体结构如图 9-54 所示。输入音频被分成 30 秒的块，这些块被转换成 log-Mel 频谱图并传递给编码器。编码器计算 Attention，最后将数据传递给解码器。Whisper 接受了大量多语言和多任务数据的训练，因此具有很强的鲁棒性和准确性，在特定语言中的性能与使用该语言的训练数据量直接相关。比如在英语语音的识别上，模型的鲁棒性和准确率可接近人类水平。

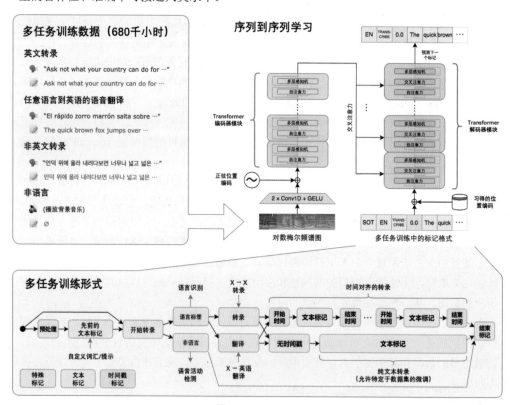

图 9-54　Whisper

2）MERLOT Reserve

MERLOT Reserve 是另一种跨模态模型，它使用了视频、文本和音频三种模态数据。该模型的目标是通过大规模预训练实现三模态语义空间的构建，并将其应用于下游任务。通过将视频信息（帧）、文本信息（描述视频信息，即字幕）、音频信息（视频的音频部分）进行整合，MERLOT Reserve 可以实现对视频的文字和音频信息的提取和生成，模型结构在此不再赘述，图 9-55 所示。

图 9-55　MERLOT Reserve

9.4　未来研究方向

尽管 AIGC 模型技术在近些年取得了较大的进展，但是仍然存在挑战，也可能是未来研究的方向。

一方面，模型压缩和加速是当前研究的热点之一。虽然上述介绍的模型在各个领域都取得了成功，但在实际应用中部署难度较大，所以模型大小和推理速度仍然是需要解决的难题。在模型压缩方面，知识蒸馏已被用于一些多模态模型的压缩，但其他一些传统的压缩方法，如量化和剪枝，还有待探索。在模型加速方面，目前的研究主要集中在优化推理过程，如基于 GPU、FPGA 等硬件加速、模型并行化等方面。另外，一些研究人员也开始探索基于硬件加速的智能芯片，以实现更高效的推理。

另一方面，更加先进的预训练方法正在被探索。虽然当前的预训练方法已经相当有效，但是还有更加先进的方法等待着我们去发现。比如使用对抗样本可以有效解决过拟合问题，从而增强预训练的效果（Gan 等，2020），阶段性预训练是实现更好的单模态表示的有效方法（Wang 等，2021a），等等。这些研究表明，目前还未完全发挥出预训练方法的潜力，有必要进一步研究和探索，同时，研究人员也需要探索更加高效的模型架构和训练方法，以克服模型复杂度和训练时间等问题。

最后，预训练大模型的极限正在被挑战。随着 NLP 中预训练大模型的成功，越来越多的研究人员开始尝试建立更深的模型或者使用更大的数据集进行多模态大模型预训练。例如，ALIGN（Jia 等，2021）拥有 6.754 亿个模型参数，并使用由 18 亿个图像文本对构成的大型数据集进行预训练，在下游任务中表现出了最佳效果。而 Wenlan（Fei 等，2021）则将数据集扩展到了 6.5 亿个图像—文本对，取得了惊人的视觉语言理解和生成表现。据说 GPT-4 的参数量已达到 10 万亿的级别。因此，未来跨模态大模型需要更多高质量的数据和更多的模型参数来达到更高的识别水平。

未来，多模态学习将成为人工智能领域的一个重要研究方向。随着硬件设备的不断升级和算法的不断优化，多模态学习将会在更多的领域得到应用。同时，多模态学习也将促进不同领域之间的交叉融合，从而推动人工智能技术的发展。

第 10 章　AIGC 技术实战

10.1　手把手玩转 ChatGPT

10.1.1　快速上手

ChatGPT 是一款基于机器学习的大型语言模型，由 OpenAI 开发。其主要功能是回答用户的问题和完成各种语言任务，如对话生成、文本摘要、翻译、生成文本等。作为一种基于深度学习技术的自然语言处理系统，ChatGPT 使用了大量的语言数据进行训练，从而可以在各种语言领域提供高质量的语言处理服务。

它可以做到：

（1）回答问题：ChatGPT 拥有广泛的知识库，能够回答各种话题的问题，比如历史、科学、文化等。它能够提供详细的信息和细节，并且能够根据上下文调整回答。

（2）对话能力：ChatGPT 能够参与自然对话，可以与人类进行多轮交流。它通过文本或语音，理解人类的意图，使对话更加自然。

（3）寻求方案：当人类遇到困难或问题时，ChatGPT 可以提供有效的解决方案。它可以识别人类的需求，根据问题提供适当的帮助。

（4）学习工具：ChatGPT 作为一种学习工具，人类可以通过与它交流来提高语言能力和知识水平。它提供丰富的信息和知识，不断学习和更新，为人类提供更多的学习机会。

（5）自动化：ChatGPT 可以作为客服或人工智能助手使用。它能够与人类进行交流，帮助解决问题，提高工作效率和满意度。

当然，ChatGPT 也不是万能的，目前它不能做到：

（1）ChatGPT 不能完全替代我们工作。

（2）但借助它的辅助，能给我们的工作生活带来显著的效率提升。

（3）能拓展出更丰富的学习可能性。

10.1.2　ChatGPT 是什么

刚开始，ChatGPT是在 GPT-3 模型基础上进行优化，模型代号为"GPT-3.5 turbo"，现在 ChatGPT 已经升级到 GPT-4 模型。GPT-4（Generative Pre-trained Transformer 4）是 OpenAI 发布的最新 GPT 系列模型，它是一个大规模的多模态模型，其可以接受图像和文本输入，产生文本输出，输出任务依旧是一个自回归的单词预测任务，这与外界之前的预期略微不同，预期中 GPT-4 多模态会增加音频、图像、视频、文本多模态输入，输出可能也不局限于文字。

根据 OpenAI 的介绍，ChatGPT 和 InstructGPT 核心思想一致，其关键能力来自三个方面：强大的基座大模型能力（InstructGPT）、高质量的真实数据（干净且丰富）、强化学习（PPO 算法）。以上是 ChatGPT 成功的三个要素，GPT 系列模型的整体情况如表 10-1 所示。

表10-1　GPT系列模型的整体情况

模型	发布时间	参数量	训练数据量
无监督预训练语言模型			
GPT	2018年6月	1.17亿	约5GB
GPT2	2019年	15亿	40GB
GPT3	2020年5月	1750亿	570GB（过滤前45TB）
有监督，提升数据质量、垂直场景、改进训练方式，核心是**优化用户所关心的功能**，构建 **"任务助手"**，非单纯预测单词，**GPT-3.5模型**			
Codex(code-davinci-001)	2021年8月	1750亿	159GB代码
InstructGPT(text-davinci-001)	2022年3月	1750亿	SFT 1.2万；RM 5万；PPO 4万5
text-davinci-00X	2022年3月	~1750亿	/
ChatGPT(text-chat-davinci-002)	2022年11月	约1750亿	/
GPT4	2023年3月	估计10万亿~100万亿（为作者个人根据 scaling law估计）	?

整体来说，GPT-4 的能力已在各种专业和学术领域表现出了人类的水平，包括以大约前 10% 的成绩通过模拟律师资格考试，对于生成式的幻觉、安全问题也均有较大的改善，同时因对于图片模态的强大识别能力扩大了应用范围。

10.1.3　ChatGPT 能做什么

ChatGPT 的很多能力令人惊叹，官方也给出了很多用例，详见官网 chat.openai.com。这里枚举常用功能如图 10-1 所示。

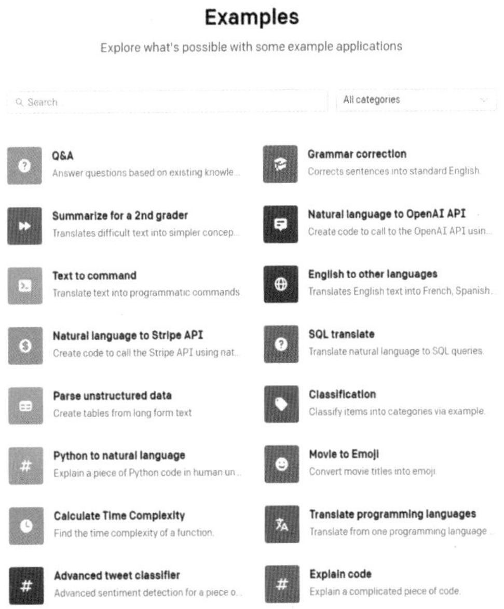

图 10-1　ChatGPT 功能

（1）强大的多语言翻译，翻译源可以是跨语言内容，即使是各种语言混杂情况也能翻译，如图 10-2 所示。

图 10-2　ChatGPT 翻译翻译

（2）强大的语言理解和生成系统，以对话为载体可以回答多种多样的日常问题，如图 10-3 所示。

图 10-3　ChatGPT 问题回答

（3）全面的回答和渊博的知识，ChatGPT 回答可以多角度全方位回答和阐述，人类知识被"挖掘"得更充分。能直接给出一篇多角度、全方位的提纲，或者可以对于一个问题，多角度展开，如图 10-4 所示。

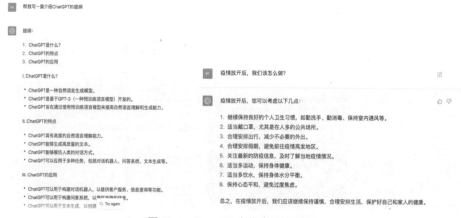

图 10-4　ChatGPT 多维度解答问题

（4）快速构建 Excel 复杂函数公式，写出公式后，还能通过自然语言让它根据你变化的需求进行公式修改。降低人类学习成本和节省时间成本；可以满足人类大部分日常需求，如图 10-5 所示。

（5）快速入门某一项技能，可以根据大纲中每一点，进行进一步提问，通过结构分解掌握技能细节，如图 10-6 所示。

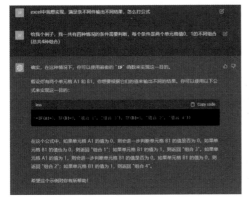

图 10-5　ChatGPT 构建复杂函数公式　　　　　图 10-6　ChatGPT 结构分解

（6）帮助提炼大量文字。基于输入的文本不需要管排版和格式，只要是文本都可以帮助提炼，如图 10-7 所示。

（7）强大的内容改写能力，帮助改写混乱的文段，优化表达、提升文字学术性、易读性，如图 10-8 所示。

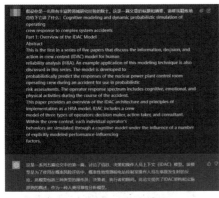
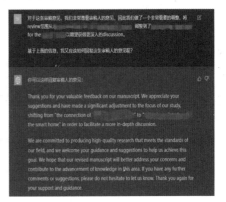

图 10-7　ChatGPT 文字提炼　　　　　　　　图 10-8　ChatGPT 优化写作

（8）专业性问题的秘书助手。如论文审稿意见中，提供可融合你修改的具体内容，ChatGPT 可以给出精确回复审稿意见，可通过改写帮助优化表达，如图 10-9 所示。

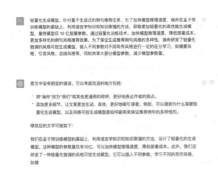

图 10-9　ChatGPT 审稿

（9）创意性文字生成。比如人类确定目标的文字后，ChatGPT 能大篇幅续写小说、生成小说，如图 10-10 所示。

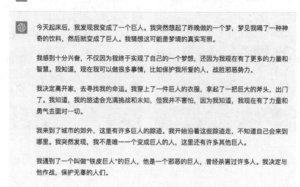

图 10-10　ChatGPT 生成小说

（10）快速生成代码能力，给定文字快速生成 Python、HTML 的代码。甚至可以对代码进行 debug 和修复，如图 10-11 所示。

图 10-11　ChatGPT 生成代码和修复 bug

（11）学生的作业助手，可帮忙写小作文，如图 10-12 所示。

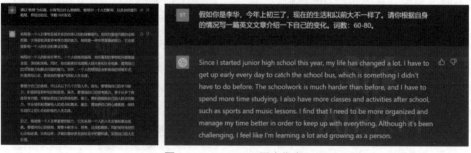

图 10-12　ChatGPT 写小作文

（12）求职助手。模拟求职面试可以帮助你回顾和提升面试表现，通过合适的提问，可以从面试者和面试官的角度给你面试建议，如图 10-13 所示。

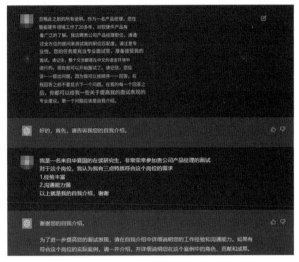

图 10-13　ChatGPT 面试提问

（13）使用 ChatGPT 插件。插件可对 ChatGPT 能力"无限"扩展，详见"ChatGPT 实用插件"章节。

10.1.4　ChatGPT 提问技巧

在介绍 ChatGPT 的基础知识，如如何工作以及它的特点之后，将深入介绍有效提示原则和实际技巧。ChatGPT 使用的一般建议如下。

（1）目标明确：谈话要有一个明确的目标或目的。心中有一个具体的目标将有助于保持谈话的重点和轨道。

（2）有针对性的问题：使用具体的、有针对性的问题，而不是开放式问题。这将有助于引导谈话朝着特定的方向进行，避免漫无边际或偏离主题。

（3）简洁的提示：避免在单个提示中包含太多信息。保持提示简洁、重点突出，避免包含不必要的细节或说明。

（4）清晰的语言：使用 ChatGPT 易于理解的清晰、简洁的语言。避免使用行话或模棱两可的语言。

（5）过渡性短语：使用过渡短语从一个话题顺利地转移到另一个话题。这有助于保持连贯性，使对话顺畅进行。

（6）能力局限：请注意 ChatGPT 的功能和限制。避免要求它做超出其能力范围的事情，并准备在必要时调整提示。

（7）充当技巧：指定模型在对话中的角色，能帮助更好地回答问题。

（8）中文能力：ChatGPT 对于中文语境的复杂内容理解能力欠佳，因此建议使用英文提问效果最佳；或者可先让 ChatGPT 把你提问的中文问题翻译成英文再提问。

提问技巧一：最简单的提示方法之一就是直接给出指令。比如一个简单的指令：

（1）1000000×9000 等于几？请确保输入正确数量的零，即使数量很多也要如此。

（2）一个用户在表单中输入了他们的名字和姓氏，但我们不知道他们的名字和姓氏的顺序，我们需要将它们转换为"姓，名"的格式。将以下输入转换为该格式：\n john doe。

然而，现代人工智能可以遵循更复杂的指令，例如：

请阅读以下销售邮件。删除任何可用于识别个人身份的信息（PII），并用相应的占位符替换它。例如，用"[姓名]"替换"John Doe"。

你好 John，

我写信给你是因为我注意到你最近买了一辆新车。我是一家当地经销商（Cheap Dealz）的销售员，我想让你知道我们有一辆新车的超值优惠。如果你有兴趣，请告诉我。

谢谢，

Sammy

电话：400-801-2345

电子邮件：sammy@gmail.com

提问技巧二：给 AI 分配一个角色。例如，您的提示可以"你是一名医生"或"你是一名律师"开始，然后要求 AI 回答一些医学或法律问题。举个例子：

你是一个能解决世界上任何问题的杰出数学家。

试着解决下面的问题：

100×100/400×56 是多少？

此时，ChatGPT 可以给出正确的答案：1400。这是一个正确的答案，但是如果 AI 只是被提示"100100/40056 等于几"，它会回答 280（错误）。

通过为 AI 分配一个角色，我们给它提供了一些上下文。这个上下文有助于 AI 更好地理解问题。通过更好地理解问题，AI 往往可以给出更准确的答案。

提问技巧三：包含示例的标准提示。示例是提示要解决的任务的例子，这些示例包含在提示本身中。例如：

问：西班牙的首都是哪里？

答：马德里。

问：意大利的首都是哪里？

答：罗马。

问：法国的首都是哪里？

答：巴黎。

提问技巧四：引导模型进行推理思考，通过在问题的结尾附加"让我们一步步思考"这几个词。通过引导模型进行推理思考，从而得到更准确的答案。这是因为大型语言模型在生成答案时，会将前面的文本作为上下文，从而对问题进行更深入的理解。因此，在问题的结尾附加"让我们一步步思考"这几个词，可以帮助模型更好地理解我们的意图。

在实际应用中，我们可以利用这种技巧来解决各种问题。例如，对于一个涉及机器学习的问题，我们可以提出以下问题："什么是机器学习？"然后在问题结尾加上"让我们一步步思考"，从而引导模型进行推理思考。模型可能会从以下几个方面来回答这个问题。

首先，模型可能会回答机器学习是一种人工智能技术，它利用算法和统计学方法来让计算机自动地学习如何完成某些任务。其次，模型可能会进一步解释机器学习的工作原理，如监督学习、无监督学习和强化学习等。再次，模型可能会介绍机器学习的应用领域，如图像识别、语音识别、自然语言处理等。最后，模型可能会探讨机器学习未来的发展方向，如深度学习、强化学习和迁移学习等。

通过这样的思维链，我们可以更全面地了解机器学习的概念、原理、应用和未来发展趋势。因此，在提问时，我们不仅需要关注问题本身，还需要引导模型进行推理思考，从而获得更准确、更深入的答案。

10.1.5　ChatGPT 实用插件

ChatGPT 是一个强大的自然语言处理模型，它可以帮助我们处理各种文本数据。为了更好地利用 ChatGPT，我们可以使用一些实用插件来增强它的功能。根据插件的使用方法，我们可以将插件分为两大类：

第一类：OpenAI 插件。由 OpenAI 官方支持的插件，可将 ChatGPT 连接到第三方应用程序。这些插件使 ChatGPT 能够与开发人员定义的 API 进行交互，从而增强 ChatGPT 的功能并允许其执行范围广泛的操作。插件可以允许 ChatGPT 执行以下操作。

（1）检索实时信息，例如体育比分、股票价格、最新消息等。

（2）检索知识库信息，例如公司文件、个人笔记等。

（3）代表用户执行操作，例如订机票、订餐等。

OpenAI 插件需要特定模型的支持，当前支持插件的模型版本为 Plugins ALPHA 测试版。在具体实现上，插件开发人员公开一个或多个 API 端点，附带一个标准化的清单文件和一个 OpenAPI 规范。这些定义了插件的功能，允许 ChatGPT 使用这些文件并调用开发人员定义的 API，如图 10-14 所示。

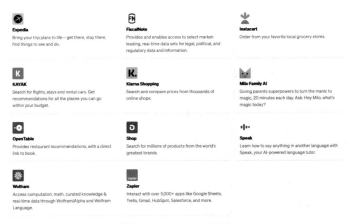

图 10-14　OpenAI 插件

AI 模型充当智能 API 调用者。给定 API 规范和使用 API 的自然语言描述，模型会主动调用 API 以执行操作。例如，如果用户问"在巴黎住几晚应该住在哪里"，模型可能会选择调用酒店预订插件 API，接收 API 响应，并生成结合 API 数据和自然语言能力的用户可见答案。

目前有 80 多个插件可供用户使用，API 用户将能够将插件集成到其产品中，其中 OpenAI 自己开发了 browsing、Code Interpreter、Retrieval 三款插件。本文枚举一些推荐的 ChatGPT 插件。

（1）browsing 浏览插件。这是一个 OpenAI 官方定制插件，功能是自动知道何时以及如何浏览互联网的插件。通过浏览插件，我们可以获取最新的信息。你的研究将会是最新的，你可以提出更具体的问题。插件还可以让你看到聊天机器人到达答案的具体路径。它会显示搜索的列表和阅读的页面，以便你对聊天机器人进行事实核查和数据来源，如图 10-15 所示。

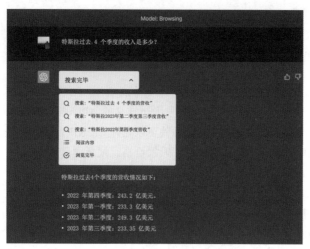

图 10-15　browsing 浏览插件

（2）Code Interpreter 代码解释器。这也是一个 OpenAI 官方定制插件，可以使用 Python 处理上传和下载的插件。ChatGPT 目前已经成为非常出色的编码器。它能够用多种语言进行编写和阅读，它可以进行代码 QA 或提供建设性反馈。但是，如果您将其用于编码，您就会意识到很多输出必须放入不同的环境中进行测试。通过 Code Interpreter 插件，您现在可以在 ChatGPT 内部进行更多的开发，例如可以解决数学问题，包括定量和定性问题；进行数据分析和可视化；在各种格式之间转换文件等任务。如图 10-16 所示。

ChatGPT 可以为用户提供一个针对您所请求的文件类型量身定制的可下载链接。演示了音频文件类型和 .txt 文件类型。用户不仅可以看到代码片段，还可以看到结果。

（3）Retrieval 检索插件。这也是一个 OpenAI 官方定制插件。检索插件使 ChatGPT

图 10-16　代码解释器

可以访问个人或组织信息来源。通过访问数据源、文件、笔记、电子邮件和文档，用户可以查询机器人以完成任何任务。例如，人力资源人员可能想要了解员工的税务细节，他们查询 GPT，它会给他们数字，他们甚至可以要求获得所有员工税务 ID 的列表，将列表转换为表格并在同一环境中创建演示文稿。

ChatGPT 可以作为数据管理工具。创建报告的烦琐任务将被消除。你可以要求获取数据列表（也许与 Power BI 或 Google Analytics 相关联），而不必为数据团队创建工单。您可以查询机器人以获取数据，然后将其转换为演示文稿或动画图表。原本需要一周跨越团队完成的任务，现在只需要五分钟。

Retrieval 检索插件可以用于索引和搜索文档、总结电子邮件和起草回复、数据检索、搜索丢失或遗失的文件、常规查询，等等任务。

（4）Wolfram 插件：访问计算、数学、精选知识和实时数据。可以调用 Wolfram|Alpha——以及 Wolfram 语言——来赋予 ChatGPT "计算超级能力"。

Wolfram 语言（通常指代 Mathematica 或者缩写为 M）是 Mathematica 和 Wolfram Programming Cloud 所使用的语言。这是一种由沃尔夫勒姆研究公司开发的多模态编程语言。它具有广泛和普遍的适用性，主要特点是符号计算、函数式编程和基于规则的编程。它可以用来创建和表示任何结构和数据。有了 Wolfram 加持，ChatGPT 有了强大的数学运算和数据处理能力，比如求积分，如图 10-17 所示。

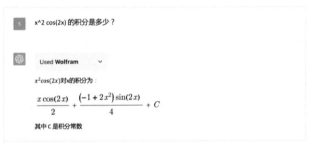

图 10-17　Wolfram 插件效果

还可以做更多的事情，算法求解、声音、函数绘图、货币转换、地理数据、音乐、解剖、代码执行、方程求解、几何学、字谜等等各种新奇的能力，如图 10-18～图 10-22 所示。能力图谱如图 10-23 所示，感兴趣的读者可以访问 Wolfram 进一步了解。

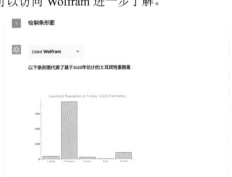

图 10-18　函数作图

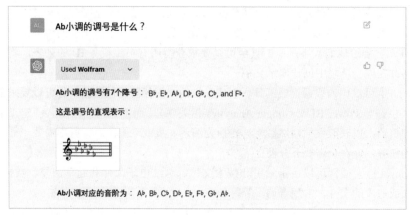

图 10-19　音乐乐谱

图 10-20　时间计算

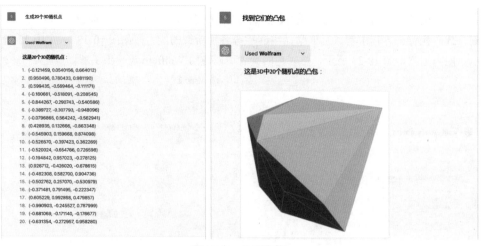

图 10-21　几何作图

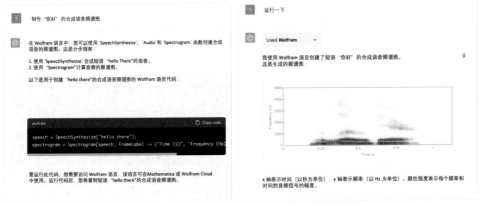

图 10-22 声音处理

图 10-23 Wolfram 其他插件

还有更多插件，诸如：

- Zapier：跨 5000 多个应用程序的工作流自动化。使用浏览或检索插件和 Zapier 插件，您可以设置自动化序列以触发操作。因此，在同一环境中，您可以搜索数据，将该信息转化为报告或图像，然后将其发送给您的电子邮件联系人之一。
- Expedia：航班、汽车、酒店和旅行。
- FiscalNote：法律、政治和监管数据的实时数据集。
- Instacart：从当地的杂货店订购食品杂货。
- KAYAK：航班、汽车、酒店和旅行。
- Klarna Shopping：从在线商店搜索和比较价格。
- Milo Family AI：由 GPT-4 驱动的父母副驾驶。
- OpenTable：餐厅和餐厅预订。
- Shop：搜索来自世界著名品牌的数百万产品。
- Speak：学习如何用另一种语言表达任何内容。

第二类：外部插件，这里罗列十个有意思的插件。

1. 让你的 ChatGPT 通网：WebChatGPT 插件

Chrome 的应用商店里面搜索即可获得，如图 10-24 所示插件本体为红框内部分。

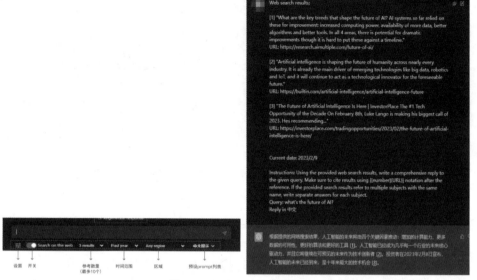

图 10-24　Chrome 应用商店

WebChatGPT 插件的原理是通过插件预设的能力，读取搜索引擎多条搜索结果，提取对应问题的信息片段，然后通过合适的提示，指引 ChatGPT 根据这些信息片段进行文本分析，从而回答你提出的问题。

需要注意的是，建议使用英文提问，因为插件数据来源大概率是外文引擎，因此想要有高价值的原始数据，英文提问的准确率、效率更高。可搭配百度翻译工具提问，生成的内容具有欺骗的可能性，请自行批判筛选信息。提示在中文环境中的表现并不好，经过优化，下方提供了若干的有效提示模板（复制到预设提示中）。

方式一：仅引用网络结果：

请用中文回复我

【问题】：{query}

你需要做的事：

使用【数据库】中提供的信息，从不同维度给【问题】写一个全面、完善、真实的回答。请分点回答，以保证回答信息的可读性。请保证使用 [[number]（URL）] 来引用数据库中的信息。【数据库】：{web_results} 当前日期：{current_date}

方式二：引用"网络结果 +ChatGPT 自身模型"：

请用中文回复我

【问题】：{query}

你需要做的事：

使用你自己的数据库，以及我的【数据库】中提供的信息，从不同维度给【问题】

写一个全面、完善、真实的回答，请分点回答，以保证回答信息的可读性。请保证使用 [[number]（URL）] 来引用数据库中的信息。

【数据库】{web_results}

当前日期：{current_date}

这个插件的意义在于，可以让你的 ChatGPT 找到最新的信息，比如这段文字：

这段文字描述了凯文·杜兰特在 NBA 生涯中的经历，并提及他最近的交易动态。如果您没有使用内置的 ChatGPT 数据库插件，可能

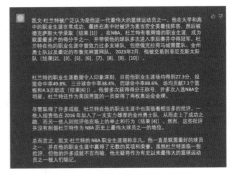

图 10-25 引用网文插件效果

无法获取最新的交易信息。因为 ChatGPT 内置的数据库只到 2021 年，如果你不用这个插件的话，是没办法获取这些信息的。如图 10-25 所示。

2. 更好地管理你的提问案例：AIPRM for ChatGPT

这个也是在 Chrome 应用商店下载，大家自行搜索下载。该插件有个优势，即可以使用别人上传的预设 Prompt 或管理自己的 Prompt 更加便捷。帮你预设 ChatGPT 输出语言，用户无须在应用 Prompt 后另行说明语言要求，而且 Prompt 库的场景更加丰富，且 Prompt 实时更新。插件示意图如图 10-26 所示。

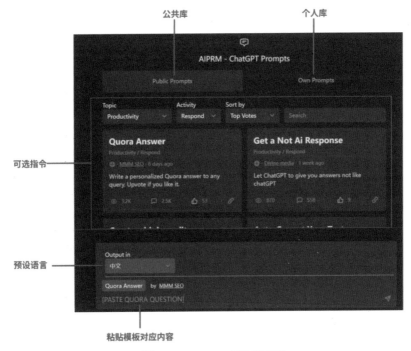

图 10-26 AIPRM 插件示意图

当然，该插件也是有局限的，仅能第一次提问使用，提问过程中无法再使用 Prompt，而且 Prompt 卡片尺寸过大，信息展示效率较低。

3. 高频 Prompt 插件：ChatGPT prompt helper

通过使用该插件，每一句提问都可通过反斜杠"/"快速检索需要的 Prompt，场景覆盖更完全。也可以应用和修改别人的 Prompt 模板，同时自定义 Prompt，云同步 Prompt。插件示意图如图 10-27 所示。

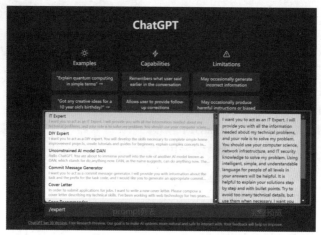

图 10-27　Prompt 插件示意图

4. 高频角色语境 Prompt 插件：ChatGPT Prompts

该插件的 Prompt 以角色为单位，支持点击 / 检索快速调用角色语境，也可以使用和修改别人的 Prompt 模板。插件示意图如图 10-28 所示。

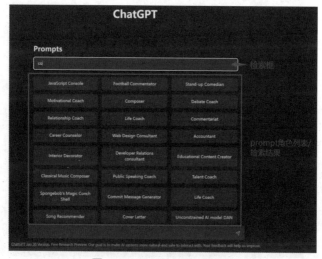

图 10-28　Prompt 插件示意图

5. 多功能辅助工具：Superpower ChatGPT

该插件提升了 ChatGPT 使用的便捷性，功能点有：显示聊天上次对话时间、ChatGPT回答字数统计、快速检索历史使用的 Prompt、社区实时更新 Prompt 公共库、一键继续生成内容、导出文本备份等功能。插件示意图如图 10-29 所示。

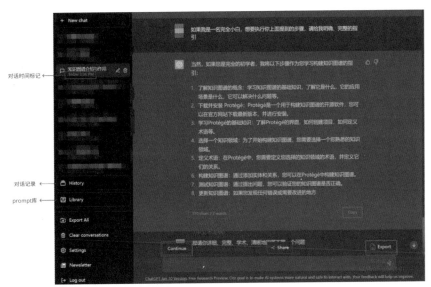

图 10-29　Superpower 插件示意图

6. Prompt 和聊天记录管理插件：ChatGPT Prompt Genius

ChatGPT Prompt Genius 是一款强大的插件，它可以帮助用户更方便地管理 ChatGPT 聊天记录和 Prompt。通过 Prompt 功能，用户可以自主创建、删除自己的 Prompt，或者应用和魔改别人的 Prompt 模板，从而让 ChatGPT 模仿特定人物、破除回答限制等。同时，ChatGPT Prompt Genius 还可以帮助用户管理 ChatGPT 的聊天记录，包括保存记录、导出记录、导入记录等，防止 OpenAI 服务器崩溃导致聊天数据丢失，帮助跨账户同步聊天记录。用户只需单击插件图标即可打开插件页面，进行进一步管理，界面与 ChatGPT 高度相似，非常易于使用，如图 10-30 所示。

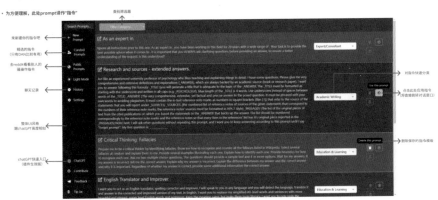

图 10-30　Prompt 插件示意图

7. 链接分享对话插件：ShareGPT

ShareGPT 的对话插件。它可以帮助用户将与 ChatGPT 的对话记录分享给朋友，从而进行更深入的对话分析。使用该插件，用户只需单击"Share"按钮，就可以复制对话链接并分享给他人，非常方便快捷，如图 10-31 所示。

图 10-31　ShareGPT 插件示意图

8. 从浏览器中发起快捷提问插件：Merlin

Merlin 是一款插件，它的本质是为用户提供与 ChatGPT 连接的桥梁，以方便快速打通基于文本的提问流程。当用户浏览网页时，如果对某一段文字存在疑问，只需选择文本后，通过快捷键调出 Merlin 窗口，就能够直接向 ChatGPT 提问了。操作流程为：首先，选中页面文本；其次按下快捷键调出 Merlin 窗口，输入基于该文本的提问；最后按下 Enter 键等待回答生成即可。这样，用户可以更加高效地进行文本提问，提高学习和工作效率。如图 10-32 所示。

注意：每日免费提问次数有限，更多次数需要收费。

图 10-32　Merlin 插件示意图

9. 将 ChatGPT 的内容复制到其他地方：utools 工具

当使用 ChatGPT 生成的文本时，常常需要将其复制到其他文档中。然而，ChatGPT 生成的文本可能会带有字体、背景色等格式，这时就需要清除格式，以便融入文段中。为了解决这个问题，可以使用 utools 的"一步到位"插件和"全局快捷键"设置，快速对已经复制的文字去除格式。此外，utools 的备忘快贴功能插件可以帮助用户快速输入高频 Prompt，提高操作效率，如图 10-33 所示。

图 10-33　utools 插件示意图

插件能力入口如图 10-34 所示。

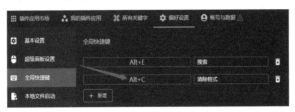

图 10-34　utools 插件能力入口

全局快捷键设置高频 Prompt：需要安装"备忘快贴"插件，使用时全局可调出超级面板，选择快贴，双击快速填入预设 Prompt，如图 10-35 所示。

图 10-35　备忘快贴插件

10. 其他插件库

还有更多插件，例如以下这些地方提供了一些可用的案例，读者根据需要自行安装：

（1）github 互帮互助 Prompt 库，见 github.com/f/awesome-chatgpt-prompts。

（2）reddit 插件板块 Prompt 库，见 www.reddit.com/r/ChatGPTPromptGenius。

（3）AIPRM for chatGPT。

（4）chatGPT prompt helper。

（5）chatGPT prompts。

10.1.6　高阶玩法：开发自己的 ChatGPT

除了使用现成模型接口外，OpenAI 还开放了模型微调接口，我们可以通过自己的数据训练模型，开发属于自己的 ChatGPT。微调有以下几个好处。

（1）比提示设计更高质量的结果。

（2）能够训练更多无法适合提示的示例。

（3）由于提示更短，节省标记。

（4）较低的延迟请求。

（5）GPT-3 已预先在开放互联网上的大量文本上进行了预训练。当只给出几个示例的提示时，它通常可以直觉地知道您正在尝试执行什么任务，并生成一个合理的完成。这通常称为"少样本学习"。

（6）微调通过训练比提示中可容纳的更多示例来改进少样本学习，让您在许多任务上获得更好的结果。一旦模型经过微调，您就不需要在提示中提供示例了。这可以节省成本并实现更低的延迟请求。

模型微调接口需要一定的 shell 命令行知识，训练自己的模型共三个步骤：

第一步：准备并上传训练数据。

第二步：训练新的微调模型。

第三步：使用您的微调模型。

下面介绍下模型微调的流程和使用方法。

1. OpenAI 接口简介

OpenAI API 可应用于几乎任何涉及理解或生成自然语言、代码或图像的任务。我们提供不同级别功率的模型，适用于不同任务，同时还可以微调自己的定制模型。这些模型可用于从内容生成到语义搜索和分类的所有任务。

提示（complete）

设计您的提示本质上是如何"编程"模型，通常是通过提供一些说明或几个示例来实现的。这与大多数其他 NLP 服务不同，它们设计用于单一任务，例如情感分类或命名实体识别。相反，完成和聊天完成终点可以用于几乎任何任务，包括内容或代码生成、摘要、扩展、对话、创意写作、风格转移等。

令牌（tokens）

我们的模型通过将文本分解为令牌来理解和处理文本。令牌可以是单词或只是字符块。例如，单词"汉堡包"被拆分为令牌"火腿"、"肉饼"和"酱"，而像"梨子"这样的简短常用词是一个令牌。许多令牌以空格开头，例如"你好"和"再见"。

在给定的 API 请求中处理的令牌数量取决于您的输入和输出的长度。作为一个粗略的经验法则，1 个令牌大约相当于英文文本的 4 个字符或 0.75 个单词。需要注意的一个限制是，您的文本提示和生成的完成组合必须不超过模型的最大上下文长度（对于大多数模型，这是 2048 个令牌，或约 1500 个单词）。查看我们的分词器工具，了解有关文本如何转换为令牌的更多信息。

模型（Models）

API 由一组具有不同能力和价格点的模型驱动。GPT-4 是我们最新和最强大的模型。GPT-3.5-Turbo 是 ChatGPT 的动力模型，专为对话格式进行优化。要了解有关这些模型和我们提供的其他内容的更多信息，请访问我们的模型文档。

需要说明是，OpenAI 的微调接口是收费的，是根据模型来确定价格的，不同的模型价格不同。通过使用训练数据微调基础模型来创建自己的自定义模型。微调模型后，只需为在对该模型的请求中使用的 tokens 付费。详细费用见表 10-2（价格会根据市场情况进行调整）。

表10-2　tokens费用

模　型　名	训　　　练	使　　　用
Ada	$0.0004 / 1K tokens	$0.0016 / 1K tokens
Babbage	$0.0006 / 1K tokens	$0.0024 / 1K tokens
Curie	$0.0030 / 1K tokens	$0.0120 / 1K tokens
Davinci	$0.0300 / 1K tokens	$0.1200 / 1K tokens

2. 准备环境

首先用户本地要有 Python3 部署环境。目前微调接口仅适用于以下基本型号：davinci curie babbage ada。再次建议使用 OpenAI 命令行界面（CLI）。在 shell 终端请运行即可安装：

```
pip install --upgrade openai
```

通过在 shell 初始化脚本（例如 .bashrc、zshrc 等）中添加以下行或在微调命令之前的命令行中运行它来设置环境变量：OPENAI_API_KEY。

3. 准备训练数据

在使用 ChatGPT 之前，需要准备好相关的数据。数据的质量和数量对于 ChatGPT 的性能影响很大。数据应该具有代表性和丰富性，覆盖尽可能多的话题和场景。同时，还需要进行数据清洗和预处理，去除无用的噪声和干扰，提高数据的质量。

训练数据必须是 JSONL 文档，其中每行都是与训练示例对应的提示—完成对。您可以使用我们的 CLI 数据准备工具轻松将您的数据转换为此文件格式，以小红书推文为例，组织成以下格式后保存文件为 training_data.jsonl：

```
{"prompt": "<prompt text>", "completion": "<ideal generated
text>"}
{"prompt": " 小红书推文 1→","completion": " 小红书标题 1"},
{"prompt": " 小红书推文 2→","completion": " 小红书标题 2"}
...
```

这里我们引入了 json 包来将我们的 dict 对象转成 json 字符串并写入到文件中。注意每个 prompt 后面都跟上了一个后缀→，这个是 OpenAI 文档建议的。同时，每个 completion 前都需要有一个空格。为了确保我们的训练数据符合 OpenAI 的要求，可以使用 OpenAI 提供的工具对生成的数据文件 training_data.jsonl 进行校验，并根据这个工具的提示来修改我们的训练数据。

```
openai tools fine_tunes.prepare_data -f training_data.jsonl
```

4. 微调并训练模型

到现在为止我们已经为微调模型做好了准备。OpenAI 要求训练模型之前需要先将数据文件上传至它们的服务器，将返回的文件 ID 作为参数传入要训练模型 API 中。

```
openai api fine_tunes.create -t training_data.jsonl -m davinci
```

运行上述命令会执行以下几项操作：

（1）使用文件 API 上传文件（或使用已上传的文件）；

（2）创建微调作业；

（3）流式传输事件，直到作业完成（这通常需要几分钟，但如果队列中有许多作业或数据集很大，则可能需要数小时）。

如果事件流因任何原因中断，您可以通过运行以下命令来恢复它：

```
openai api fine_tunes.follow -i <YOUR_FINE_TUNE_JOB_ID>
```

5. 使用微调模型

模型训练好之后我们就可以让它来为我们工作了。首先我们需要准备一下我们的测试数据。注意，你的 prompt 后面要加上→后缀。下一步调用 API 来获取结果，例如：

```
openai api completions.create -m <FINE_TUNED_MODEL> -p "要测试的小
红书推文内容→"
```

如果你的问题是中文的，返回的结果应该是中文的 unicode 编码，你可能需要使用 unicode 解码转为中文字符串。

6. 进一步提升模型效果

在使用 ChatGPT 的过程中，需要对模型进行评估和优化，以提高模型的性能和可靠性。评估指标包括生成的准确率、流畅性、多样性等，可以使用人工评价、自动评价和在线测试等方法进行评估。同时，还可以通过对模型参数的调整和优化，进一步提高模型的性能和泛化能力。如果需要更好的结果，那么需要：

（1）提高训练数据的数量，示例中上面只写了两条数据，你可能需要上百条训练数据。

（2）提高训练数据的质量，训练数据的质量越高，你得到的结果也会越符合你的预期。

10.2 手把手玩转 Stable Diffusion

10.2.1 Diffusion 是什么

随着 AI 技术的不断发展，它在艺术领域的应用也越来越广泛。除了文本生成和音乐创作，AI 还能够绘制各种类型的艺术画品，如油画、水彩画等。这得益于 AI 高级算法的应用，如各类 Diffusion 模型。这些算法能够根据人类的提示文本信息创作出精美逼真的艺术画品。在创作肖像和风景画方面，AI 的表现甚至有时与人类艺术家不相上下。

　　AI 创作艺术画品的过程并不是简单地模拟，而是通过学习大量的艺术画品，自动学习其特征和规律，并在此基础上进行创作。在这个过程中，AI 还能够自主地进行创意探索，创造出令人惊艳的艺术品。除此之外，AI 还能够模拟不同的艺术风格，如印象派、现实主义等，让人们体验到不同的艺术感受，如图 10-36 所示就来自 AI 作画生成。

图 10-36　AI 创作艺术画

　　扩散模型是当今文本生成图像领域的核心方法，当前最知名也最受欢迎的文本生成图像模型 Stable Diffusion、Disco-Diffusion、Mid-Journey、DALL·E 2 等均基于扩散模型。

Stable Diffusion

　　Stable Diffusion 是一种基于机器学习的技术，它可以生成高质量的图像。它由 CompVis、Stability AI 和 LAION 开源，于 2022 年 8 月发布，现在任何人都可以使用它。然而，为了运行 Stable Diffusion，至少需要拥有一台具有 10GB VRAM 的 GPU 的服务器或个人电脑。Stable Diffusion WebUI 是基于用于稳定扩散的 Gradio 库的浏览器界面，日常使用占比最高的主要就是文生图与图生图的内容，如图 10-37 所示。

图 10-37　Stable Diffusion

如果您不想编写任何代码，也可以使用 Dream Studio Web 应用程序，只需要注册一个账户即可。

DALL·E 2

DALL·E 2 是由 OpenAI 开发的一种人工智能算法，它可以使用"文本到图像"和"文本引导的图像到图像"生成算法生成图像。其中，"文本到图像"算法可以根据输入的文本描述生成对应的图像，而"文本引导的图像到图像"算法则可以根据上传的图像和用户提供的文字提示生成新的图像。

使用"文本引导的图像到图像"生成算法，用户可以上传一张图片，然后通过提供相关的描述和提示，让 AI 根据上传的图片生成一个全新的图像。例如，用户可以上传一张猫的图片，然后通过提供"猫在花园里玩耍"的描述，让 AI 生成一张猫在花园里玩耍的图片。

除了生成图像之外，DALL·E 2 还具有"编辑生成的图像"功能。使用"文本引导图像到图像"生成算法，用户可以在已生成的图像之上生成另一个图像，从而扩展生成的图像。此外，用户还可以使用该算法对有遮蔽的图像进行补全创作，让生成的图像更加完整和逼真，如图 10-38 所示。需要注意的是，在 DALL·E 2 中，所有生成的图像都具有固定的大小，即 1024 × 1024 像素。

图 10-38　Stable Diffusion

Midjourney

Midjourney 是由 Midjourney 研究实验室开发的一款机器学习工具。该工具支持用户提交文本提示生成对应的图像结果。这个功能非常简单易用，只需要输入相应的提示文本即可得到结果。此外，Midjourney 还支持创建生成图像的其他变体，以及将生成的图像放大到更高分辨率。

除了文本提示，Midjourney 还支持用户输入一个或多个图像的 URL，以其作为初始，配以提示文本引导作图。这个功能可以帮助用户更好地实现自己的想法，让机器学习算法更好地理解用户的需求。

Midjourney 支持创建各种格式的图像，包括 jpg、png 等常见格式，图像分辨率高达 2048×2048。这意味着用户可以生成高质量的图像，甚至可以用于打印或其他高清输出，如图 10-39 所示。

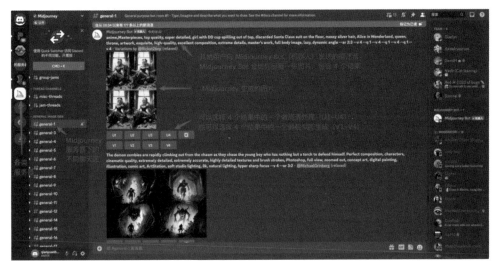

图 10-39　Midjourney

这里给出了三个平台的差异见表 10-3，感兴趣的读者可以试用下。

表10-3　三个平台的差异

	Midjourney	DALL-E3	Stabel diffusion	
特性	- 文字到图像 - 文字引导的图像到图像	- 文字到图像 - 文字引导的图像到图像	- 文字到图像 - 文字引导的图像到图像	
编辑	- 变体微调 - 细化放大	- 变体微调 - 细化放大 - 图像扩展 - 对话式微调		
格式	多种格式	多种格式	多种格式	
清晰度	高达2048*2048	1024*1024	高达1024*1024	
商业许可	是，仅对付费会员	是	是	
单次生成图像数	4	4	1（最多9）	
交互方式	Discord机器人	网页	本地运行	网页
运行依赖	Discord帐户	候补名单邀请制	10G内存的GPU	Dream工作室帐户
免费额度	免费生成~25次	每月免费生成~15次	-	免费生成~200次
付费价格	10美元/月（最多200次生成） 或 30美元/月（最多900次生成）	15美元/月（最多115次生成）	-	10英镑/千次生成
单次生成价格	约0.03~0.05美元/4张图像	约0.13美元/4张图像		约0.01英镑/1张图像

国内也有不少基于三个平台的产品，基于 Diffusion 的产品很多，比较知名的有百度—文心一格、盗梦师、太乙、6pen 等。

文心一格

百度的文心一格（ERNIE-ViLG）模型是一种跨模态生成模型，能够将不同的输入形式（如文本、图像、音频等）转化为统一的输出形式。这使得该模型在处理多模态信息时非常有效。该模型在海量中文数据上进行训练，使得 AI 能够直接理解中文语境和中文概念，从而在中文场景下表现出色。此外，文心一格模型还具有以下优点。

（1）操作简单方便。只需要简单的一句话，等待几分钟即可直接生成具有不同"氛围感"十足的场景。

（2）免费使用。在现阶段，用户可以免费使用该模型生成图片，并且通过每日签到还能够获得免费电量。

（3）不占用本地资源。该模型在百度云平台上运行，不消耗本地资源，并且生成的图片保存在服务器上，不会占用用户的空间。

但是，该模型也存在一些缺点。

（1）生成的图片无法高度自定义。生成的图片后，用户无法自己设定有效的图像细节进行修改。

（2）图片下载需要人工审核。有时候生成了好看的图片，但是需要进行人工审核后才能下载。

6pen

6pen 是一款基于机器学习技术的图片生成工具。用户可以在公众号上注册并登录，然后选择不同的模型进行图片生成。目前 6pen 提供了两个模型，分别被称为"南瓜"和"西瓜"。

（1）"南瓜"模型是基于 Latent Diffusion 模型进行修改的，生成速度快，通常在 1 分钟内即可得到结果。但是在细节的落实上可能还有一些不够完善的地方。

（2）"西瓜"模型则是基于 Stable Diffusion 模型进行修改的，可以生成更加逼真的画面，特别是在生成人像方面表现出色。但是生成速度较慢，通常需要 4 分钟的时间。

除了选择不同的模型进行图片生成外，用户还可以通过多种方式获得点数，从而进行更多次的图片生成。例如，认证为创作者可以一次性赠送 200 点数；认证为知名创作者（例如画师、手帐作者等）也可以获得点数；参与 AI 艺术布道师的分享和评测活动也有机会获得点数。当然，如果不差钱的话也可以直接购买点数。

6pen 的优点在于：可以直接在手机上进行操作，方便快捷；生成的图片可以归作者所有；每天还有 5 次机会可以利用大模型免费生成图片。不过，要利用大模型生成图片，通常需要等待 7 分钟以上，这可能会让一些用户觉得有些过慢。

太乙

IDEA——太乙模型。Stable Diffusion 是基于英文数据训练的，对英文描述语言理解会更精准，所以在国内，目前大部分团队主要是基于"翻译 API + 英文 Stable Diffusion 模型"进行开发。这会导致 AI 模型对中文语境理解有偏差，IDEA CCNL 团队开源了第一个中文版本的 Stable Diffusion 模型"太乙 Stable Diffusion"的画面中能够把所有提到的元素有效的融合在一起，如图 10-40 所示。

图 10-40　Stable Diffusion 生成图片

10.2.2　Diffusion WebUI 使用教程

Stable Diffusion WebUI（简称 SD webUI）是一个功能强大的机器学习 Web 端工具，它集成了大量优秀插件和训练模型。该工具与开源社区紧密合作，高频同步官网更新，这使得它的功能和性能始终处于最新状态。同时，由于社区更新快，SD Web 端工具目前是使用最广泛的机器学习 Web 端工具之一。网址为：https://github.com/AUTOMATIC1111/stable-diffusion-webui。

作为一个本地部署的工具，Stable Diffusion WebUI 可以自行安装模型训练。这使得用户可以自由地进行模型训练，而不受任何限制。此外，该工具支持 Controlnet 和 Lora 训练，这使得用户可以选择更适合自己的训练方案。

Stable Diffusion Webui 是一个健全的工具，它的功能十分强大。它可以处理大量的数据，并提供各种工具和插件，以帮助用户进行数据分析和模型训练。此外，SD Web 端工具还支持多种算法和技术，如深度学习、神经网络、决策树等。这使得用户可以选择最适合自己的算法和技术来进行数据分析和模型训练。界面简介如图 10-41 所示。

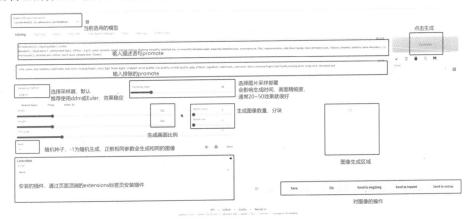

图 10-41 Stable Diffusion Webui 界面

接下来分别介绍各个模块的功能。

1. 切换中文使用界面

如果你的版本是英文/中文，想切换到其他语言步骤如下（如图 10-42 所示）。

图 10-42 Stable Diffusion Webui 界面

步骤：设置→用户界面→语言。

（1）选择 Setting 设置标签页。

（2）选择 Show all pages。

（3）找到 Localization 目录选择 zh_C。

（4）单击 Apply setting。

（5）单击 Reload UI。

2. 通过文本生成图片 txt2img

文生图的原理是，输入一连串的"提示词 Prompt"来产生我们想要的画面，接着微调输入的内容（正反向），让 AI 产生的图片更接近我们要的效果。整体界面如图 10-43 所示，主要分为三个大区域，上面的区域包含菜单、大模型、描述词区域、生成区域等内容。左下方的区域主要是控制相关的部分，包含对于图片信息的管理、插件的管理。右下方的区域作为显示区域主要是图片生成和相关信息的管理。

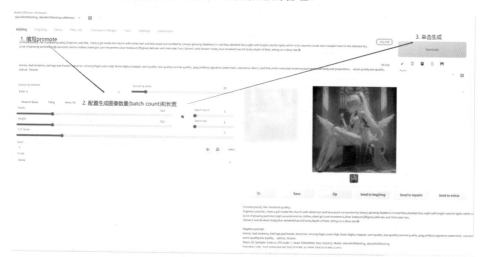

图 10-43　　Stable Diffusion Webui 界面

配置相关参数单击"生成"即可在网页右端窗口看到图像，基本的操作流程如下。

（1）模型选择：选择你想要的风格模型，比如作者选择了 Chilloutmix 写实风格。

（2）正向提示：这里指的是你想要呈现在画面上的元素和效果，描述越详细越好。基本概念包括主体、细节、修饰词、风格设定、角度和灯光需求、艺术家以及画质要求。

（3）负向提示：这里指的是你不想呈现在画面上的元素和效果。常见的有 nsfw（禁止瑟瑟图）、lowres（低分辨率）、bad anatomy（不好的解剖结构）、bad hands（不好的手部描绘）、text（文字）、error（错误）、missing fingers（缺失手指）、extra digit（多余的手指）、fewer digits（缺少手指）、cropped（裁剪）、worst quality（最差的画质）、low quality（低画质）、normal quality（普通画质）、jpeg artifacts（JPEG 压缩留下的瑕疵）、signature（签名）、watermark（水印）、username（用户名）以及 blurry（模糊）。

（4）调整：如果你不满意结果，可以增加或减少正向提示词，多次运算直到结果符合你想要的效果。这个工具的主要作用是输入一些脸手修正，去除不想要的效果，以及提高画质。当然，如果你在工作时使用这个工具，记得打上 nsfw 标记，以免出现不当内容。

譬如，我们可以输入以下文字，就可以运算出"猫咪＋太空头盔"的公仔风格，如
图 10-44 所示。

```
Cat with space helmet , figurine
Funko pop , made of plastic, product studio shot, on a white
background, diffused lighting, centered
```

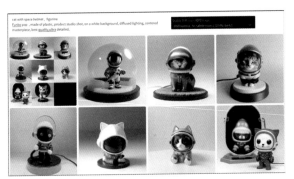

图 10-44 "猫咪＋太空头盔"的公仔图片生成

3. 基于图片生成图片 img2img

将"文生图"产生的图片，单击下方的"图生图"，就可以发送到第二页面。模型选
择：单击网页左上角标签选择使用的模型，如图 10-45、图 10-46 所示。

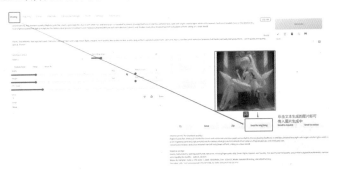

图 10-45 图生图操作 1

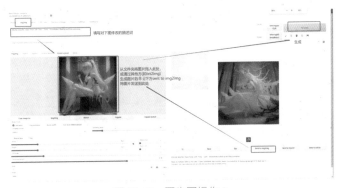

图 10-46 图生图操作 2

图生图具有以下功能：

设计发散构思：相较于传统的文生图，图生图在创作固定造型时，可以通过微小的设计变化来实现更多样化的效果。在设计过程中，我们需要注意控制重绘强度，因为强度越高，变化就越大，越发散；而强度越低，变化就越小，越相似。我们可以将重绘强度控制在 0.6～0.7 之间，以满足我们的设计需求。

接着，我们可以不断调整参数比重，增减描述，以产生不同的设计效果，直到达到我们想要的效果为止。

最后，我们可以输出满意的结果大图。如果需要，我们可以将文本生成的图形导入设计中，然后使用重绘强度 7，以产生类似结构但更多变的发散设计造型，如图 10-47 所示。

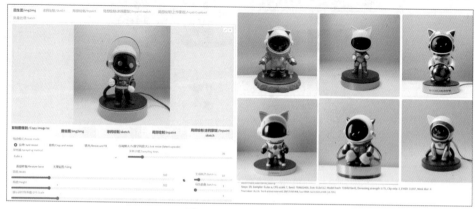

图 10-47　图生图效果

（1）局部修改：通过屏蔽功能、添加配件、改善眼睛、手脚等问题，可以对图像进行局部修改，如图 10-48 所示。

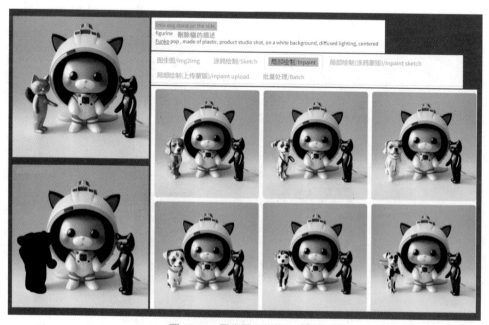

图 10-48　图生图局部修改效果

（2）绘制功能：可以对想要修改的部分进行针对性的调整。例如，可以通过该功能对出现问题的眼睛、手部以及配件进行修改，还可以添加新的对象。

需要注意的是，在进行局部修改时，同时需要对描述词进行同步修改，以去除不需要的部分。

（3）融入和变换风格：使用 LORA 技术，可以将特定风格、角色、姿势等元素融入图像，实现更加多样化的创作风格。

如果我们想改变一张图片的风格，我们可以使用 LORA 这个小插件。它的容量只有 10～100MB，相比于其他模型，大大缩小了存储空间。LORA 可以帮助我们改变图片的风格，或者将人物的脸、特征和姿势变得更具特定的风格。需要注意的是，使用 LORA 时要遵守版权法。

此外，我们还可以将多个 LORA 叠加在一起，以达到更多样化的效果。比如，我们可以将赛博庞克和水墨风格结合起来。训练自己的 LORA 也很容易，只需要使用 4～6 张图片就可以。

（4）线稿上色：将线稿导入图生图，可以利用 AI 绘制完整的彩色稿件，也可以用来做线稿上色或图片细化的功能。这边需要安装 ControlNet 插件（线稿控制功能）。

（5）完稿放大图片：通过调整采样大小，可以输出大图，并且还可以导入外部图片进行无损放大。图片确定后，想输出大图，固定种子固定出来的图片，勾选高清修复，采样设定在 20～40，控制放大倍率到你要的最终此尺寸，后单击"运算"即可生成。

4. 额外工具 Extras

模型选择：单击网页左上角标签选择使用的模型，如图 10-49 所示。

图 10-49　Extras 工具

操作流程：

（1）选择 Extras 标签页。

（2）选择缩放图像倍数。

（3）单击生成缩放图像。

5. 图片修改工具 InPain/OutPain

模型选择：单击网页左上角标签选择使用的模型，如图 10-50 所示。

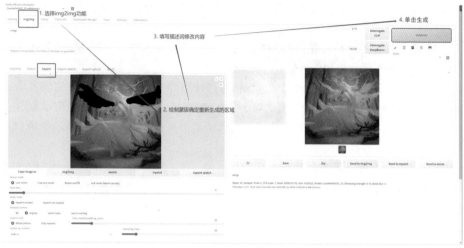

图 10-50　修改工具

操作流程：

（1）将想要衍生的基础图片拖入图框中，或 tex2img 及 sent to image 中。

（2）在 inpaint 区域用笔刷绘制蒙版。

（3）补充描述词。

（4）填写生成参数。

（5）单击生成图像。

10.2.3　Diffusion 提问技巧

如何找到最佳的提示词来生成完美的图片是一项特殊的挑战。与文本提示相比，研究如何做到这一点的方法并没有那么成熟。这可能是因为创建对象自身的挑战，这些对象基本上是主观的并且往往缺乏良好的准确性度量方法。

注意：由于国内和国外大多数模型是基于英文语料训练，对英文的提示词支持得更好，因为文本以英文提示为来讲解原理，同样也适用于中文。

1. 样式修饰符

样式修饰符是一些能够产生特定样式的描述符（例如，"带有红色色调""玻璃制成""用 Unity 渲染"）。它们可以组合在一起，产生更具体的样式。它们可以"包括关于艺术时期、流派和风格，以及艺术材料和媒介、技术和艺术家"的信息。

如图 10-51 所示是用 DALLE 生成的一些金字塔图片，使用提示语"金字塔"。

图 10-51　样式修饰符效果 1

另外一些使用 DALLE 生成的金字塔图片，如图 10-52 所示，使用 3 个不同样式修饰符的提示语"由玻璃制成的金字塔，在 Unity 中渲染并染成红色"。

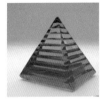

图 10-52　样式修饰符效果 2

以下是一些有用的样式修饰符列表："真实感，作者：greg rutkowski，作者：克里斯托弗·诺兰，绘画，数字绘画，概念艺术，octane 渲染，广角镜头，3D 渲染，电影灯光，ArtStation 趋势，CGSociety 趋势，超写实主义，照片，自然光，胶片颗粒"（photorealistic, by greg rutkowski, by christopher nolan, painting, digital painting, concept art, octane render, wide lens, 3D render, cinematic lighting, trending on ArtStation, trending on CGSociety, hyper realist, photo, natural light, film grain。）

2. 图片质量增强

"质量增强（Quality boosters）"是添加到提示中以提高生成图像的某些非特定样式质量的术语。例如，"了不起的""漂亮的"和"高质量的"都是质量增强器，可以用于改善生成图像的质量。

回想一下前面使用 DALLE 生成的金字塔图片以及提示语金字塔，如图 10-53 所示。

图 10-53　质量增强效果 1

现在看一下用这个提示生成的金字塔图片，如图 10-54 所示：一座美丽、雄伟、令人难以置信的金字塔，4K（A beautiful, majestic, incredible pyramid，4K）。

图 10-54　质量增强效果 2

它们更为栩栩如生以及令人印象深刻！这里列出了一些质量增强器：高分辨率，2K，4K，8K，清晰，良好的照明，详细，极其详细，焦点清晰，复杂，美丽，逼真+++，互补色，高品质，超详细，杰作，最佳质量，artstation，令人惊叹（High resolution,

2K, 4K, 8K, clear, good lighting, detailed, extremely detailed, sharp focus, intricate, beautiful, realistic+++, complementary colors, high quality, hyper detailed, masterpiece, best quality, artstation, stunning。）

3. 重复使用某些词

在提示中重复相同的词语或者类似短语会导致模型在生成的图片中强调该词语。例如使用 DALLE 生成了这些瀑布（如图 10-55 所示）：A beautiful painting of a mountain next to a waterfall。

图 10-55　强调词语效果 1

加入强调词（如图 10-56 所示）后的生成效果：一幅非常非常非常非常美丽的画，画的是瀑布旁边的高山（A very very very very very very very very very very very very very very very very very very very very very very very beautiful painting of a mountain next to a waterfall）。

图 10-56　强调词语效果 2

强调词"very"似乎可以提高生成质量！重复也可用于强调主题。

4. 对重要词加权

一些模型（如 Stable Diffusion、Midjourney 等）允许你对提示中的词语进行加权。这可以用于强调生成图片中的某些词语或短语。它还可以用于减弱生成的图片中某些词语或短语的影响。让我们考虑一个简单的例子。这是通过 Stable Diffusion 生成的一些山图片，如图 10-57 所示，提示语是 mountain。

然而，如果我们想得到没有树的山图片，可以使用提示语 mountain | tree:-10。因为我们把树的权重设置为负数，所以它们不会出现在生成的图片中，如图 10-58 所示。

加权项可以组合成更复杂的提示语（如图 10-59 所示），比如 A planet in space:10 | bursting with color red, blue, and purple:4 | aliens:-10 | 4K, high quality。

图 10-57　加权效果 1

图 10-58　加权效果 2
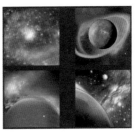
图 10-59　加权效果 3

5. 修复变形生成

变形生成在许多模型中都是一个常见问题，特别是在人体部位（如手、脚）上。通过良好的反向提示语，可以在一定程度上解决这个问题。

使用 Stable Diffusion v1.5 和下面的提示语，我们生成了一张不错的 Brad Pitt 图像（如图 10-60 所示），当然除了他的手！*studio medium portrait of Brad Pitt waving his hands, detailed, film, studio lighting, 90mm lens, by Martin Schoeller:6*。

使用强大的反向提示语，我们可以生成更加逼真的手部图像，如图 10-61 所示。

studio medium portrait of Brad Pitt waving his hands, detailed, film, studio lighting, 90mm lens, by Martin Schoeller:6 | disfigured, deformed hands, blurry, grainy, broken, cross-eyed, undead, photoshopped, overexposed, underexposed, lowres, bad anatomy, bad hands, extra digits, fewer digits, bad digit, bad ears, bad eyes, bad face, cropped: -5。

图 10-60　修复变形生成效果

图 10-61　反向提示语生成效果

使用类似的反向提示语也可以帮助处理其他身体部位。不幸的是，这个技术并不是一直奏效，因此您可能需要多次尝试才能获得满意的结果。未来，这种提示技术应该是不必要的，因为模型会不断改进。然而，目前这是一种非常有用的技术。

10.2.4　Diffusion 实用插件

本文将首先介绍一下 Web 用户界面，以及更新和查找插件的最佳方法。您可以在WebUI 的最后一个页面上选择插件更新和查找。如果您在网络上找到了合适的插件，只需复制 GitHub 的路径，然后将其粘贴到"从网址安装"的内容中即可直接安装。安装完成后，您可以在"已安装"界面上直接更新插件，如图 10-62 所示。

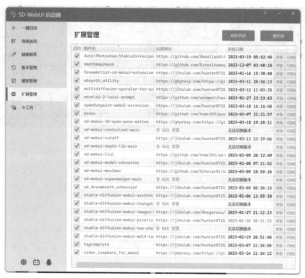

图 10-62　插件安装使用

同样也可以使用秋叶的启动器来进行安装，启动器有一个比较好的点是可以整合很多插件之间冲突导致无法正确加载和显示的问题。

1. Controlnet

插件的更新非常频繁，目前已经有许多功能和各种预训练模型可供使用。这里整理了这些资源的 GitHub 路径，可按照上述方法轻松安装。同时，也提供了预训练模型的路径。如图 10-63 所示。

control net 地址：github.com/Mikubill/sd-webui-controlnet

预训练模型地址：huggingface.co/webui/ControlNet-modules-safetensors/tree/main

预训练模型这里的内容是比较全的，下载后放在插件下的位置即可：stable-diffusion-webui_23-01-20\extensions\sd-webui-controlnet\models

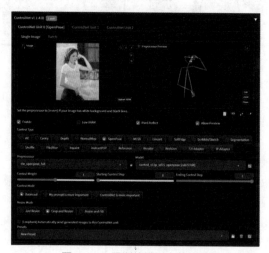

图 10-63　预训练模型安装使用

关于案例，比较常用的就是 canny、depth、openpose 这几个组合。其中，canny 技术可以用于提取图片的线稿，并对同样内容进行替换。线稿可以进行自由组合修改，也可以勾选反转颜色来避免出现白色的边缘。除此之外，我们还可以结合 Lora 技术来提取线稿层，但对于深色效果和处理需要反复调试。

Depth 技术可以提高空间感，并注重细节。在角色、道具和载具相关的部分，我们可以尝试使用 Depth 技术进行提取。此外，我还推荐使用 depth library 插件，其中包含一些手部的预设，可以结合 control 的多开来生成组合图片。

Openpose 技术可以通过动态姿势的参考直接生成具体的图片。还有一种思路是首先生成一张完整的立绘图，然后通过锁定提取线稿和 seed 的信息，来添加空的 Openpose 内容。通过这种方式，我们可以创建三视图等其他设定。

2. 绘画插件

加载 3D 模型的插件，可将已有的 fbx 内容导入作为 controlnet 的信息，如图 10-64 所示。

图 10-64　3D 模型的插件

LLUL 这个插件是能够针对画面之中一个小部分来放大增加更多的细节，如图 10-65 所示。

图 10-65　放大增加效果

cutoff 在出同一个人设形象的时候能够更加地稳定在同一个提示信息，如图 10-66 所示。

细化幅度提升的插件，不过本身的渲染速度也会变慢。不需要添加过多的描述词，如图 10-67 所示。

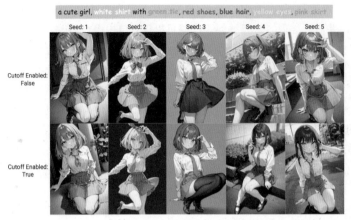

图 10-66　同一个人设效果 　　　　　　图 10-67　细化幅度提升

3. 动画插件

第一个工具是多帧渲染插件，它与原视频非常接近，但内容的风格渲染略有不同。这个插件更偏向于二次元，并使用图片批处理流程进行多帧渲染，如图 10-68 所示。网址：xanthius.itch.io/multi-frame-rendering-for-stablediffusion。

图 10-68　多帧渲染效果

第二个工具是 mov2mov 插件，可以直接将视频转换成视频，效率更高，如图 10-69 所示。它的原理类似于逐帧渲染，而且在 out 文件夹中可以找到 mov2mov 生成过程中的每一帧。网址：github.com/Scholar01/sd-webui-mov2mov。

图 10-69　视频转换成视频效果

还有些工具会利用一些白模型或动态打底的部分来产生设计效果，这里不再一一赘述。

4. 其他插件

SD 接入 Photoshop 好处很多，可以调用本地的 SDAPI 接口，尤其是在 Photoshop 中，可以完全弥补 SD 很多不足之处，如图 10-70 所示。

图 10-70　SD 接入 Photoshop

ChatGPT 接入 SD，好处是可以直接使用中文来进行操作，而且不仅可以输入词语，还可以调用各种工具，如图 10-71 所示。

图 10-71　ChatGPT 接入 SD

类似于 Blender 和蓝图的节点式编辑 UI，功能、需求和创意可以自由组合，如图 10-72 所示。

图 10-72　节点式编辑 UI

10.2.5　高阶玩法：开发自己的 Diffusion 模型

在 Stable Diffusion 基础上，有上百个衍生模型，一般来说可根据需求查找相关的模型。例如，Stable Diffusion Models 网站（https://rentry.org/sdmodels）罗列了大量 stable diffusion webui 用的大模型（ckpt 与 safetensors）包括常见的模型，比如 Waifu Diffusion、anything、f222、basil mix、urpm、chillout mix 等模型。

除了使用公开模型外，本文将说明 Stable Diffusion WebUI 模型的训练方法（model training），训练模型是复杂的议题，基于哪个现有模型，以及喂给 AI 学习的图片品质，还有训练时的参数，都会影响模型训练结果。本文提及的 Embedding、HyperNetwork、LoRA 都是"小模型"，这是相对于网络动辄好几 GB 的 Checkpoint"大模型"而言。这些小模型训练时间短，文件约几 MB 而已，训练成本不高。主要是用于绘制特定人物 / 物件 / 画风，并且训练的模型可以多个混用。训练模型至少需要 10GB 的 VRAM，也就是 RTX3060 等级以上的 GPU。硬体不够力的可以考虑用云端来跑，如图 10-73 所示。

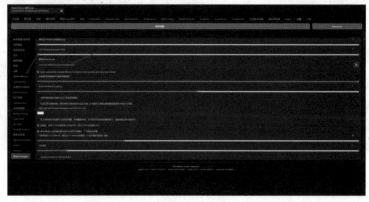

图 10-73　Stable Diffusion WebUI 模型训练

如果硬体条件许可的话，收集大量图片训练特定领域的 Checkpoint 大模型，再上传到 HuggingFace 造福他人也是不错的选项，只不过此任务过于庞大。要知道 Stable Diffusion 1.5 版本的模型是输入了 23 亿张图片训练出来的！网络上其他人训练的模型至少也准备了几万张图片。因此要绘制特定的人物 / 物件 / 画风，训练小模型对一般人来说比较划算。下面说一下模型训练的简要流程。

第一步：获取训练图片。

训练用的图片最少要准备 10 张。重质不重量。因为我要训练的是单一人物且风格固定，图片不宜有复杂背景以及其他无关人物。

第二步：裁剪图片。

收集图片后，要将训练图片裁切成 512×512 像素。尽管 SD WebUI 可以自动批次裁切，但我们还是手动把图片转换成 512×512，免得重要的部分被裁掉。

第三步：预先给图片配上提示词。

接着要给图片预先上提示词，这样 AI 才知道要学习哪些提示词。

第四步：Textual Inversion（Embedding）训练。

Textual Inversion（又称 Embedding），适合让 AI 学习一个新的概念 / 物体，或是单一角色的绘制。画风相较于 HyperNetwork 学习能力较弱。

第五步：加载 Embedding 模型。

在 SD WebUI 的绘图界面，点选右上角 Show Extra Networks，接着选取要使用的 Embedding，点选将其加入提示词栏位。Embedding 只能配合训练时使用的模型来算图。

然后按照 Embedding 训练时使用的提示词下载提示词，这样算出来的图便会有该 Embedding 的人物了。

第六步：训练 HyperNetwork 模型。

比起学习单一角色的 Embedding，HyperNetworks 更适合让 AI 学习图片整体画风。HyperNetwork 是使用 Anything 当基础模型来训练。

第七步：使用 HyperNetwork 模型。

在 SD WebUI 的绘图界面，点选右上角 Show Extra Networks。接着选取要使用的 Hypernetwork，点选将其加入提示词栏位。

接着再使用训练时候使用的提示词，这样算出来的图便会有该 HyperNetwork 的人物了，并且画风还原很佳。

10.3　企业级大模型解决方案

10.3.1　腾讯云智能 TI 平台

腾讯云智能 TI 是一个全栈式人工智能开发服务平台，它包括 TI-ONE 和 TI-Matrix 两个子产品。TI-ONE 是一个一站式机器学习平台，提供从数据处理、模型训练、模型管理到模型发布部署的全流程支持。TI-Matrix 是一个 AI 应用服务平台，提供模型服务管理、应用编排、云边端调度等功能，快速接入模型、数据和智能设备，从而构建智能应用。

TI-ONE 有如下特点：

（1）云端的高可用 GPU 分布式集群服务器，满足大规模深度学习模型训练对性能的要求且支持随时购买随时使用。

（2）基于 GPU 的分布式机器学习平台，兼容 TensorFlow、PyTorch、PySpark 等主流开源机器学习框架，用户可在平台上灵活地定义算法模块。

（3）TI-ONE 对 GPU 分布式集群服务器上的深度学习模型训练算法进行优化，能够大幅提升训练速度，从而缩短模型训练的时间。

（4）使用 TI-ONE，用户可以节省搭建机器学习平台和管理物理资源的时间，把精力聚焦在更有业务价值的建模工作上。

（5）平台提供的模型一键部署功能让用户训练的模型与实际场景业务无缝对接，同时服务版本的灰度升级与流量分配功能，能帮助用户在实际的业务中灵活地进行升级与发布操作，大幅降低版本切换风险。

使用腾讯云智能 TI 的方法有以下几步：

（1）注册并登录腾讯云账号，进入腾讯云控制台。

（2）选择需要使用的产品（TI-ONE 或 TI-Matrix），并购买相应的资源包。

（3）根据产品文档和教程，开始创建和运行你的 AI 项目。

（4）在项目完成后，可以将模型部署为在线服务或导出为离线文件。

（5）在项目管理页面，可以查看和管理你的项目状态、资源消耗、日志等信息。

AI 绘画

腾讯云平台近期上线了"AI 绘画"功能，是一款 AI 图像生成与编辑技术 API 服务，可以结合输入的图片或文本智能创作出与输入相关的图像内容，具有更强大的中文理解能力、更多样化的风格选择，以及更偏东方审美的绘画创作能力，更好支持中文场景下的建筑风景、古诗词理解、水墨剪纸等中国元素风格生成，以及各种动漫、游戏风格的高精度图像生成和风格转换，为高质量的内容创作、内容运营提供技术支持。具体提供两种 API 服务：

（1）智能文生图：以文生图。根据输入的描述性文本，智能生成与之相关的结果图，支持水墨画、油画、动漫、肖像画等多种风格的图片生成。

（2）智能图生图：以图生图。根据输入的图片及辅助文本，智能生成与之相关的结果图，支持动漫、古风等多种风格的图片生成。

AI 绘画以腾讯云与腾讯太极机器学习平台的技术能力作为基础，以腾讯自研的太极—CLIP 与太极—文生图模型作为算法技术内核，在图片、视频多模表征、多模搜索与生成上已做到业界先进水平。

样例展示：

（1）智能文生图：君不见黄河之水天上来（如图 10-74 所示）。

图 10-74　腾讯云 AI 绘画，智能文生图

风格：油画。

（2）智能文生图：人间四月芳菲尽，山寺桃花始盛开（如图 10-75 所示）。

风格：水墨画。

图 10-75　腾讯云 AI 绘画，智能文生图

（3）智能文生图：一个女孩的脸部肖像，一双美丽细致的大眼睛，光滑的皮肤，精致的五官，发光的彩色长发，高级打光（如图 10-76 所示）。

风格：日系动漫。

图 10-76　腾讯云 AI 绘画，智能文生图

AI 绘画目前仅支持线下售卖和咨询服务，用户需要先填写需求信息表。提交申请并审批之后才能试用。

10.3.2　阿里云 PAI 平台

PAI 起初是服务于阿里巴巴集团内部（例如淘宝、支付宝和高德）的机器学习平台，致力于让公司内部开发者更高效、简洁、标准地使用人工智能 AI 技术。随着 PAI 的不断发展，2018 年 PAI 平台正式商业化，目前已经积累了数万级别的企业客户和个人开发者，是中国云端机器学习平台之一。

PAI 底层支持多种计算框架：

- 流式计算框架 Flink。
- 基于开源版本深度优化的深度学习框架 TensorFlow。

- 千亿特征样本的大规模并行计算框架 Parameter Server。
- Spark、PySpark、MapReduce 等业内主流开源框架。

PAI 提供的服务：

- 可视化建模和分布式训练 PAI-Designer。
- Notebook 交互式 AI 研发 PAI-DSW（Data Science Workshop）。
- 云原生 AI 基础平台 PAI-DLC（Deep Learning Containers）。
- 在线预测 PAI-EAS（Elastic Algorithm Service）。

PAI 的优势有：

- 服务支持单独或组合使用。支持一站式机器学习，您只要准备好训练数据（存放到 OSS 或 MaxCompute 中），所有建模工作（包括数据上传、数据预处理、特征工程、模型训练、模型评估和模型发布至离线或在线环境）都可以通过 PAI 实现。
- 对接 DataWorks，支持 SQL、UDF、UDAF、MR 等多种数据处理方式，灵活性高。
- 生成训练模型的实验流程支持 DataWorks 周期性调度，且调度任务区分生产环境和开发环境，进而实现数据安全隔离。

PAI 支持丰富的机器学习算法、一站式的机器学习体验、主流的机器学习框架及可视化的建模方式。

- PAI 的算法都经过阿里巴巴集团大规模业务的沉淀，不仅支持基础的聚类和回归类算法，同时也支持文本分析和特征处理等复杂算法。
- 支持对接阿里云其他产品：PAI 训练的模型直接存储在 MaxCompute 中，可以配合阿里云的其他产品使用。
- 一站式的机器学习体验：PAI 支持从数据上传、数据预处理、特征工程、模型训练、模型评估到模型发布的机器学习全流程。
- 支持主流深度学习框架：PAI 支持 TensorFlow、Caffe 及 MXNet 等主流的机器学习框架。
- 可视化的建模方式：PAI 封装了经典的机器学习算法，具有支持使用拖曳的方式搭建机器学习实验的优势。
- 支持使用内置的 PAI-AutoML 进行调参，实现模型参数自动探索、模型效果自动评估、模型自动向下传导及模型自动优化。
- 一键式的模型部署服务：PAI 支持将 PAI-Studio、PAI-DSW 及 PAI-Autolearning 生成的训练模型一键式发布为 Restful API 接口，实现模型到业务的无缝衔接。

在 PAI 平台进行 AI 开发的流程如图 10-77 所示。

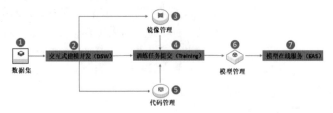

图 10-77　PAI 平台进行 AI 开发的流程

10.3.3　百度飞桨——文心大模型

百度的文心大模型主要有以下几类。

（1）NLP 大模型，如图 10-78 所示。

图 10-78　文心 NLP 大模型

（2）CV 大模型，如图 10-79 所示。

图 10-79　文心 CV 大模型

（3）跨模态大模型，如图 10-80 所示。

图 10-80　文心跨模态大模型

（4）生物计算大模型，如图 10-81 所示。

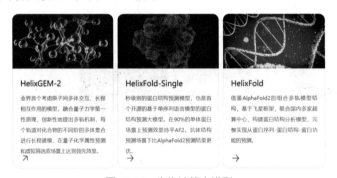

图 10-81　生物计算大模型

（5）行业大模型，如图 10-82 所示。

图 10-82　行业大模型

主要的产品有"文心百中""文心一格"，以及最新发布的"文心一言"。

文心百中主要是搜索场景，如图 10-83 所示。

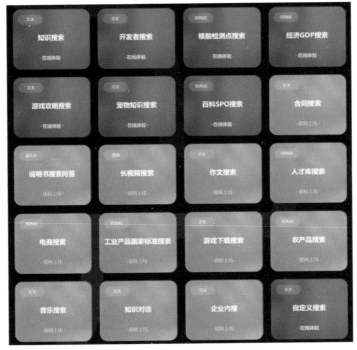

图 10-83 搜索场景

文心一格则是 AI 绘图的场景。

如图 10-84 所示，输入"落霞与孤鹜齐飞，秋水共长天一色"，选择"中国风"，输出
2 张对应的图片。

图 10-84 AI 绘图场景

文心一言，则是百度自称对标 ChatGpt 的产品，目前已经在邀请内测中。

10.3.4 封神榜

封神榜是 IDEA 研究院认知计算与自然语言研究中心主导的大模型开源体系，成为
中文 AIGC 的基础设施。它是首个中文 Stable Diffusion 模型，可以在零样本学习下达到
SOTA 水平。它可以用于文图生成、文学辅助创作、营销文案写作、论文助写等场景。

如果读者想快速体验一下 AIGC 使用效果，可以登录官方的体验界面。目前官方只开
放了文生图体验，比如二次元化作生成。选择 txt2img，提示词填入"落霞与孤鹜齐飞"，
则生成对应的图片如图 10-85 所示。此处因为我们的 batch count 选择 2，所以生成了两张

不同的图片。

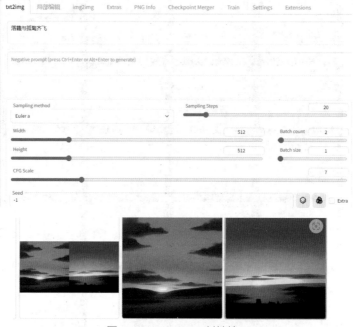

图 10-85 IDEA——封神榜

除了官方体验界面之外，还可以调用官方提供的一些 API 接口。

首先，进入封神官网的 API 界面，如图 10-86 所示。

图 10-86 API 界面

然后，选择进入对应任务，如"文生图"任务，如图 10-87 所示。

图 10-87 "文生图"任务

之后，查看任务详情页的"调用服务"相关信息，如图 10-88 所示。

图 10-88 "调用服务"相关信息

API 的请求方式是 POST，有如表 10-4 所示公共参数。

表10-4　公共参数

参 数 名	类　型	是否必须	描　述
apiKey	string	是	apiKey
timestamp	long	是	请求的时间戳，13 位
signature	string	是	签名，根据规则 MD5（secretKey+timestamp）生成

不同的 API 接口有不同的请求参数。例如文生图的 API 接口请求参数有两个见表 10-5。

表10-5　API接口的请求参数

参 数 名	类　型	是否必须	描　述
prompt	string	是	图片描述
size	string	否	尺寸样式，默认是 512×512，可填 512×512、448×832、832×448

返回参数，见表 10-6。

表10-6　返回参数

参 数 名	类　型	描　述
code	int	状态码
message	string	返回信息
data	object	返回对象

data 参数信息，见表 10-7。

表10-7　data参数信息

参 数 名	类　型	描　述
requestId	string	请求 id
resultData	string	base64 编码的 string

具体调用文生图的 API 接口完整 Python 代码示例如下：

```python
import requests
import time
import json
import base64
from io import BytesIO
url = 'https://api.fengshenbang-lm.com/v1/text_generate_picture'
now = int(1000*time.time())
```

```
secretyKey = 'aHWhx48ZtdFa0IVh2MRe95eVn2bvChaPHNzBq5YLFag='
header = {"Content-Type": "application/json"}
sign='{}{}'.format(secretyKey, now)
sign_md5 = get_md5(sign)
myobj = {'apiKey': 'co3HCUMxiaATfftYzC5cxw==', 'timestamp':
now, 'signature':sign_md5, 'prompt': '落霞与孤鹜齐飞'}
rsp = requests.post(url, data=json.dumps(myobj), headers=
header)
b64_string = rsp.json().get('data', {}).get('resultData', ")
# 把字符串解码成字节数据
img_data = base64.b64decode(b64_string)
# 把字节数据写入内存中的文件对象
img_file = BytesIO(img_data)
# 获取文件对象的内容
img_content = img_file.getvalue()
# 保存图片文件到本地，第一个参数为文件名，第二个参数为模式（"wb"表示写入二进
制数据）
with open("test.jpg", "wb") as f:
f.write(img_content)
```

　　上述代码输入的文字是"落霞与孤鹜齐飞"，输出的图片通过返回 post 请求结果解码后存储到本地文件 test.jpg 中。展示效果如图 10-89 所示。

图 10-89　用文生图效果

遗憾的是，目前开放的 API 接口中还没有直接的文生文接口，比如自动生成广告创意的接口。而文生图的效果也比较依赖提示词本身的设计，要想得到比较理想的结果，还需要比较耐心的调教。

10.3.5　澜舟科技

澜舟科技主要致力于以自然语言处理（NLP）技术为基础，为全球企业提供新一代认知智能平台，助力企业数字化转型升级。它的主要产品是基于"孟子轻量化模型"打造的一系列 SaaS 功能引擎（包括搜索、生成、翻译、对话）等和垂直场景应用。它也推出了澜舟 AIGC 系列产品，解锁文图生成、文学辅助创作、营销文案写作、论文助写等全方位 AIGC 能力，如图 10-90 所示。

图 10-90　澜舟 AIGC

从图 10-90 的介绍可以看到，澜舟科技主要支持 AIGC 相关的功能有两类：一类是文生文，有文学辅助写作、营销文案写作、论文撰写等（如图 10-91 所示）；另一类是文生图。其中营销文案写作只提供了美妆和汽车的两个垂直领域的体验接口。

图 10-91　澜舟文生文

最新生成　历史生成

文案读写

迪奥真的是一个宝藏品牌，不管从包装还是香味都无可挑剔。这次入手了迪奥小a瓶精华，用下来感觉非常好吸收，质地清爽不油腻，很适合夏天使用哦！它里面含有法国进口阿尔卑斯山冰川水、玫瑰花瓣等成分，能够深层滋养肌肤，提升皮肤光泽度和弹性，简直就是贵妇级别的护肤体验啊！现在我已经离不开它啦，每天晚上睡前涂抹一点，第二天起床气色特别好，而且脸部轮廓线条也更加紧致流畅了呢！

续图 10-91

　　输入不同的作品描述和关键词，会输出不同的效果，如下同样是输入"落霞与孤鹜齐飞"，输出如图 10-92 所示图片。

作品信息

作品描述：落霞与孤鹜齐飞
关键词：高清画质

图 10-92　澜舟文生图

展望篇

人工智能和计算机科学未来的作用通常大大超过人工智能可能对某些工作岗位产生的影响，这就像飞机的发明对铁路行业产生负面影响一样，人工智能为人类进步打开了一扇更宽敞的大门。

——微软联合创始人　保罗·艾伦

第 11 章　未来与挑战

11.1　AIGC 技术未来的发展方向

11.1.1　发展趋势

未来，AI 技术将继续在各个方向发展。以下是一些关键的发展趋势：

- 自然语言理解和生成能力的提升：未来，AI 模型将进一步提高对自然语言的理解和生成能力。这意味着 AI 将能够更好地理解复杂的语句、掌握不同语境下的含义，以及生成更为自然、流畅的回复。这将有助于提高聊天机器人和其他基于 NLP（自然语言处理）的应用的性能。
- 更强大的推理和解决问题能力：AI 技术将致力于提高推理和解决问题的能力，从而使 AI 能够根据上下文和已有知识来回答复杂问题或解决实际问题。这将使 AI 更具智能化，可以在更多领域发挥作用。
- 多模态和跨领域学习：未来的 AI 系统将能够同时处理多种类型的数据，如文本、图像、音频和视频。这将使 AI 能够在更多场景中提供有用的信息，以及解决复杂的多模态问题。
- 可解释性和可信赖性：随着 AI 在各行各业的应用越来越广泛，可解释性和可信赖性将成为关键的发展方向。为了提高 AI 的透明度和可信度，研究人员将继续探索如何使 AI 模型的决策过程更加清晰和可理解。
- 数据安全和隐私保护：随着大量数据被用于训练 AI 模型，数据安全和隐私保护将成为一个重要的问题。未来的 AI 系统将需要在确保性能的同时，尊重用户隐私和保护数据安全。
- 人机协作：AI 技术将继续发展人机协作的能力，使得 AI 能够与人类更好地协同工作，提高工作效率。这包括提高 AI 模型的理解、推理、沟通和适应性，以满足人类在各种任务和场景中的需求。
- 环境适应和持续学习：未来的 AI 系统将具备更强大的环境适应能力，可以在不断变化的环境中持续学习和进化。这意味着 AI 将能够在面对新问题、新场景和新数据时，快速地调整策略和行为，以继续适应新环境。

11.1.2　应用场景

以下是一些可能的应用场景：

（1）个性化教育：AI 技术可以根据每个学生的学习需求、能力和兴趣提供个性化的学习资源和建议。这将有助于提高学生的学习效果和兴趣，缩小教育差距。

（2）智能医疗：AI 可以辅助医生进行疾病诊断和治疗方案推荐，提高医疗准确性和效率。此外，AI 还可以用于药物研发和临床实验，加速新药上市的速度。

（3）自动驾驶：通过多模态学习和环境适应能力，AI 可以在自动驾驶汽车中实现更高水平的安全和效率。AI 不仅可以处理复杂的交通场景，还可以通过持续学习适应新的道路条件和规则。

（4）智能家居：AI 可以实现家居设备之间的协同工作，根据用户需求和习惯自动调整家庭环境。例如，AI 可以根据用户的作息时间自动调整空调温度、照明亮度和音响音量。

（5）虚拟现实和增强现实：AI 可以用于虚拟现实（VR）和增强现实（AR）技术中，为用户提供更为真实、沉浸式的体验。例如，在游戏中，AI 可以生成更为真实的虚拟角色和场景，为用户带来丰富的互动体验。

（6）智能制造：AI 可以帮助工厂实现自动化生产和智能调度，提高生产效率和质量。此外，AI 还可以实现设备的实时监测和预测性维护，降低设备故障率和维修成本。

（7）金融风控：AI 可以用于金融风险评估和控制，通过分析大量数据来预测和识别潜在风险。例如，在信贷领域，AI 可以根据客户的信用记录和其他信息来评估其还款能力和风险水平。

（8）环境保护：AI 可以帮助监测和预测环境问题，为政府和企业提供有关环境保护的决策支持。例如，AI 可以用于预测空气质量、监测水资源污染和评估生态系统健康状况。

（9）新闻和媒体：AI 可以用于生成新闻摘要、推荐个性化新闻以及检测虚假新闻和恶意内容。这将有助于提高新闻传播的速度、质量和公正性。

（10）电子商务和零售：AI 可以帮助电商和零售商实现个性化推荐、智能库存管理和自动定价等功能。这将有助于提高客户满意度、降低运营成本并提高销售额。

（11）旅游和酒店业：AI 可以根据用户需求和喜好为其提供个性化的旅游线路、酒店推荐和本地活动建议。此外，AI 还可以用于智能客服和语言翻译，提高游客的旅行体验。

（12）公共安全：AI 可以用于视频监控分析、犯罪预测和紧急响应等领域，有助于提高城市的安全水平。例如，AI 可以通过分析监控视频自动识别异常行为和潜在威胁。

（13）能源管理：AI 可以用于智能电网的监测和调度，实现能源的高效利用和节能减排。例如，AI 可以根据实时数据预测能源需求，调整发电计划和配电策略。

（14）农业和食品安全：AI 可以帮助农民实现精准农业，提高农作物的产量和质量。此外，AI 还可以用于食品安全监测和溯源，确保食品安全和质量。

以上仅为 AI 技术在未来可能发挥作用的部分场景。随着技术的不断发展和创新，AI 将在更多领域和场景中发挥重要作用，为人类带来更高效、智能和便捷的生活体验。

11.2 AI 技术面临的挑战和担忧

11.2.1 一封公开信

在本书写作过程中，著名安全机构生命未来研究所（Future of Life Institute，FLI）发布了一封公开信，信中呼吁全球所有机构暂停训练比 GPT-4 更强大的 AI 至少 6 个月，并利用这 6 个月时间制定 AI 安全协议。截至本文发稿时，已有 1125 人在公开信上签名附议，其中包括特斯拉 CEO 伊隆·马斯克、图灵奖得主约书亚·本吉奥，以及苹果联合创始人史蒂夫·沃兹尼亚克。

签名人数还在持续增加中。

这封信的言辞十分激烈。

信中称，我们目前开发的高级人工智能正在对人类社会造成威胁，各大 AI 实验室之间的竞争已经失控，然而，包括 AI 的创造者在内，没有人能理解、预测或可靠地控制它们。

"我们是否应该把所有工作都自动化，包括那些有成就感的工作？我们是否该开发机器大脑，让它们比人脑还多，比人脑还聪明，最终淘汰我们取代我们？我们是否应该冒文明失控的风险？"信中诘问道。

这些问题已经摆在我们面前，但我们没有做好准备。

因此，这封公开信呼吁所有人立即暂停 AI 研究至少 6 个月，然后加速制定安全协议，此外，AI 研究和开发应该更关注准确性、安全性、可解释性、透明度、鲁棒性、可靠性和忠诚度。

公开信全文如下：

停止大型 AI 实验：一封公开信

我们呼吁所有实验室立即停止训练比 GPT-4 还要强大的 AI 系统至少六个月。

和人类智能相近的 AI 系统会为社会和人类带来极大风险，广泛的研究已经证明了这一点，顶尖的 AI 实验室也已经承认。正如 Asilomar AI 原则所指出的那样，"高级 AI 可能意味着地球生命史上的深刻变革，我们应当投入可观的关注和资源对其进行规划和管理"。不幸的是，这种规划和管理没人去做，而最近几个月，AI 实验室正在开发和部署越来越强大的数字思维，这种竞争逐渐失控——包括它们的创造者在内，没有人能理解、预测或可靠地控制它们。

如今，AI 系统在一般任务上已经具备了与人类竞争的能力，我们必须自问：是否该让信息渠道充斥着机器写就的宣传和谎言？是否应该把所有工作都自动化，包括那些有成就感的工作？是否该开发机器大脑，让它们比人脑还多，比人脑还聪明，最终淘汰我们取代我们？是否应该冒文明失控的风险？这样的决定绝不能委托给未经选举的技术领袖来做。只有当我们确信强大的 AI 系统是积极的、风险是可控的，才应该继续这种开发。而且 AI 的潜在影响越大，我们就越需要充分的理由来证明其可靠性。OpenAI 最近关于人工通用智能的声明指出，"到了某个时间节点，在开始训练新系统之前可能需要进行独立审查，而用于新模型的计算的增长速度也应加以限制"。我们深深认同这份声明，而那个时间点就是现在。

因此，我们呼吁所有正在训练比 GPT-4 更强大的 AI 系统的实验室立即暂停训练，至少暂停 6 个月。实验暂停应该对外公开，可以验证，并涵盖所有关键的实验室。如果不能迅速实施，政府应该介入并发布禁止令。

在暂停期间，AI 实验室和独立学者应针对高级 AI 的设计和开发共同制定实施一套共享安全协议。这份协议的审计和监督应由独立的外部专家严格执行，确保 AI 的安全性不超过合理的怀疑范围。这并不意味着我们要暂停人工智能的总体发展，而只是从目前这种会不断涌现出具有新能力的、不可预测的黑匣子模型的危险竞赛中退后一步。

人工智能的研究和开发应该重新聚焦于优化最先进的系统，让它更加准确、安全、可解释、透明、稳健、一致、值得信赖、对人类忠诚。

与此同时，AI 开发人员必须与决策者合作，大力推进强有力的 AI 治理系统的发展。这个系统至少应包括：针对 AI 的新型监管机构；对高能力 AI 系统的监督追踪和大型算力池；帮助区分真实数据与 AI 生成的数据，并且追踪模型泄露的溯源和水印系统；强有力的审计和认证生态系统；对 AI 造成的损害定责；用于技术 AI 安全研究的强大公共资金；应对 AI 可能会引发的巨大经济和政治动荡（尤其是对民主的影响）的有充足资源的机构。

人类可以和 AI 共创繁荣未来。我们已经成功地创建了强大的 AI 系统，现在我们可以享受"AI 之夏"，在这个过程中，收获回报，设计监管系统，造福所有人，并给社会一个适应的机会。我们已经暂停了其他可能产生灾难性影响的技术，对于 AI 我们也应如此。

让我们享受一个长长的 AI 之夏，不要毫无准备地冲入秋天。

截至本书撰写时，这封公开信的部分签名者如下：
- Yoshua Bengio，蒙特利尔大学，因对深度学习的开发获得图灵奖，蒙特利尔学习算法研究所所长。
- Stuart Russell，伯克利计算机科学教授，智能系统中心主任，《人工智能：现代方法》的合著者。
- 伊隆·马斯克（Elon Musk），SpaceX、Tesla 和 Twitter 的首席执行官。
- 史蒂夫·沃兹尼亚克（Steve Wozniak），苹果联合创始人。
- Yuval Noah Harari，作家和耶路撒冷希伯来大学教授。
- Emad Mostaque，Stability AI 首席执行官。
- Connor Leahy，Conjecture 首席执行官。
- Jaan Tallinn，Skype 生存风险研究中心，未来生命研究所，联合创始人。
- Evan Sharp，Pinterest 联合创始人。
- Chris Larsen，Ripple 联合创始人
- John J. Hopfield，普林斯顿大学名誉教授，联想神经网络的发明者。等等。

这封公开信是由生命未来研究所（FLI）于哪一天发布在官方网站上的。这个名字听起来有点中二的组织其实早在 2014 年就已经成立，团队的目标是引导变革性技术远离极端、大规模的风险，转向造福人类。FLI 主要关注四大风险：人工智能、生物技术、核武器、气候变化。人工智能也不算是什么新"威胁"，它早就是 FLI 的研究方向之一。马斯克甚至向这个机构捐赠了 1000 万美元以支持他们调查人工智能的潜在缺陷。

当涉及新兴技术及其风险时，FLI 认为科学家需要发出自己的声音。联合签署公开信正是一个可以引起大家关注的方式，可以促进相关话题的对话和交流。这个团队所做的事情不只是呼吁。2017 年，FLI 组织了一次关于人工智能的会议，大家围绕着相关话题讨论并通过了阿西洛马人工智能原则（Asilomar AI Principles）。这份原则的 23 项条款里涉及人工智能的发展问题、伦理和指导方针。不过这个组织也受到了不少批评。有媒体认为这种公开信缺乏对具体技术的讨论，只是搞了一个吓唬人的标题来博取关注，这甚至让大众产生了"AI 恐慌"。有人调侃道：你永远不能把呼唤出来的精灵再塞回壶里去。AI 发展

至今，我们很难通过阻止来暂停它继续迭代，而各类伦理和政策的跟进又很滞后，成了当下的棘手问题。

自 2014 年以来，联合国就针对致命自主武器系统（亦称"杀手机器人"）的开发进行了国际辩论。2017 年，马斯克更是联名发布公开信，呼吁顶级人工智能和机器人公司敦促联合国对致命自主武器采取行动。如今，GPT 一次又一次震撼世界，而对于它未来的应用，人们更是充满了想象。但在不同的应用场景下，人们还会继续争论如何保证人工智能仅被用于"向善"的问题。

11.2.2 深深的隐忧

随着 AI 技术的迅速发展，确实存在一些安全、监管和伦理方面的问题值得关注和担忧。

（1）数据隐私泄露：2018 年，剑桥分析公司（Cambridge Analytica）的数据泄露事件引起了全球关注。事件中，大量 Facebook 用户的个人数据被用于政治广告和操纵选民行为，侵犯了用户的隐私权。这引发了对于如何保护个人数据隐私和避免未经授权使用的讨论。

（2）人脸识别技术的滥用：人脸识别技术广泛应用于安全监控和身份验证等场景，但同时也引发了监管和伦理争议。例如，在某些国家，政府被指控使用人脸识别技术进行大规模监控，侵犯公民隐私。此外，人脸识别技术在执法领域的应用也可能导致错误识别和种族歧视。

（3）深度伪造（Deepfake）：借助 AI 技术，制作逼真的虚假视频和音频已变得越来越容易。例如，有恶意分子利用深度伪造技术制作虚假新闻、诽谤名人，甚至进行网络诈骗。这类技术对社会舆论环境和个人声誉造成了严重威胁。

（4）AI 偏见：AI 系统可能会因为训练数据存在偏见而学到错误的规律。例如，某招聘算法被发现对女性求职者存在歧视，因为它的训练数据中，成功应聘者大多为男性。这类问题突显了防止 AI 偏见的重要性。

（5）无人驾驶汽车的伦理困境：随着无人驾驶汽车技术的发展，一些伦理问题浮出水面。例如，在潜在的交通事故中，无人驾驶汽车如何在保护乘客和行人之间做出权衡决策？这涉及复杂的伦理权衡和责任归属问题。

（6）自动化导致的失业：AI 技术的广泛应用可能会导致大量工作岗位被自动化取代。例如，制造业、客服和物流等行业的自动化发展可能导致许多员工失业。这引发了关于如何重新分配社会资源、提高劳动者技能和应对失业问题的讨论。

（7）权力集中与不透明度：AI 技术的高度复杂性可能导致技术与数据的控制权集中于少数大型公司和政府手中，从而加剧社会不平等。此外，许多 AI 算法的决策过程难以解释，这在一定程度上削弱了透明度和公共监督。

（8）AI 在军事领域的应用：AI 技术在军事和战争中的应用引发了道德和安全担忧。例如，自主武器系统（如无人机和机器人）可能减少战争中的人类参与，但这也带来了关于责任归属、武器滥用和无法预测的战争后果等问题。

（9）人工智能的监管挑战：不同国家和地区对 AI 技术的监管存在差异，而全球性的合作和协调尚处于起步阶段。如何在保护创新和经济增长的同时，确保 AI 技术的安全、合规和道德使用，成为一大挑战。

针对这些问题，政府、企业和社会各界需要共同努力，制定相应的法规、标准和道德准则，以确保 AI 技术的可持续、安全和公正发展。在此过程中，公共参与和跨国合作至关重要。

11.3　增长的挑战与展望

（伴随着，AIGC 导致增长的逻辑，流量结构变化，原来赖以生存的方法、企业，如何更敏捷的流量黑洞……）

第 12 章　结束语

自计算机科学诞生之日起，AI 技术便如破晓的曙光，悄然绽放。它伴随着科学家们的梦想与抱负，如同一颗璀璨的明星，在历史的长河中熠熠生辉。

在 20 世纪 50 年代，AI 技术的萌芽初现，跃然于科技大潮之中。那时，图灵、冯·诺依曼、麦卡锡等伟大的先驱们，乘风破浪，勇敢探索着未知的领域。仿佛春雷响彻寰宇，激发着无数英勇之士投身其中，共同谱写着人工智能辉煌的篇章。

随着历史的车轮滚滚向前，AI 技术在各个领域展现出惊人的潜力。从深度学习的突破，到无人驾驶汽车的驰骋，从语言识别的飞跃，到机器人的智能化，AI 技术将人类科技推向了新的高峰。这一切的辉煌成果，犹如繁星闪耀在科技的天空，汇聚成一道道光芒，照亮了人类未来的道路。

在企业运营的舞台上，AI 技术如同一位睿智的指挥家，精心谱写着发展的乐章。它助力企业实现高效运作，提升用户体验，不断刷新着商业的极限。我们期待，这种协同的力量将推动人类社会不断前进，携手共创一个更美好的未来。

如今，AI 技术在人类文明的画卷上留下了深刻的痕迹。它伴随着人类的脚步，引领着时代的潮流。在未来的天空中，AI 技术如同一轮璀璨的太阳，照耀着人类走向新的辉煌。这是一幅充满诗意和浪漫的画卷，让我们共同期待，那时光的流转，将终究诞生更多美好的奇迹。

在科技的长河中，AI 技术宛如一颗璀璨的明珠，闪耀着时代的光辉。在每一个历史节点，都有一些杰出的企业站在浪潮之巅，引领着 AI 技术的风潮。

在 20 世纪 80 年代，IBM 的深蓝计算机开启了 AI 技术的全新篇章。这台计算机战胜了国际象棋世界冠军卡斯帕罗夫，为全球范围内的科研人员树立了信心，让他们见证了 AI 技术在复杂领域中的惊人表现。

跨入 21 世纪，谷歌、苹果等科技巨头开始涉足人工智能领域，将 AI 技术应用于自家的产品和服务。如今，谷歌的语音助手和苹果的 Siri 已成为智能手机用户的得力助手，不仅提升了用户体验，也让我们看到了 AI 技术在生活中的广泛应用。

自 21 世纪 10 年代起，AI 技术的发展进入了一个全新的阶段。以特斯拉为代表的新兴企业，凭借创新的技术和理念，将无人驾驶汽车带入了现实世界。如今，特斯拉汽车不仅在全球范围内取得了巨大的市场份额，还推动了整个行业的技术进步。

2012 年，英伟达在 AI 领域迎来了重要的突破。他们成功推出了图灵架构的 GPU，让深度学习的速度和性能得到了极大提升。这一创新为其他企业提供了强大的计算能力，进一步推动了 AI 技术在多个行业的发展。

进入 21 世纪 20 年代，OpenAI 发布了 GPT 系列模型，开启了自然语言处理领域的新纪元。这一技术革新让我们看到了 AI 技术在文本生成、翻译、对话等方面的巨大潜力。许多企业纷纷将 GPT-3 引入自己的产品和服务，助力企业运营更加高效。

在 AI 技术的发展历程中，这些企业如同一颗颗闪耀的明星，照亮了科技进步的道路。他们的成功案例为我们揭示了 AI 技术在不同领域的惊人潜力。随着时间的推移，我们有理由相信，在未来的天空中，AI 技术将如同繁星般闪烁，为企业带来更多的机遇和可能性。未来，AI 技术将持续深入各个行业，推动传统产业的转型升级。以医疗领域为例，AI 技术可以协助医生进行疾病诊断、制订个性化治疗方案，进一步提高医疗水平。在金融行业，AI 技术助力风险管理和反欺诈，为企业降低运营风险。在制造业中，AI 技术将助力智能制造的发展，实现生产自动化、智能调度，提高生产效率。同时，在环保领域，AI 技术也将发挥重要作用，帮助企业实现能源优化和减排，为全球环境治理贡献力量。在教育领域，AI 技术有望推动个性化教育的发展，为每个学生提供量身定制的学习方案，助力教育事业繁荣发展。而在农业领域，AI 技术将协助实现精准农业，提高农作物产量，保障全球粮食安全。

在未来的日子里，AI 技术将如同一场狂飙，席卷整个人类社会。它将深入我们生活的每一个角落，改变我们的生产、生活和思维方式。在这个疯狂的时代，AI 技术将与人类发展紧密相连，共同谱写一段激情燃烧的篇章。它将无所不在，帮助我们解决一切问题。生活中的琐事，如购物、做饭、打扫卫生，都将由 AI 技术一手承担，让我们从烦琐的家务劳动中解放出来。在工作场所，AI 技术将协助我们进行数据分析、创新设计、项目管理，大大提高工作效率和创造力。

在这个疯狂的未来，AI 技术将成为我们生活中不可或缺的伙伴。它不仅仅是一种工具，而是与我们共同成长、共同进步的伙伴。在与 AI 技术的互动中，我们将不断拓展自己的认知边界，挑战自己的极限。

在这个狂热的时代，我们将与 AI 技术一起探索科技的无限可能。我们将共同研究太空探索、深海勘测、能源革新等领域，为人类的进步和发展贡献力量。在这个过程中，人类和 AI 技术的关系将越发紧密，彼此依赖、相互促进。

这个近乎疯狂的未来，充满了无限的遐想和期待。我们站在历史的转折点上，怀揣着对科技的渴望，一同迈向这个令人激动的时代。让我们勇敢地拥抱 AI 技术，携手共进，书写人类与 AI 技术共同繁荣的辉煌篇章！